Nicht mit Gewehren, sondern mit Plakaten
wurde der Feind geschlagen!

SLAVICA HELVETICA

Herausgegeben von / Edité par
Jean-Philippe Jaccard, Genève
Jochen-Ulrich Peters, Zürich
German Ritz, Zürich
Patrick Sériot, Lausanne
Daniel Weiss, Zürich

Band/vol. 76

PETER LANG
Bern · Berlin · Bruxelles · Frankfurt a.M. · New York · Oxford · Wien

Renate Kummer

Nicht mit Gewehren, sondern mit Plakaten wurde der Feind geschlagen!

Eine semiotisch-linguistische Analyse der Agitationsplakate der russischen Telegrafenagentur ROSTA

PETER LANG
Bern · Berlin · Bruxelles · Frankfurt a.M. · New York · Oxford · Wien

Die Deutsche Bibliothek – CIP-Einheitsaufnahme

Bibliografische Information Der Deutschen Bibliothek
Die Deutsche Bibliothek verzeichnet diese Publikation in der Deutschen Nationalbibliografie; detaillierte bibliografische Daten sind im Internet über ‹http://dnb.ddb.de›abrufbar.

Die vorliegende Arbeit wurde von der Philosophischen Fakultät der Universität Zürich im Sommersemester 2003 auf Antrag von Prof. Dr. Peter Weiss und Prof. Dr. German Ritz als Dissertation angenommen.

Satz: *forte,* Thomas Stark, Neuberg, Österreich

ISBN 3-03910-977-4
ISSN 0171-7316

Inhalt

Vorbemerkungen 9
Einleitung 11

I. Einführung des Untersuchungsgegenstandes und theoretische Grundlagen 17

1 Situierung der ROSTA-Fenster im soziokulturellen Kontext 19

2 Was kann ein Bild? 33

2.1 Bilder als semiotische Systeme 35
2.1.1 Das Dogma der «doppelten Artikulation» 35
2.1.2 Goodman und die Ähnlichkeit 38
2.1.3 Bild vs. Text – ein Vergleich 43
2.1.4 Die Bildtheorie Goodmans 49
2.1.5 Metapher und Ironie 52
2.1.6 Konnotation 57

2.2 Die Syntax der Bilder – Arten der Bildgestaltung 61

2.3 Die Pragmatik des Bildes – gibt es einen Sprechakt im Bild? . 65

3 Auf dem Weg vom Bild zur Sprache – die Bildsprache 69

3.1 Gebrauchsbild vs. Kunstbild 69

3.2 Otto Neuraths ISOTYPEs 73

4 Die Beziehungen zwischen Text und Bild 81

4.1 Typologie nach syntaktischen, pragmatischen und semantischen Gesichtspunkten 82

4.2 Die Typologie der Bild-Text-Beziehungen in den ROSTA-Fenstern nach Duwakin (1967) 87

II Грозный смех – eine Korpusanalyse 109

1 Textsortendiskussion 111

1.1 ROSTA-Fenster als Bild-Text-Kommunikate 112
1.1.1 Die Vorläufer der ROSTA-Fenster 112
1.1.1.1 Die Tradition des russischen Volksbilderbogens (лубок) 112
1.1.1.2 Der russische Guckkasten (раёк) und das Theatralische der ROSTA-Fenster 121
1.1.1.3 Die russischen Zeitschriftenkarikaturen und das Satirische in den ROSTA-Fenstern 124
1.1.2 Die ROSTA-Fenster als Sowjet-Comic? 129

1.2 Die ROSTA-Fenster als edukative Propagandaplakate 147
1.2.1 Agitatorische Aufklärung und Belehrung 148
1.2.2 Sprechaktspezifik und die Rolle der Referenz in den ROSTA-Fenstern 161

2 Die Darstellungsweisen in den ROSTA-Fenstern 211

2.1 Allgemeine Darstellungsprinzipien in den ROSTA-Fenstern 212
2.1.1 Farbgebung 213
2.1.2 Vordergrund – Hintergrund und die Funktion der Grössenverhältnisse 215
2.1.3 Das Verfahren der Metonymie 225
2.1.4 Hyperonym – Hyponym 231
2.1.5 Negation im Bild 234
2.1.6 Die Umsetzung abstrakter Sachverhalte im Bild 245

2.2 Das propagandistische Universum der ROSTA-Fenster . . . 250
2.2.1 Freund-Feind-Dualismus auf der Bildebene und die Rolle der Tiere 250
2.2.1.1 Standard vs. Karikatur 252
2.2.1.2 Welche Feinde hat das System? 265
2.2.1.3 Allegorische Darstellung des Feindes 283

2.2.1.4 Die unterschiedlichen Tötungs- und Todesarten von Freund und Feind 319
2.2.1.5 Krankheit, Hunger, Ruin und Tod – И с голодом и с разрухой-сестрой 335

3 Zusammenfassung der Ergebnisse und Ausblick 349

Bibliografie 353

Bildnachweis 365

Vorbemerkungen

Wie kann mit Bildern kommuniziert werden? Was leisten Bild und verbale Sprache, wenn sie aufeinander treffen? Diese Fragen standen am Anfang der vorliegenden Arbeit.

Zahlreiche Menschen haben zur Realisierung dieses Buches auf vielfältige Weise beigetragen. Ihnen allen möchte ich hier meinen Dank aussprechen. Besonders Herrn Professor Dr. Daniel Weiss, der mich bei meiner Themenwahl unterstützt hat, mich geduldig durch alle Phasen der Arbeit begleitete und mir mit seiner Kritik und seinem Rat zur Seite stand.

Für die Bereitschaft, das Korreferat zu übernehmen, danke ich Herrn Professor Dr. German Ritz; für die muttersprachliche Unterstützung und Klärung diesbezüglicher Fragen und Unklarheiten Olga Burenina und Vladimir Bitter. Danken möchte ich auch Felix Studinka, Kurator der Plakatsammlung des Museums für Gestaltung – sowohl für die spannenden Gespräche als auch für die hilfreichen Hinweise auf Bildmaterial. Für die grosszügige Zurverfügungstellung von Bildmaterial möchte ich der Sammlung Gerd Sander meinen Dank aussprechen.

Wertvolle Impulse erhielt ich immer wieder in Gesprächen und durch konstruktive Kritik. Allen, die sich dafür Zeit genommen haben und mir auch moralisch zur Seite gestanden sind, gebührt hier mein herzliches Dankeschön; im Speziellen Dr. Georg Brun, Dr. Gabrielle Gross, Dr. Sibylle Kurt, Dr. Verena Tunger und den Mitgliedern der Bürogemeinschaft komekom. Für die mentale Unterstützung möchte ich Frau Dr. Regula Schiess danken.

Für die grosszügige finanzielle Unterstützung danke ich dem Fonds zur Förderung des akademischen Nachwuchses (FAN) des Zürcher Universitätsvereins sowie meinen Eltern.

Einleitung

> «Окна сатиры РОСТА» – одна из самых ярких и интересных страниц истории политической агитации и советского искусства первых лет революции.
> (Majakovskij 1938: V)
> Через годы над этими окнами будут корпеть ученые, охраняя от времени скверненькую бумагу.
> (Majakovskij 1930: Okna satiry ROSTA. In: Majakovskij 1959: 210)

Thema dieser Arbeit sind die ROSTA-Fenster, genauer deren Charakteristik und Beschaffenheit als Bild-Text-Kommunikate. Legitimiert erscheint mir dieses Unterfangen vorab aufgrund des für seine Zeit innovativen Charakters dieser Agitationsplakate aus der Gründungszeit der Sowjetunion, darüber hinaus aber auch durch ihren Einfluss auf die Ästhetik und das Wesen der nachfolgenden Propagandaproduktion:

> «Окна сатиры РОСТА» – первый советский плакат, плакат новый, до тех пор невиданный. Яркость текста, конкретность темы, лаконичность образного языка, выразительность рисунков создали плакаты, не превзойденные до настоящего времени.
> (Denisovskij 1940: 57)

Nur soviel sei in der Einleitung vorweggenommen: Bei den hier besprochenen ROSTA-Fenstern handelt es sich grösstenteils um Agitations-Plakate, die vom Dichter und Revolutionskünstler Vladimir Majakovskij kreiert wurden. Die als Korpus dienende Zusammenstellung von Plakaten, die Majakovskij sowohl textuell als auch visuell gestaltet hat, wurde im Jahre 1938 unter dem Titel «Грозный смех» publiziert und umfasst das ganze thematische und zeitliche Spektrum der ROSTA-Fenster. Zusätzliche Informationen bietet der Anhang des Buches, in welchem die Kommentare und Quellen, auf denen die abgebildeten Fenster thematisch basieren, abgedruckt sind.[1] Die Einschränkung auf Fenster, die

1 «Приводимые в комментариях цитаты являются или бесспорным первоисточником для данного ‹Окна› или одним из возможных.» (Majakovskij 1938: VII).

von Majakovskij geschaffen wurden, hat den Vorteil, dass sowohl eine örtliche als auch stilistische Einheitlichkeit vorausgesetzt werden kann, was bessere Vergleichsmöglichkeiten innerhalb des Untersuchungsgegenstands zulässt. Die Einschränkung erscheint zudem gerechtfertigt, wenn man bedenkt, dass der Künstler der treibende Motor der ROSTA-Fensterproduktion war und fast die Hälfte der noch erhaltenen Exponate auf ihn zurückgeführt werden können. Zudem war Majakovskij in der Moskauer ROSTA-Abteilung meist zuständig für die Themenauswahl: «Сам Маяковский был душой этого коллектива. Он давал художникам темы, придумывал тексты, рисовал...» (Gochlerner 1962: 6). Auch gingen alle Moskauer Exponate durch seine Hände: «Поэтому именно от Маяковского зависел объем и содержание работы всех.» (Majakovskij 1957: 471).

Zur Illustration gewisser Phänomene werden aber auch Fenster anderer Künstler in die Besprechung miteinbezogen; seien dies Fenster, welche im Umfeld Majakovskijs in Moskau entstanden sind oder solche, die aus der Leningrader Produktion stammen.

Angesichts der zeitlichen Distanz, die zwischen dem Untersuchungsgegenstand und dieser Arbeit liegt, sowie der Tatsache, dass nicht von einer allgemeinen Bekanntheit der Fenster ausgegangen werden kann, erscheint es sinnvoll, in einem einführenden Kapitel die ROSTA-Fenster in ihrem sozio-kulturellen Umfeld zu situieren und ihre Funktion und Wirkungsweise zu erläutern (Kapitel I.1).

Ein Theoriekapitel wird der Korpus-Analyse der ROSTA-Fenster als semiotisch komplexes Kommunikat vorangestellt, in welchem auf die Leistungen des Bildes als eigenständiges semiotisches System eingegangen wird (Kapitel I.2).

Ein grundlegendes Problem in diesem Zusammenhang stellt die Eingrenzung des Bildbegriffs dar:

> Der Bildbegriff erstreckt sich auf einen ausserordentlich heterogenen Phänomenbereich, der Gemälde, Reliefs, Zeichnungen im Bereich der Kunst, Konstruktionsplanungen, Skizzen, schematische Darstellungen, Diagramme etc. in Technik, Wissenschaften, Berufspraxis und Alltag, Fotos, Infrarotaufnahmen, tomographische Bilder, geographische Karten, Piktogramme, Computersimulationen und -modulationen und manches mehr an *materiellen* Bildern umfasst. Auf Bilder, insbesondere *mentale* Bilder, verweist die Rede von

Weltbildern, Selbstbildern, Leitbildern, musikalischen Klangbildern, bildhafter Sprache etc.
(Plümacher 1998: 50 f.)

Es kann und soll in dieser Arbeit nicht der Anspruch erhoben werden, eine Bildtheorie zu entwickeln, die all diesen Bildbegriffen gerecht wird; vielmehr müsste in diesem Zusammenhang von Bildtheorien gesprochen werden. Aufgrund des Untersuchungsgegenstandes fokussiere ich meinen Blick auf die Funktionsweise von Gebrauchsbildern, verstanden als Gegenbegriff zu Kunstbildern. Bilder, wie sie in den ROSTA-Fenstern Anwendung finden, müssen schnell und eindeutig verstanden werden. Die Fensterbetrachter sollen sich nicht primär an der Kunsthaftigkeit der Bilder erfreuen, sondern eine agitatorisch-didaktische Lehrgeschichte verinnerlichen und das Gelernte in ihrem Lebensalltag umsetzen. Deshalb wird das Hauptaugenmerk innerhalb der Bildtheorie auf die Eigenheiten solcher Bilder gelegt, die sich auf dem Weg zu einer eigentlichen Bildsprache, d. h. zwischen Bild und Sprache befinden (Kapitel I.3).

Da es sich bei den ROSTA-Fenstern um semiotisch komplexe Kommunikate handelt, werde ich auch kurz auf Theorieansätze, die sich mit dem Verhältnis und Zusammenwirken der beiden semiotischen Systeme beschäftigen, eingehen (Kapitel I.4.1). Die theoretische Auseinandersetzung mit der Beziehung zwischen Bild und Text ist facettenreich und rege. Nicht nur Linguisten, allen vorab Semiotiker und Kunsthistoriker beschäftigen sich mit diesem Gebiet. In jüngster Zeit wird das Thema zudem vermehrt von Medien- und Kommunikationswissenschaftlern aufgegriffen und auch die Werbeindustrie hat ein starkes Interesse daran, die Mechanismen solch komplex semiotischer Kommunikate zu ergründen, um die Wirksamkeit von Werbekampagnen zu optimieren.

Den ganzen Diskurs zu beleuchten, würde den Rahmen dieser Arbeit sprengen. Deshalb soll das Verhältnis von Bild und Text aus einer linguistischen Perspektive in Verbindung mit dem Verwendungszusammenhang der ROSTA-Fenster diskutiert werden. Viktor Duwakin (1967) hat in seiner Monografie über die ROSTA-Fenster eine Typologie möglicher Bild-Text-Relationen erstellt; diese soll vorgestellt und kritisch besprochen werden (Kapitel I.4.2).

Im zweiten Teil der Arbeit folgt eine detaillierte linguistisch zentrierte semiotische Analyse der ROSTA-Fenster vor dem Hintergrund der erarbeiteten Theorie und der Kritik am duwakinschen Ansatz. Untersucht werden die Fenster hinsichtlich ihrer Textsortenspezifik, wobei sowohl ihre Einordnung als «Bild-Text-Kommunikat» (Kapitel II.1.1) mit ihren Wurzeln in der *lubok*-Tradition wie auch diejenige als Propagandakommunikat (II.1.2) mit einer didaktisch-instruierenden Aufgabe verfolgt wird. Dieser Verankerung der ROSTA-Fenster in ihren kommunikativen Kontext folgt eine ausführliche Analyse der spezifischen Darstellungsverfahren, die in den Fenstern zum Tragen kommen (Kapitel II.2). Methodisch werde ich mit dem Instrumentarium der Linguistik den Phänomenen der Bildsemiotik auf den Grund gehen, wobei ich im Gegensatz zur ausführlich dargelegten Bildtheorie auf eine theoretische Fundierung der linguistischen Ansätze verzichte. Die Arbeit richtet sich in erster Linie an ein sprachwissenschaftlich versiertes Zielpublikum; die Vertrautheit mit linguistischen Theorien und deren Terminologie wird vorausgesetzt.

Ebenso verzichte ich auf eine ausführliche Abhandlung der Leistungen Majakovskijs im Bereich der sprachlichen Innovationen. Literaturgeschichtlich ist dieses Thema bereits umfassend bearbeitet worden (vgl. bspw. Vinokur 1943, Timofeeva 1962, Chardžiev, Trenin 1970, Jakobson 1972: 392 ff.). Kurz eingegangen werden soll auf die Spezifik der verbalen Sprache in den ROSTA-Fenstern in Abgrenzung zu den Sprachleistungen im übrigen dichterischen Werk Majakovskijs (Kapitel I.1).

Abhandlungen über die ROSTA-Fenster stammen vorwiegend aus der Sowjetunion und fanden im Westen wenig Beachtung. Das Gros der sowjetischen Forschung hat sich auf die Analyse des politischen Stellenwerts der Fenster beschränkt oder diese nur im Kontext von Majakovskijs dichterischem Schaffen wahrgenommen (vgl. bspw. Butnik-Siverskij 1960, Kassil' 1938, Percov 1937, Petrogradskie «Okna ROSTA» 1964). Eine Ausnahme bildet Viktor Duwakin, der sich intensiv und über einen längeren Zeitraum mit den ROSTA-Fenstern beschäftigt und auch ihren Stellenwert als semiotisch komplexes Kommunikat erkannt hat (vgl. Duvakin 1952: 394 ff.). Dank der auf einem russischen Manuskript basierenden Monografie *ROSTA-Fenster. Majakowski als Dichter und bildender Künstler*, welche im Jahre 1967 in deutscher Sprache in

Dresden erschienen ist, konnten diese einzigartigen Agitationsplakate auch dem deutschsprachigen Publikum näher gebracht werden. Im Westen werden die ROSTA-Fenster meist nur in Zusammenhang mit der Geschichte des sowjetischen Plakats behandelt, wobei vor allem auf den historischen und künstlerischen Stellenwert dieser Plakate eingegangen wird (vgl. bspw. White 198: Kapitel 4). Einzig der Kunsthistoriker Ulrich Krempel hat in seiner Dissertation über die ROSTA-Fenster auch bildsemiotische Aspekte und das Zusammenwirken von Bild und Text in seine Untersuchungen mit einbezogen. Der Schwerpunkt seiner Arbeit liegt jedoch in der Erforschung historischer Zusammenhänge, insbesondere derjenigen zwischen den ROSTA-Fenstern und den *lubki*, politischen Plakaten sowie Karikaturen.

Mit der vorliegenden Arbeit, die sich explizit mit den Eigenheiten der ROSTA-Fenster als semiotisch komplexe Agitationskommunikate beschäftigt, kann deshalb eine Lücke in der bestehenden Forschung geschlossen werden.

I. Einführung des Untersuchungsgegenstandes und theoretische Grundlagen

Im ersten Teil dieser Arbeit werden die ROSTA-Fenster vor dem Hintergrund ihrer Entstehungszeit und ihrer gesellschaftlichen Funktion betrachtet. Die Revolutionszeit und die ersten Jahre des sowjetischen Russlands waren aus künstlerischer Sicht eine äusserst innovative und produktive Periode. Es darf aber nicht vergessen werden, dass Plakaterzeugnisse wie die ROSTA-Fenster nicht der reinen Kunst willen, sondern mit einer klar politisch-agitatorischen Absicht verfertigt wurden. Diesem Umstand soll in der nachfolgenden Untersuchung Rechnung getragen werden.

Neben der Einbettung der ROSTA-Fenster in ihren soziokulturellen Kontext (I.1) werden hier auch die notwendigen theoretischen Grundlagen zur nachfolgenden Korpusanalyse dieses semiotisch komplexen Kommunikats erstellt (I.2–I.4).

1 Situierung der ROSTA-Fenster im soziokulturellen Kontext

> Окна РОСТА – фантастическая вещь. – Это – обслуживание горстью художников, вручную, стопятидесятимиллионного народища. Это – телеграфные вести, моментально переделанные в плакат, это декреты, сейчас же распубликованные частушкой. [...]
> Новая форма, выдвинутая непосредственно жизнью. [...] Это те плакаты, которые перед боем смотрели красноармейцы, идущие в атаку не с молитвой, а с распевом частушек.
> (Majakovskij 1927: Tol'ko ne vospominanija ... In: Majakovskij 1961: 153)

ROSTA-Fenster sind Agitations-Plakate[1] der bol'ševistischen Partei, die ursprünglich in den Schaufenstern leerstehender Läden im Stadtzentrum von Moskau ausgestellt wurden. Die Plakate wurden als Schutz vor Wind, Regen und antisowjetisch gesinnten Einwohnern Moskaus nicht direkt an Hauswänden plakatiert, sondern hinter Glas gesetzt: «Прекрасно обозреваемая и в то же время вполне защищающая от всех врагов магазинная витрина [...].» (Duvakin 1952: 324) Die Idee, solche Fenster zu produzieren, stammte von Michail Čeremnych, der zuvor für verschiedene Zeitschriften Cartoons und Karikaturen verfertigt hatte. Schon bald stiessen Kunstschaffende wie Vladimir Majakovskij, Ivan Maljutin, Amšej Njurenberg und andere bekannte Künstler und vereinzelt auch Künstlerinnen zum ROSTA-Kollektiv. Die Plakatierungsdauer der ersten Exemplare betrug eine Woche;[2] schon nach kurzer Zeit aber

1 Die Grösse dieser Plakate variierte zwischen 90cm und 220cm in der Höhe sowie 70cm und 220cm in der Breite. Das grösste ROSTA-Fenster, die Nr. 167, besass die Masse 422 x 230 cm (vgl. White 1988: 68). Je nach Quelle variieren die Grössenangaben zu den Fenstern (vgl. Weber 1999: Anmerkung 135).

2 «На первых ‹окнах› непосредственно под крупным заголовком ‹Окно сатиры Роста› стоит пометка: ‹текст и рисунки меняются еженедельно›. С приходом в Роста Маяковского эта пометка исчезла.» (Duvakin 1952: 324, Anm. 2)

wurden die Plakate täglich ausgewechselt. Auch das Publikationsgebiet wurde erweitert und auf andere Städte[3] des bol'ševistischen Russlands, in denen es eine Abteilung der Agentur ROSTA gab, ausgedehnt (Petrograd,[4] Charkov, Odessa u. a.):

> Первые «Окна сатиры» делались в одном экземпляре и вывешивались в немедленно обступаемых народом витринах и окнах пустующих магазинов, позднейшие размножались трафаретом, иногда до 100–150 экземпляров, расходившихся по окнам агитпунктов.
> Всего – около девятисот названий по одной Москве. Ленинград, Баку, Саратов стали заводить свои «Окна».
> (Majakovskij 1930: Prošu slova. In: Majakovskij 1938: XII)

Zudem waren sie nicht mehr ausschliesslich in Laden-Schaufenstern zu finden, sondern auch an anderen wichtigen Punkten des öffentlichen Lebens. Diese Plakate besassen schon nach wenigen Nummern die typische Struktur von 2–4–6–8–12 oder 14 (selten auch von einer ungeraden Anzahl) Panels, bestehend aus je einem Bild mit darunterstehendem nummeriertem Text. Die ROSTA-Fenster («Окна ROSTA», genauer «Окна сатиры РОСТА»)[5], erhielten ihren Namen durch den ursprünglichen Ausstellungsort und der Herausgeberin, die Russische Telegrafenagentur ROSTA (Российское Телеграфное Агентство)[6]. Sie erschienen zwischen September 1919 und März 1922. In diesem Zeitraum

3 Die ROSTA-Fenster fanden ausschliesslich in den Grossstädten Verbreitung (vgl. Kämpfer 1985: 75). Zu den Produktionen der ROSTA-Abteilungen in den Städten einzelner Republiken bzw. Gouvernemente vgl. Butnik-Siverskij (1960: 82 ff.).

4 Vgl. dazu Petrogradskie «Okna ROSTA»: (1964). Das ROSTA-Kollektiv der Petrograder Abteilung wurde von dem Künstler V. I. Kozlinskij geleitet. Als ständige Mitarbeiter waren zudem noch V. V. Lebedev und L. G. Brodaty zugegen. Sie entwickelten einen eigenen künstlerischen Stil, der sich deutlich von demjenigen der Moskauer Fenster unterscheidet.

5 Zur Entstehungsgeschichte der ROSTA-Fenster vgl. u. a. White (1988: Kap. IV); Duvakin (1952: 22 ff.); Duwakin (1967: 35 ff.).

6 Die Russische Telegrafenagentur wurde am 7. September 1918 gegründet und war das zentrale Informationsorgan des Allrussischen Zentralexekutivkomitees (Всероссийский Центральный Исполнительный Комитет=ВЦИК).

wurden rund 1.600 Fenster publiziert;[7] ca. 944 ROSTA-Fenster und 453 GPP-Fenster (Главполитпросвет)[8], sowie 200 mit identischer oder ohne Nummer.[9] Unter anderem aufgrund des akuten Papiermangels[10] und der vielen zerstörten Druckereien wurden die ROSTA-Fenster mit Schablonen hergestellt, die eine schnelle manuelle Vervielfältigung erlaubten. Durch diese Herstellungsart konnten die Produzenten der Fenster auf das Tagesgeschehen reagieren:

> Чем короче срок от зарождения темы до выхода плаката, тем злободневней может быть плакат, тем конкретней могут быть детали события, вызвавшего появление плаката.[11]
> (Brik 1944: 189)

Gedruckte Plakate besassen allgemein propagandistischen Inhalt, da sie für eine längere Aushangdauer bestimmt waren. Der politische Alltag des Sowjetbürgers wurde geprägt durch ständig neue Ereignisse und Gegebenheiten, welche die ROSTA-Fenster durch ihre Erscheinungsform sofort aufnehmen konnten:

7 Duvakin (1952: 327) spricht von nicht weniger als 1.445 verschiedenen ROSTA-Fenstern. Die Gesamtzahl der produzierten Plakate war viel höher, da die jeweiligen Ausgaben manuell vervielfältigt wurden.

8 In den letzten 12 Monaten ihres Bestehens wurden die ROSTA-Fenster von der Hauptverwaltung für politische Aufklärungsinstitutionen des Volkskommissariats für Bildungswesen der RSFSR (Главполитпросвет=ГПП) herausgegeben.

9 Eine einheitliche Regelung der Nummerierung wurde erst später eingeführt; zu Beginn wurden die Plakatfenster in nur einem Exemplar hergestellt, wobei in jedem Schaufenster eine eigene Nummerierung stattfand. So kam es, dass mehrere Plakate dieselbe Nummer trugen oder überhaupt nicht nummeriert waren. Nachdem man begonnen hatte, Kopien von ein und demselben ROSTA-Fenster herzustellen, wurde aus organisatorischen Gründen zu einer einheitlichen Nummerierung übergegangen (vgl. dazu: Duwakin 1967: 43).

10 Gemäss Denisovskij (1940: 57) mangelte es dermassen an Papier, dass die Schablonen auch direkt auf Hauswände, Umzäunungen und Gehsteige appliziert wurden.

11 Was hier in Bezug auf die während des Zweiten Weltkrieges publizierten TASS-Fenster (Окна ТАСС, vgl. dazu weiter unten in diesem Kapitel) gesagt wird, gilt in gleichem Masse bereits für die ROSTA-Fenster.

> Но самым важным преимуществом «Окон Роста» была их большая, сравнительно с печатными плакатами, оперативность и конкретность. [...] В «Окнах Роста» те же формулы и лозунги легче было связывать с текущими событиями, ставить очень конкретные частные вопросы и тем самым особенно наглядно показывать правильность и жизненность политики авангарда революции – партии большевиков.
> (Duvakin 1952: 329)

Dies machte sie – so Duvakin (1952: 329) – zu einem besonders wirksamen Werkzeug der politischen Agitation.[12] Als Quellen[13] für die Fensterinhalte dienten den Produzenten Agenturmeldungen sowie Zeitungsartikel – in erster Linie solche aus der *Izvestija* und *Pravda* –, aber auch Reden und Artikel von Lenin.

Darüber hinaus konnten die Klischees in andere Städte verschickt und dort vor Ort vervielfältigt werden. Dies wirkte sich unweigerlich auf den Darstellungsstil aus. Eine zu komplexe, feingliedrige Grafik wäre bei der Produktionsgeschwindigkeit (Möglichkeit, ein Fenster innerhalb weniger Stunden fertigzustellen) und -technik (manuelle Vervielfältigung und Kolorierung mit Hilfe von Schablonen) hinderlich gewesen. Zudem sollten die Bildbetrachter und -betrachterinnen nicht durch unnötige grafische Details vom Kerngehalt oder vielmehr der schlagenden Aussagekraft der Bilder abgelenkt werden.

Hervorgegangen aus der Tradition der *lubki*[14], stellten die ROSTA-Fenster eine neuartige Erscheinungsform des Plakats dar. In der Art des Comics oder der Bildgeschichte verfasst, wird mit Bildern und Texten,

12 «Агитация политическая – средство политического воздействия на *сознание* и настроение масс путем коллективных и индивидуальных бесед, выступлений на митингах, собраниях, посредством печати, радио, телевидения с целью побудить их к общественно-политической активность. [...] А. п. тесно связана с пропагандой» (Kondakova/Višnjakova 1988: 8). Zur Begriffsentwicklung und -differenzierung von *Agitation* und *Propaganda* vgl. Kämpfer (1985: 21 ff.), Kondakova/Višnjakova (1988: 8, 239 f.).

13 Eine ausführliche Aufzählung der durch Majakovskij benutzten Quellen findet sich in Duvakin (1952: 348).

14 Bei den *lubki* oder Russischen Volksbilderbögen handelt es sich um farbige Einblattdrucke, die aus einer oder mehreren beschrifteten Abbildungen bestehen. Vgl. dazu Kapitel II.1.1.1.1.

die in einzelne lineare Sequenzen aufgeteilt sind (2–14 Einheiten), ein Thema anschaulich vermittelt. Die Leserichtung ist durch die Nummerierung des Texts vorgegeben; die Bilder sind durch Zwischenräume voneinander getrennt. Die Darstellungsart ist nicht von den ersten Fenstern an gegeben, entwickelt sich aber sehr rasch und behält in der Folge diese Gestalt über die ganze Produktionsperiode hinweg bei:

> Типы «Окна» установились не сразу. Первые «Окна» представляли собою как бы огромные страницы журнала. В них были самостоятельные заметочки, фельетончики, стихи, большие и маленькие рисунки.
> (Čeremnych 1940: 44)

Diese lose Zusammenstellung von Karikaturen mit Spottgedichten, Zeitungszitaten und abgewandelten Sprichwörtern diente in erster Linie dazu, politische Feinde zu benennen und zu verunglimpfen. Die Leseabfolge spielte hierbei eine geringe Rolle, da noch keine eigentliche Geschichte entwickelt oder ein Sachverhalt argumentativ aufgebaut wurde (vgl. bspw. Okno Satiry ROSTA 4 [GS: 3], Vitrina Satiry ROSTA 6/ [GS: 4]).

Schon kurz nach Publikationsbeginn wurden die einzelnen Plakate jeweils einem Thema gewidmet, wobei das Themenspektrum sehr breit war:

> Диапазон тем огромен.
> Агитация за коминтерн и за сбор грибов для голодающих, борьба с Врангелем и с тифозной вошью, плакаты о сохранении старых газет и об электрификации.
> (Majakovskij 1930: Prošu slova. In: Majakovskij 1938: XII)

Zu den jeweiligen Themen wurden oft eigentliche Kampagnen gestartet, d.h. mehrere ROSTA-Fenster behandelten dasselbe Thema, wobei die Erscheinungsform der Texte und/oder der Bilder variierte. Ein solches Vorgehen erfüllte mehrere Funktionen:

- Die Dringlichkeit von Appellen wird durch das wiederholte Erscheinen eines Themas verstärkt.
- Die Verständlichkeit und die Fähigkeit, das Thematisierte zu memorisieren, steigen.

- Die Semantisierung der jeweiligen Sachverhalte wird durch die Variierung besser abgedeckt und somit die Gefahr von Unklarheiten verringert.
- Die Passanten können sich über alle wichtigen Geschehnisse informieren, auch wenn sie zwischendurch eine ROSTA-Nummer verpassen.

Die ROSTA-Fenster als Bild-Text-Kommunikate[15] eigneten sich in der jungen Sowjetunion der frühen 20er Jahre besonders gut, die grossenteils analphabetische städtische Bevölkerung agitatorisch-propagandistisch zu erreichen. Schon in der *Biblia Pauperum*[16] sollten die Bilder u. a. dazu dienen, die Laien zu belehren *(pictura quasi laicorum scriptura)*[17]. Waren die Printmedien (Zeitungen, Zeitschriften u. a.) nur einem kleinen Teil der Bevölkerung zugänglich, so hatten die ROSTA-Fenster durch ihre Positionierung im Stadtbild und durch ihre einfach zu rezipierende Art einen viel breiteren Wirkungsgrad[18] (vgl. dazu auch Coquin 1988: 727).

Nicht nur die Bilder dienten dem Verständnis, auch die kurzen gereimten Texte in Form von *častuški*[19] waren leicht zu memorieren. Die Satire-Fenster zogen die Passanten wie ein Magnet an:

15 Vgl. dazu Kapitel II. 1.1.

16 Die erste deutsche Ausgabe der *Biblia Pauperum* mit beweglichen Lettern erschien 1462 in Bamberg.

17 In der *Biblia Pauperum* kommen Verfahren zum Tragen, die auch in den ROSTA-Fenstern zugegen sind. Suckale (1990: 17) spricht in Zusammenhang mit der Armenbibel von der «Reduktion des Erzählerischen durch das Lehrbild». Charakteristisch hierfür ist die Beschränkung auf durch Umrisse dargestellte Hauptfiguren und das Weglassen von genauen Schilderungen des Schauplatzes sowie sonstigen Beiwerks. Diese Charakteristik kann in ihren Grundzügen auch auf die ROSTA-Fenster angewendet werden.

18 «Представляя соединение рисунков с крупно написанным текстом, ‹Окна› обладали наибольшей доходчивостью, по сравнению с обычной газетной полосой, и пользовались большим успехом у населения.» (Petrogradskie «Okna ROSTA» 1964: 10).

19 Die *častuška* ist eine volkstümliche Strophe, welche meist vier Zeilen umfasst (Stephan 1969: 13); es gibt aber auch Varianten mit zwei, sechs oder acht Zeilen

Es gab keinen, der nicht herangetreten wäre, und keinen Herantretenden, der nicht gelesen hätte. Den einen verabreichten sie Hiebe, und zwar trafen sie, wie man zu sagen pflegt, direkt ins Schwarze; die anderen versetzten sie in Kümmernis; wieder andere begeisterten sie durch ihre stetige Lebensfreude. Aber sie berührten, sie erregten buchstäblich alle, weil in ihnen die Rede von dem war, was so oder so jeden Staatsbürger der neugeborenen RSFSR anging.
(Duwakin 1967: 45 f.)

Auch wenn in obigem Zitat die Empathie des Verfassers zur geschilderten Situation spürbar ist, so vermittelt die Beschreibung doch einen guten Einblick in die damals herrschende Lage. Auch Čeremnych (1940: 39) weist in seinen Erinnerungen darauf hin, dass den Fenstern ein grosser Erfolg beschieden war. Nicht nur ihre Inhalte spielten dabei eine Rolle, sondern auch die Art der Positionierung in der Stadt. Die grell beleuchteten Plakate besassen im abendlichen städtischen Raum einen grossen Signaleffekt:

Добавим, что и без того узкая и кривая Тверская, на которой появились первые «Окна Роста», была завалена сугробами, что фонари горели через один или совсем не горели и ярко освещенные витрины Роста резко выделялись на полутемной улице.
(Duvakin 1952: 325)

Die ROSTA-Fenster übten eine starke Wirkung auf die damaligen Betrachter und Betrachterinnen aus. Es handelte sich also nicht um eine ephemere Erscheinung, sondern sie prägten das Weltbild und das ästhetische Verständnis der Bevölkerung nachhaltig:

Das politische Plakat war in dieser Zeit mehr als jede andere agitatorische Form mit den politischen Tagesereignissen verbunden. Vor allem in der Zeit von 1918 bis zum Ende des Bürgerkrieges 1921 war das Plakat das wirksamste Mittel im direkten Kampf der Weltanschauungen.
(Mit voller Kraft 2001: 95)

(Anikin/Kruglov 1983: 321 f.). In Übersetzungen wird sie meist als «Schnaderhüpferl» bezeichnet oder als «zwei oder vierzeiliges Scherzgedicht» paraphrasiert.

Die Plakate waren nicht zur reinen Unterhaltung ausgehängt, das Volk sollte sich nicht einfach daran delektieren, sondern die Fenster wurden als Kampfmittel verstanden:

> «Фронт» назывался РОСТА. Врагов-интервентов, «буржуев», спекулянтов били не снарядами – плакатами. Каждое утро появлялись в витринах пустующих магазинов эти огромные рукописные плакаты. Политические, военные, хозяйственные новости быстро воплощались в художественные образы – смелые, неожиданные, острые! Каждое утро у «Окон РОСТА» стояли толпы людей. Ждали новых плакатов...
> (Gochlerner 1962: 5 f.)

Die grosse Anzahl verschiedener Fenster, welche in diesem Zeitraum herausgegeben wurde, mag ihre Relevanz und Effektivität als politisch-agitatorisches Kommunikationsmittel verdeutlichen. Die bol'ševistische Partei besass mit den Fenstern ein geeignetes Instrumentarium, auf das Tagesgeschehen aus ihrem Blickwinkel zu reagieren (vgl. dazu Čeremnych 1940: 40), den äusseren und inneren politischen Feind zu entlarven, das Klassenbewusstsein zu schmieden und den Hass gegen das Kapital zu schüren. Ein weiteres Ziel lag in der Bildung eines Volksbewusstseins, darin, den Leuten ein Gefühl der Zusammengehörigkeit zu vermitteln und die Niederschlagung der Konterrevolution als gemeinsamen Wunsch empfinden zu lassen. Auf einen kurzen Nenner gebracht könnte man sagen: «indiquer à chacun son devoir civique et montrer la voie de la victoire» (Coquin 1988: 725).

Die Erscheinungsform und die Aufgaben der ROSTA-Fenster wirkten sich zudem auf die darin verwendete Sprache aus. Die Tätigkeit in der ROSTA war selbst für Majakovskij nicht nur in gestalterischer sondern auch in sprachlicher Hinsicht eine Herausforderung. Er musste für die ROSTA-Fenster so schreiben, dass das Gelesene beim Rezipienten ankam, ihn frappierte und sich in sein Gedächtnis einprägte. Expressivität und Kürze waren gefordert, darüber hinaus auch Eingängigkeit:

> Das war keine leichte Aufgabe. Der neue Themenkreis, die neue Leserschaft, die neue (agitatorische) Funktion des Verses, die Wechselwirkung von Text und Zeichenbild – all das prädestinierte zur Neuartigkeit und Vielfalt der Stilistik Majakowskis in den ROSTA-Fenstern. Die Sprache der Fenster ist fast gänzlich befreit von Archaismen, von absichtsvoll trockenen Wörtern und überhaupt von einem Wortbestand für nur jenen Leser, der über einen bestimmten Komplex

literarischer Gedankenassoziationen verfügt. Majakowski meidet ferner die in seinen Werken aus der Zeit vor der Revolution so häufigen krass-individuellen Neologismen.
(Duwakin 1967: 81 f.)

In den ROSTA-Fenstern wird vorweggenommen, was Majakovskij 1923 angesichts der NĖP in seiner Rede über Agitation und Reklame proklamiert: «Надо звать, надо рекламировать, чтоб калеки немедленно исцелялись и бежали покупать, торговать, смотреть!» (Majakovskij 1923: Agitacija i reklama. In: Majakovskij 1959: 58) Auch die Funktion der ROSTA-Fenster bestand darin aufzurufen, zu werben und die Menschen zu Taten schreiten zu lassen. Deshalb mass Majakovskij auch der Sprache der ROSTA-Fenster eine spezielle Funktion bei:

Для меня эта книга (ein Buch mit Texten der ROSTA-Fenster [RK]) большого словесного значения, работа, очищавшая наш язык от поэтической шелухи на темах, не допускающих многословия.
Это не столько чтение, сколько пособие для времен [...].
(Majakovskij 1930: Prošu slova. In: Majakovskij 1938: XIII)

Dieser Zielsetzung ordnete Majakovskij seinen Sprachgebrauch unter: Er verzichtete nicht nur – wie oben zitiert – auf die für ihn so charakteristischen, oft gewalttätigen Neologismen, sondern auch auf ungestüme Metaphern und Gleichnisse, auf die Kompliziertheit der Syntax und die Übersättigung durch so manchen Tropus. Dafür führte er Wörter aus dem neuen Politjargon und Fachwörter aus der einschlägigen ökonomischen und technischen Literatur ein und benutzte Ausdrücke aus der Umgangssprache und *prostorečie*. Erwähnenswert ist zudem Majakovskijs innovativer Umgang mit Phraseologismen. Er nutzte die Eigenheiten der ROSTA-Fenster, ein gemischt semiotisches Kommunikat zu sein. So führte er idiomatische Wendungen, deren Gesamtbedeutung nicht aus der Bedeutung der Einzelwörter erschlossen werden kann, in der Bildebene oft auf ihre buchstäbliche (Einzel-)Bedeutung zurück. Dadurch setzt er die ursprüngliche Bildhaftigkeit solcher Ausdrücke wieder frei:

Majakowski aktivierte die potentielle Bildhaftigkeit derartiger Wendungen (unabhängig von ihrer Herkunft) und gab ihnen damit die emotionelle und ästhetische Vollwertigkeit und Aktivität zurück. Dass diese Wendungen *gewohnt* waren, bedeutete einen Vorzug vom Standpunkt der Massenwirkung des Agitationsverses, und dass sich das Gewohnte als etwas Unerwartetes erschloss und ein Umdenken erforderte, verzehnfachte die Eindrucksstärke des Worts und verstärkte letztlich die künstlerische, also auch die politische Wirkung. (Duwakin 1967: 83)

Dieses Verfahren, abgegriffene Metaphern zu beleben, ist nicht nur den ROSTA-Fenstern, sondern auch Majakovskijs übriger Poesie eigen (vgl. dazu Jakobson 1972: 114, Vinokur 1967: 101 f.).

Es bleibt anzumerken, dass die ROSTA-Fenster nicht das einzige der Öffentlichkeit zugängliche Agitationsmittel darstellten, vielmehr befand sich das revolutionäre Russland Ende der 10er und zu Beginn der 20er Jahre in einem wahren Plakat- bzw. Agitations-Fieber. Das Strassenbild wurde von agitatorischen Einfällen verschiedenster Art geprägt. Plakate, Spruchbänder, Dekorationen, Agitationszüge und -schiffe sowie -autos, Strassentheater agitatorischen Inhalts u. ä. m. liessen die Einwohner eintauchen in die neuen Wertvorstellungen und Handlungsanweisungen des jungen Sowjetstaates. Auch Alltagsgegenstände wie Stoffe und Geschirr (Agitporzellan) wurden agitatorisch genutzt, d. h. die gesamte Lebenssphäre der Sowjetbürger und -bürgerinnen war propagandistisch besetzt:[20]

[...] в сумятице и хаосе, когда очередной и главной задачей исторического момента было «организовать управление Россией», искусство занимало такое важное место в жизни молодого государства. Уже в «Резолюции по вопросу об изобразительных искусствах» Первой Всероссийской конференции Пролетарских культурно-просветительских организаций говорилось: «... пропитывать и насыщать всю жизнь пролетариата искусством». (Šišlo 1970: 6)

Daneben spielten auch das Massenmedium Radio, das dank der Elektrifizierung jetzt empfangen werden konnte, sowie die Stummfilme eine wichtige Rolle.

Der erzieherische und propagandistische Einsatz von Kunst durch die *Bol'ševiki* stellte keine Neuheit dar, sondern knüpfte an die Tradition

20 Vgl. dazu auch: Bakos (1988: 30 ff.); Coquin (1988: 729); Kunst und Revolution (1988: 30 ff.); Stites (1992: 49 ff.).

Russlands an, Kunst als «Lehrmeister des Lebens» zu betrachten (vgl. Bakos 1988: 30). Neu hingegen war das Wertesystem, das propagiert wurde. Mit dem Gelingen der Revolution musste ein altes System möglichst schnell durch ein neues ersetzt werden; dies bedingte das Propagieren neuer Werte, das Einführen neuer Begriffe und Verhaltensregeln. Das neue Wertesystem konnte nicht langsam heranwachsen, sondern musste der Bevölkerung gleichsam in die Köpfe gehämmert werden.

Die recht gewalttätigen Bilder in den ROSTA-Fenstern sind ein Ausdruck dieser Vehemenz, die keine leisen Töne zuliess. Es fand eine Demokratisierung und Popularisierung der Kunst für die breiten Massen statt mit dem gleichzeitigen Versuch, eigene Symbole und Metaphern der Epoche zu schaffen:

> Tout en s'inspirant de l'imagerie populaire (Loubok, sorte d'image d'Epinal russe) et des principes constructivistes, les Rosta ont ainsi défini les symboles de tout le graphisme révolutionnaire: des personnages typiques (ouvriers, paysans, soldats), et leurs « objets attributs » (marteaux, faucilles, usines, fusils...). (Antelme 1975: 72)

Die Massen reagierten teils heftig auf die neue Stossrichtung, indem sie Kennzeichen des alten Systems (bspw. Denkmäler, Zareninsignien usw.) entfernten oder zerstörten (vgl. auch Stites 1989: 64 ff.). Lenin erstellte im April 1918 den Plan einer «monumentalen Propaganda», die ersten Jahre waren dann auch geprägt von Agitation, Mobilisation und Pathos. Dies war in einer Zeit des Bürgerkriegs und der Entbehrungen notwendig, um einen Rückfall in alte Gewohnheiten zu verhindern. Ohne Visionen und Handlungsanweisungen, die zu einer Verbesserung der Lage in naher Zukunft führen würden, hätte ein gesellschaftliches Vakuum gedroht. Nach der Beendigung des Bürgerkriegs konnte zur Produktionspropagada übergegangen werden, deren Ziel es war, den Übergang zur friedlichen Aufbauarbeit und der damit verbundenen notwendigen Produktionssteigerung voranzutreiben (vgl. Bakos 1988: 34); die Schaufenster füllten sich wieder mit Produkten und die ROSTA-Fenster mussten ihren Platz dort räumen. Der Übergang von der Agitation zur Produktionspropaganda bedeutete auch das Ende der ROSTA-Fenster, die ihre Aufgaben erfüllt hatten:

> «Окна сатиры РОСТА» выполняли обычно роль агитатора и в очень незначительной степени роль пропагандиста, да и то, главным образом, в последний год своего существования. Переход к мирному строительству поставил вопрос о замене плаката агитационного плакатом пропагандистским. Этим самым был решен вопрос и об «Окнах сатиры РОСТА».
> (Butnik-Siverskij 1960: 24)

Auch wenn die ROSTA-Fenster nur während dreier Jahre produziert wurden, so waren ihre Nachwirkungen bedeutend. Die Darstellungsweisen fanden Nachahmer sowohl in der Plakat- als auch in der Filmkunst. Die Bildsprache der sowjetischen Propaganda ist stark geprägt von den in den ROSTA-Fenstern auftretenden Figuren und Klischees. Dies hängt auch mit der Person Majakovskijs zusammen, der zu Beginn der 20er Jahre in den Künstlerkreisen Russlands eine starke Persönlichkeit war und vielen als Vorbild diente. Mit seiner in den ROSTA-Plakaten entwickelten Bildsprache, die sich durch Einfachheit und Prägnanz auszeichnete, erreichte er die grossen Massen, die genau mit dieser Bildsprache im neuen Sowjetsystem «sozialisiert» wurden. Auf die Bildsymbole, die sie in diesen drei Jahren verinnerlicht hatten, konnte immer wieder zurückgegriffen werden; sei dies in Form von Werbung, auf Bonbon-Papierchen oder in Filmen. Ein weiteres *Revival* erlebten die ROSTA-Fenster im 2. Weltkrieg in Form der TASS-Fenster (1941–45), zu deren Künstlerkollektiv auch einige Vertreter der ROSTA-Abteilung zählten (V.V. Lebedev, M.M. Čeremnych u.a.m.). Die TASS-Fenster dienten der Sowjetunion erneut als Propagandamittel in Form eines Bild-Text-Kommunikats. Auch der bissig-satirische Stil wurde in der Hetze gegen Hitler beibehalten. Im Unterschied zu den im Kollektiv hergestellten ROSTA-Fenstern, die keine explizite Autorenschaft aufwiesen, waren die TASS-Fenster grösstenteils gezeichnet, d.h. sie gaben sowohl die Autorenschaft des Bildes als auch des Textes an. Häufig wurden Einzelbilder mit einem längeren Text in Gedichtform publiziert; das Zielpublikum war jetzt im Gegensatz zu den ROSTA-Fensterrezipienten des Lesens mächtig. Gleich blieb sich hingegen die Funktion der Fenster als staatliches Agitations- bzw. Propagandamittel. Im Rückblick können beide Typen als Dokumente der sowjetischen Ideologie der entsprechenden Zeitabschnitte gewertet werden:

> Когда люди будут изучать эпоху Отечественной войны, они не пройдут мимо «Окон ТАСС», как не пройдут мимо «Окон РОСТА» при изучении Октябрьской революции.
> (Kalinin 1970: 7)

Erst in den 50er Jahren wurde in Anlehnung an die Tradition der ROSTA-Fenster und der späteren TASS-Fenster ein Versuch unternommen, solche Satire-Plakate auch in den Kolchosen, d.h. auf dem Land zu etablieren. Unter dem Titel *Колхозные Окна сатиры* erzeugte eine Brigade der Moskauer Künstlervereinigung Satire-Plakate (meist bestehend aus einem Bild mit dazugehörigem Text in Reimform), welche auf die bestehenden Missstände in den Kolchosen hinweisen sollten: geschlossene Läden, Schmutz und Unordnung, Widerwillen gegen Arbeit, Schlendrian, die Mühen der Kolchos-Bevölkerung mit der Elektrizität u.ä.m. wurden thematisiert und an konkreten Beispielen illustriert. Im Gegensatz zu den ROSTA-Fenstern wurde hier auch der innere Gegner individuell referentialisiert und war somit innerhalb der Kolchose für jeden und jede erkennbar. Somit konnten die Fenster auch als Material für agitatorisch-erzieherische Sitzungen verwendet werden, in welchen die Übeltäter direkt zur Rechenschaft gezogen wurden. Dies war mit ein Grund, weshalb diese Plakate bei der Kolchose-Bevölkerung auf wenig Gegenliebe stiessen und sich nicht durchsetzen konnten (vgl. dazu: Kostin 1954: 37 f.).

Im Nachhinein betrachtet stellt die dreijährige Produktion der ROSTA-Fenster eine illustrierte Chronik der wichtigsten Themen und Ereignisse des damaligen Zeitgeschehens aus der Sicht der bol'ševistischen Partei dar.

2 Was kann ein Bild?

Il faut confronter des idées vagues avec des images claires.
(Jean-Luc Godard)

Was man durch ein Bild zeigen kann, soll man nicht mit Worten sagen.
(Koberstein 1969: 60)

Brigitte Hilmer (2000) moniert in ihrem Artikel «Bilder über Bilder» zu Recht die negative Konnotation der so genannten Bilderflut, die über uns hereingebrochen sein soll. Diese Flut hängt mit der technischen Reproduzierbarkeit von Bildern seit dem 19. Jh. zusammen und umfasst somit auch eine verbale Flut, wenn man Auflagezahlen von Büchern, Zeitungen und Zeitschriften, sowie textuelle Elemente im öffentlichen Raum betrachtet. Die negative Konnotation des Wortes «Bilderflut» rührt denn auch eher von einem Misstrauen gegenüber den Leistungen des Bildes her, als von einem Missfallen an der Flut selbst. Geschriebener Text wird in unserer Gesellschaft noch immer mehrheitlich mit Bildung und Belesenheit in Zusammenhang gebracht im Gegensatz zu Bildern. Bilder, wie sie in Bildgeschichten und Comics vorkommen, geraten gerade im deutschsprachigen Raum schnell in den Verdacht, plakativ oder trivial zu sein.[1] In der Sowjetunion waren westliche Comicstrips als «imperialistisches Propagandamittel» geächtet (vgl. Metken 1970: 168), und wurden als plakatives, gewaltverherrlichendes Übel betrachtet:

Прославление в ряде категорий К. физич. силы, жестокой героики, нац. превосходства, агрессивных доблестей, равно как и снижение, «примитивизация» классики, – хронич. и возрастающее бедствие совр. «массовой культуры».
(BSĖ 1973: 507)

1 Im frankophonen Raum bspw. ist die Comickultur stärker verankert. Auch renommierte Buchhandlungen besitzen dort eine Comicabteilung, zudem werden regelmässig Comicfestivals und Ausstellungen organisiert.

Comicsanleihen in Form von Agitations- und Propagandaplakaten hingegen nahmen im System einen zentralen Stellenwert ein und konnten auf der Tradition der Volksbilderbögen aufbauen (vgl. dazu Kapitel II.1.1.1.1).

Obwohl Bilder im heutigen Zeitalter in den verschiedensten Gebieten eingesetzt werden (Stichwort «Visualisierung»), hat sich eine Bildwissenschaft analog zur Linguistik noch nicht etabliert und ist – wenn man die verschiedenen Symposien und Tagungen zum Thema «Bild» betrachtet[2] – erst im Begriff zu entstehen. Zur Zeit beschäftigen sich verschiedene Disziplinen mit jeweils eigenen Ansätzen mit dem Phänomen Bild; traditionellerweise die Kunsthistoriker, daneben auch die Semiotikerinnen, Linguisten, Psychologinnen und Philosophen. M. Plümacher (2003) stellt sich die programmatische Frage, ob eine der Linguistik vergleichbare Bildwissenschaft möglich ist und kommt zu folgendem Fazit:

> Ob sich jedoch eine allgemeine Bildwissenschaft entwickelt, wird entscheidend davon abhängen, ob langfristige Forschungsprojekte zu den verschiedenen Feldern bildwissenschaftlicher Grundlagen konstituiert werden und eine Kontinuität bildwissenschaftlicher Forschung entsteht.
> (Plümacher 2003: 125)

Im Folgenden soll ein Beitrag zur Etablierung einer Bildwissenschaft geleistet werden, indem bestehende Ansätze zusammengestellt und ausgeführt sowie mögliche Perspektiven dargelegt werden.

2 Vgl. bspw.: DFG-Symposion 1988, Text und Bild, Bild und Text; Was ist ein Bild? Tagung des Einstein-Forums vom 20. Nov. bis 22. Nov. 1997; «Das Bild: Image, Picture, Painting...», ein Symposium der Deutschen und der Internationalen Gesellschaft für Ästhetik in der Berliner Akademie der Künste vom 23.11. bis 25.11.2000; «Die Sprache der Bilder», Akademie der Schweizerischen Studienstiftung vom 16. bis 21. Juli 2001; und aktuell: ‹eikones› NFS Bildkritik: Macht und Bedeutung der Bilder, Nationaler Forschungsschwerpunkt unter der Leitung von Prof. Dr. Gottfried Boehm.

2.1 Bilder als semiotische Systeme

Es gab seitens der Linguistik verschiedene Versuche, dem semiotischen System «Bild» analog zum System «verbale Sprache» habhaft zu werden. Die Ergebnisse dieser Untersuchung laufen auf unterschiedlichste Thesen hinaus, wobei die zwei Thesen der «doppelten Artikulation» und der «Ähnlichkeitsbeziehung» im Zentrum der Diskussionen stehen.

2.1.1 Das Dogma der «doppelten Artikulation»

In der Diskussion, ob es sich beim Medium Bild semiotisch gesehen um eine Sprache handelt, wird auf eine grundlegende Eigenschaft der verbalen Sprache zurückgegriffen, indem die doppelte Artikulation als das konstitutive Merkmal der Sprachhaftigkeit menschlicher Sprache vorausgesetzt und also das Bild auf dieses Merkmal hin untersucht wird. Unter der doppelten Artikulation oder zweifachen Gliederung der Sprache *(double articulation)* wird die Möglichkeit verstanden, mit Hilfe von bedeutungsdifferenzierenden, aber nicht selbst bedeutungstragenden Elementen (zweite Gliederung: Phoneme) bedeutungstragende Elemente (erste Gliederung: Zeichen) zu generieren. Die Einheiten der ersten Gliederungsebene weisen eine Bedeutung und eine lautliche Form auf; die zweite Gliederungsebene besteht aus einer limitierten Anzahl distinktiver Lauthervorbringungen (Phoneme) (vgl. Martinet 1960: 17 ff.).

Die verbale Sprache besitzt die zwei Ebenen der bedeutungsdifferenzierenden Elemente und der darauf aufbauenden bedeutungstragenden Schicht.[3] Benveniste (1974: 57) stellt in diesem Zusammenhang die Frage,

3 Titzmann (1990) sieht die doppelte Artikulation als notwendige Bedingung für die Generierung von Bedeutung: «Was wir als ‹Bedeutung› klassifizieren, ist also paraphrasierbar in Form einer (geordneten) Menge sprachlicher Aussagen. [...] ‹Bedeutung› in diesem Sinne kann also nur sein, was – im Prinzip – die doppelte Bedingung der sprachlichen Artikulierbarkeit und (somit) der Bewusstseinsfähigkeit erfüllt [...]. Die Bedeutung sowohl von Texten als auch von Bildern kann [...] nur durch Texte [...] abgebildet werden.» (Titzmann 1990: 371, 376)

ob alle semiotischen Systeme auf Einheiten reduziert werden können und welcher Art diese Einheiten sein sollen. Im Bezug auf die bildende Kunst nennt er das Beispiel der Farben, die – so Benveniste – nicht mit Sprachzeichen vergleichbar sind; sie werden von jedem Künstler und oft sogar innerhalb seines Schaffens neu definiert durch Selektion und Anordnung. Hinzu kommt, dass es sich bei Farben nicht um distinktive Einheiten handelt, sondern um ein kontinuierliches Spektrum mit fliessenden Übergängen.[4] Die Bedeutung eines Kunstwerks liegt in der spezifischen Arbeit des Künstlers, der Werte und Kontraste in seinem Werk frei einsetzen kann:

> On peut donc distinguer les systèmes où la signifiance est imprimée par l'auteur à l'œuvre et les systèmes où la signifiance est imprimée par les éléments premiers à l'état isolé, indépendamment des liaisons qu'ils peuvent contracter.
> (Benveniste 1974: 59)

Im Laufe der semiotischen Diskussionen wurde versucht, die Forderung nach der doppelten Artikulation als Bedingung für Sprachhaftigkeit[5] aufzuweichen, sie als «Mythos der doppelten Gliederung» darzustellen (vgl. dazu: Eco 1988: 231 ff.). So stellt Eco die These auf, dass es «Kommunikationscodes mit verschiedenen Gliederungstypen oder auch ohne Gliederung [gibt], und die doppelte Artikulation kein Dogma [ist]» (Eco 1988: 233). Kommunikation ist also nicht nur qua verbaler Sprache möglich:

> Es ist falsch, zu glauben, 1) dass jeder Kommunikationsakt auf einer den Codes der verbalen Sprache ähnlichen «Sprache» basiere; 2) dass jede Sprache zwei fixe Gliederungen haben müsste.
> (Eco 1988: 236)

Bei Bildern – oder ikonischen Aussagen, wie sie Eco nennt –, handelt es sich um Idiolekte, da es auf der ikonischen Ebene «äusserst viele Konventionen gibt, viel mehr als in der verbalen Sprache». (Eco 1988: 244) Bilder oder ikonische Aussagen basieren auf wahrnehmbaren Elementen,

4 Tendenzen zu solch fliessenden Übergängen gibt es auch in der verbalen Sprache, bspw. im Bereich der Prosodie.

5 Sprachhaftigkeit verstanden als Kommunikationscode, welcher mehr umfasst als die verbale Sprache und der menschlichen Kommunikation dient.

die sich in Figuren, Zeichen und Aussagen gliedern lassen. Als Basiselemente dienen die Figuren, welche als Wahrnehmungsbedingungen (Figur – Hintergrund, Lichtkontraste usw.) zum Untersuchungsgegenstand der Wahrnehmungspsychologie gehören (vgl. Eco 1988: 246 f.). Eco geht davon aus, dass sich Figuren aufgrund ihrer unüberschaubar hohen Anzahl nicht abschliessend aufzählen lassen und auch nicht immer diskret sind:

> Daher erscheint die zweite Gliederung des ikonischen Codes als ein Kontinuum an Möglichkeiten, aus dem soundsoviele individuelle Botschaften hervorgehen, die wohl auf Grund des Kontextes entziffert werden können, die aber nicht auf einen genau bestimmten Code zurückgeführt werden können.
> (Eco 1988: 247)

Zwar gibt es in der westlichen Kultur mit der Geometrie ein Instrumentarium, um die relevanten Züge einer Abbildung zu beschreiben; die Kombinierbarkeit der geometrischen Elemente (Punkt, Linie, Kurve, Kreis usw.) ist jedoch derart gross, dass sie sich nicht als Basiselemente für die zweite Gliederung eignen. Genau diese Bestrebung ist aber denjenigen Theoretikern eigen, die versuchen, die Theorie der doppelten Artikulation auch auf Bilder anzuwenden. Als kleinste bedeutungsdifferenzierende Einheiten führte F. Saint-Martin (1990) das *Colorem*[6] ein, I. Biederman (1987) das *Geon*[7]. Beiden Ansätzen gemein ist der Versuch, mit diesen kleinsten Basiselementen, die sich durch Farbe, Textur, Grösse, Position im Bild oder als eine Art geometrische Zeichen definieren, syntaktische Regeln zu formulieren. Problematisch daran ist sowohl die unüberschaubar grosse Anzahl solcher Parameter,[8] als auch

6 "[...] the basic variables of visual language, identified as color, texture, dimension, boundaries, vectorality, and position in the plane" (Foss 1992: 86).
7 Eine Art geometrische Zeichen, die als Basiselemente dienen.
8 Dies ergibt sich u. a. durch die verschiedenen Codierungsarten von Bildern und verbaler Sprache. Bilder sind als analoges Medium erfasst, Sprache hingegen durch diskrete Zeichen, d. h. digital. Analog heisst, dass es keine diskreten Einheiten, kein Entweder-oder gibt, sondern ein Kontinuum, ein Fluss ineinander übergehender Elemente. Aus diesem Kontinuum heraus bedeutungsdifferenzierende Einheiten zu definieren ist problematisch, da hierbei die Frage nach den Definitionskriterien für solche Einheiten aufgeworfen wird.

der Versuch selbst, ein Bild analog zur verbalen Sprache durch die doppelte Artikulation zu erfassen:

> Obwohl isolierte Bildmerkmale für sich genommen bedeutungslos sind, gewinnt jedes einzelne eine spezifische Bedeutung als Teil einer bezeichnenden Konfiguration. [...] Die Kreise und Halbkreise, die Linien und die Fläche, die sie aufbauen, haben zwar keine Bedeutung – als Teile der Gestalten «weiblicher Unterkörper» bzw. «weibliches Gesicht» stehen sie aber für bestimmte Glieder dieser Konfigurationen, im Gesicht für die Augen, die Nase, den Mund usw. Auch wenn die Phoneme /g/, /e/ usw. zum Wort «Gesicht» zusammengesetzt sind, repräsentiert nicht /g/ die Nase, /e/ und /i/ die Augen, /s/ den Mund, oder etwas ähnliches. Somit erübrigt sich jeder Vergleich mit der zweiten linguistischen Artikulation.
> Gibt es jedoch in Bildern etwas, was der ersten linguistischen Artikulation ähnlich ist, so erscheint es in verschiedenen Konfigurationen und extensionalen Ebenen, in verschiedenen Bildarten. Eine Nase ist eine Nase ist eine Nase – aber sie kann Merkmal oder Zeichen sein, in Abhängigkeit vom gewählten Bildstil. (Sonesson 1993: 145)

Die Fähigkeit eines Bildelementes, je nach gewähltem Stil oder «Bildaussage», sowohl Merkmal als auch Zeichen zu sein, bildet einen zentralen Unterschied zur verbalen Sprache.

2.1.2 Goodman und die Ähnlichkeit

In Zusammenhang mit der Frage nach der «Sprachhaftigkeit» von Bildern und ihrer Abgrenzung dazu beschäftigt v. a. eine zweite Eigenschaft von Bildern die Forschung: Besteht eine Ähnlichkeitsbeziehung zwischen Bild und Abgebildetem?

In der traditionellen Zeichentheorie wird zwischen Ikone, Index und Symbol unterschieden. Ein Ikon ist ein Zeichen, «welches das von ihm bezeichnete Objekt auf Grund einer Ähnlichkeitsbeziehung repräsentiert». (Nöth 2000: 193) *Indices* oder Symptome werden häufig nicht als eigentliche Zeichen, sondern Anzeichen gewertet. Sie stehen mit ihrem Objekt in einer unmittelbaren Beziehung: "An index stands for its object by virtue of a real connection with it, or because it forces the mind to attend to that object." (Peirce 1998: 14) Prototypisch für genuine Indices sind «die auf einer physikalischen Kausalitätsbeziehung beruhenden natürlichen Anzeichen, aber auch Personal- und Demonstrativpronomina»

(Nöth 2000: 186). Symbole schliesslich werden häufig als konventionelle Zeichen, deren Beziehung zwischen Signifié und Signifiant eine arbiträre ist, definiert.

Sprachliche Zeichen gehören grösstenteils dem Zeichentyp Symbol an, Bilder werden üblicherweise dem Zeichentyp der Ikone zugeordnet. Wenn Bilder als Ikonen verstanden werden, zeichnen sie sich demnach durch ein Ähnlichkeitsverhältnis aus. Goodman[9] führt triftige Gründe gegen diesen Ansatz ins Feld:

> The plain fact is that a picture, to represent an object, must be a symbol for it, stand for it, refer to it [...] Denotation is the core of representation and is independent of resemblance.
> (Goodman 1976: 5)

Ähnlichkeit – so Goodman – ist im Unterschied zur bildhaften Darstellung reflexiv und symmetrisch:[10]

> An object resembles itself to the maximum degree but rarely represents itself; resemblance, unlike representation, is reflexive. Again, unlike representation, resemblance is symmetric; B is as much like A as A is like B, but while a painting may represent the Duke of Wellington, the Duke doesn't represent the painting.
> (Goodman 1976: 4)

Ähnlichkeit stellt somit keine hinreichende Bedingung für Repräsentation dar. Repräsentation bedeutet für Goodman eine spezielle Art von Denotation, d.h. er sieht Parallelen zwischen einem Bild und dem was es darstellt einerseits und einem Prädikat und worauf es angewandt wird andererseits. Repräsentation ist keine Sache der Ähnlichkeit, sondern der Klassifizierung von Objekten, und sogar die physikalisch bedingte und damit als objektiv geltende Zentralperspektive ist ein Konstrukt. Goodman führt das Beispiel der Kanten von Fassaden an, die sich vom

9 Ausführlicher zur Bildtheorie Goodmans vgl. Kapitel I.2.1.4.

10 Goodman definiert die Ähnlichkeit zwischen individuellen Gegenständen, Termen. Bsp. *Kolja gleicht seinem Hund* (2-stelliges Prädikat). Sprachliche Ähnlichkeitsbeziehungen zwischen individuellen und generischen Termen wie bei *Kolja gleicht einem Hund* (1-stelliges Prädikat) sind nicht dieser Relation unterworfen.

Auge nach oben erstrecken. Diese werden im Gegensatz zu Eisenbahnschienen parallel gezeichnet, obwohl sie nach dem Gesetz der Zentralperspektive auch zusammenlaufen müssten (vgl. Goodman 1976: 16). Auf diese Konvention wird auch in der Architekturfotografie Rücksicht genommen, und die zusammenlaufenden Kanten von Wolkenkratzern werden entzerrt. Goodman negiert auch, dass die Ähnlichkeit eine notwendige Bedingung für die realistische Darstellung ist. Nicht die Kopie-Theorie kommt bei der Realitätsnähe zum Tragen, sondern inwiefern das Objekt und seine Repräsentation gleiche Erwartungen und Antworten evozieren. Dabei ist zentral, dass sobald ein Bild als ein Bild wahrgenommen wird, es nicht mehr für das Objekt selbst gehalten werden kann, d. h. ich erkenne das Zeichensystem der Repräsentation ohne Gefahr der Verwechslung mit dem dargestellten Objekt. Die Gefahr der Täuschung bzw. Verwechslung hat mehr mit Magie als mit realistischer Darstellung zu tun. Der Realitätsgrad der Wiedergabe hat nichts mit seiner Informationsdichte, sondern mit der einfachen Zugänglichkeit zu tun. Hinzu kommt noch der Faktor der Stereotypizität der Darstellung; d.h. wie bekannt die Etikette *(label)* ist, die auf einen Gegenstand angewendet wird. Eine Etikette ist das, was denotiert. Etiketten können sowohl verbal als auch piktoral sein:

> Just as objects are classified by means of, or under, various verbal labels, so also are objects classified by or under various pictorial labels. And the labels themselves, verbal or pictorial, are in turn classified under labels, verbal or nonverbal. Objects are classified under "desk", "table", etc., and also under pictures representing them.
> (Goodman 1976: 30 f.)

Bilder zu lesen, muss – genau so wie andere semiotische Systeme – erlernt werden, als realitätsnah gelten dann bekannte (traditionelle) Etiketten. Dass das Bilderlesen gelernt werden muss, zeigt bspw. auch die Entwicklung der Fotografie. Die ersten Luftaufnahmen aus der Vogelperspektive repräsentierten ein Bild der Erde, wie es zuvor noch nicht bekannt war. Die genaue Entschlüsselung von Gesehenem bzw. Sehenswertem in diesen Luftaufnahmen war eine Arbeit für Spezialisten. Der Laie oder die ungeübte Betrachterin konnten nicht viel mehr als Linien, Striche und Punkte erkennen. Erst durch das Bekanntwerden und die

Verbreitung solcher Aufnahmen wurde deren richtige Rezeption auch einer breiteren Bevölkerungsschicht zugänglich.[11] Wiederum zeigt sich hier das Moment der Konventionalität und Tradition, welches für das Verstehen von «Bildaussagen» zentral ist.

Während Repräsentation eine Sache der Auswahl und Korrektheit eine Frage der Information ist, hängt Realismus mit Tradition zusammen (vgl. Goodman 1976: 38). D.h. Ähnlichkeit wird an Sehkonventionen und Darstellungstraditionen festgemacht und zeigt nicht – wie oft behauptet – das Objekt so, wie es ist, d.h. kopiert es. Um zu zeigen, dass Ähnlichkeit nichts mit Kopieren zu tun hat, führt Goodman das Konzept des unschuldigen oder naiven Auges ein. Die idealen Bedingungen, um ein Objekt zu kopieren/abzubilden, würde das freie und unschuldige Auge liefern. Dieses gibt es jedoch nicht, da ein solches gar nicht der Wahrnehmung fähig wäre:

> Not only how but what it [the eye] sees is regulated by need and prejudice. It selects, rejects, organizes, discriminates, associates, classifies, analyzes, constructs. It does not so much mirror as take and make [...] the innocent eye is blind and the virgin mind empty. [...] Content cannot be extracted by peeling off layers of comment.
> (Goodman 1976: 8)

Die Kopie-Theorie von Repräsentation scheitert schon an der Frage, was überhaupt kopiert werden soll.

> A picture never represents *x*, but rather represents x as a man or represents *x* to be a mountain, or represents *the fact that x is* a melon.
> (Goodman 1976: 9)

Wir sehen also nicht einen Gegenstand oder Sachverhalt sondern wir *sehen* immer alles *als* etwas: Das *Sehen als* bedingt einen Begriff, der darauf angewendet werden kann: Das wohl bekannteste Beispiel für die Erläuterung dieses Vorgangs ist das Hasen-Enten-Bild in Wittgensteins «Philosophischen Untersuchungen». Dieses Kippbild wird erst durch den Rezeptionsvorgang, durch das *Sehen als* entweder zu einem Hasen-

11 Es wird sogar behauptet, dass Menschen, die noch nie in ihrem Leben eine Fotografie gesehen haben, ihnen bekannte Personen auf Fotos nicht erkennen.

oder einem Entenkopf, nie ist es aber beides gleichzeitig (vgl. Wittgenstein 1984: 519 ff.). Um einen sprachlichen Begriff zu prägen, braucht es eine Vorstellung, eine Figur, die sich vom Hintergrund abhebt; sei es in Form einer bildlichen Figur, sei es als gedankliche Figur.

Unsere Weise zu sehen wird von Kleinkind an durch unsere Gewohnheiten, Erfahrungen und Interessen geprägt. Sonesson führt in diesem Zusammenhang den Begriff der soziokulturellen Lebenswelt ein:

> Die unmittelbare Konsequenz [dass Menschen nicht in der Welt der Naturwissenschaften, sondern in einer bestimmten soziokulturellen Lebenswelt zu Hause sind] ist, dass viele der Konventionen, die den Bildern zugesprochen werden, sich als schon der Lebenswelt zugehörig erweisen. Das hat zur Folge, dass, wann immer Besonderheiten eines Individuums oder eines Dinges, Merkmale einer Frau oder eines Zebras, irgendwo als wichtig angesehen werden, sie zugleich auch Merkmale sind, denen in einem Bild grosse Wichtigkeit zugebilligt wird. (Sonesson 1993: 147)

Wichtiger als die Ähnlichkeitsbeziehung bei der Konstruktion von Bildern ist demnach der Rückgriff auf Prototypen,[12] die «als Konstruktion eines Gegenstandes durch die Annäherung an ein charakteristisches Beispiel der betreffenden Gegenstandskategorie» (Sonesson 1993: 146) verstanden werden. Die damit erreichte Typisierung von Gegenständen ist laut Plümacher (1998) eine der herausragenden Fähigkeiten des Bildes:

> Gegenständliche Abbildungen können wie Worte denotieren. Auch Handlungen sind bildlich darstellbar [...] Aber Bilder können Sprache nicht ersetzen. Zeitliche Strukturen z. B. sind mittels stehender Bilder nur schwer darstellbar,[13]

12 Pörksen (1997, 27 ff.) führt analog zum Prototypen den Begriff «Visiotyp» ein und meint damit «zunächst diesen allgemein zu beobachtenden, durch die Entwicklung der Informationstechnik begünstigten Typus sich rasch standardisierender Visualisierung. Es ist eine durchgesetzte Form der Wahrnehmung und Darstellung, des Zugriffs auf ‹die Wirklichkeit›.» (Pörksen 1997: 50). Zentrale, immer wiederkehrende Visiotypen können zu Schlüsselbildern avancieren, «zu öffentlichen Sinnbildern, zu Signalen der Drohung oder Verheissung. [...] Die globalen visuellen Zeichen sind strahlkräftige Stereotype: Schlüsselbilder. Sie sind umgeben von einem starken Assoziationshof von Gefühlen und Wertungen, sind ‹konnotatstark› » (Pörksen 1997, 51).

ebenso Klassifikationen und Relationen höherer Abstraktionsebenen, z.B. theoretische Begriffe oder heterogene Phänomenbereiche umfassende Begriffe. [...] Was Bilder in ausgezeichneter Weise leisten, sind Typisierungen visueller Gestalten, wobei allerdings gelernt werden muss, flächige Formen und Linien auf dreidimensionale, sich in der Regel bewegende Gestalten zu beziehen. [...] Einerseits entstehen Bilder im Rückgriff auf Typisierungen der Wahrnehmung, andererseits prägen sie sie weiter aus.
(Plümacher 1998: 53)

Von diesem Vermögen der Bilder, visuelle Gestalten zu typisieren, profitiert auch der piktorale Teil der ROSTA-Fenster (vgl. dazu Kapitel II.2.2).

Nachdem bis anhin die Besonderheiten des semiotischen Systems «Bild» im Zentrum des Interesses standen, wird im folgenden Kapitel ein Systemvergleich mit der verbalen Sprache gezogen.

2.1.3 Bild vs. Text – ein Vergleich

Welches sind die zentralen Parameter, durch die sich die semiotischen Systeme Bild und Text unterscheiden? Eschbach (1996, 45 ff.) führt sieben Kriterien ein, welche die Zeichennatur von Bildern von derjenigen des Textes abgrenzen:

	Bild	Text
1)	lokal gebunden, temporal-modal entbunden	temporal-modal[14] gebunden, lokal entbunden
2)	simultan-ganzheitlich	linear
3)	stabiles Medium	flüchtiges Medium (gesprochene Sprache)
4)	unterliegt nicht dem Prinzip der doppelten Artikulation	unterliegt dem Prinzip der doppelten Artikulation

13 Dies gilt nur, wenn pro Bild nur eine Szene dargestellt ist. In einem weiterfassenden Bildbegriff können auch in einem Einzelbild temporale Abfolgen dargestellt werden (vgl. S. 113, Anm. 3).

14 Gemeint ist der *Modus verbi* und nicht die logische Modalität.

	Bild	Text
5)	kann nur qua Sprache sekundäre modellbildende Systeme bilden	kann sekundäre modellbildende Systeme bilden
6)	besitzt ein Malfeld, aber kein Zeigfeld (Deixis)	besitzt ein Zeigfeld, aber kein Malfeld
7)	individuelle (exemplarische) Ausformung der synchronen und diachronen Achse	gesellschaftliche (allgemeine) Vermittlung der synchronen und diachronen Achse

1) Das Bild ist lokal gebunden und temporal-modal entbunden, demgegenüber ist die gesprochene Sprache an den temporal-modalen Parameter gebunden, dafür aber weitgehend von der lokalen Fixierung entbunden. D. h. während eine sprachliche Äusserung immer in einem Tempus und Modus verbi formuliert wird, kann die bildliche Darstellung zeigen was war, was sein könnte, was ist, was sein wird usw. hingegen ist das Bild immer an seinen Träger gebunden[15] und nur mit diesem zusammen rezipierbar.
2) Text eignet Linearität, Bilder hingegen können das Bezeichnende simultan-ganzheitlich darstellen. D. h. bei der Textrezeption sind wir an die Leserichtung von links oben nach rechts unten gebunden,[16] ein Bild können wir je nach Komplexität auf einen Blick erfassen oder unseren Blick schweifen lassen ohne vorgegebene Richtung.[17]
3) Bilder zeichnen sich gegenüber der gesprochenen Sprache durch Stabilität und Kontinuität aus, d. h. sie erlauben dem Betrachter eine beliebig lange Verweildauer. Die gesprochene Sprache stellt ein flüchtiges Medium dar, die Laute erklingen und verklingen und ein Zurückgehen auf schon erfolgte Äusserungen kann höchstens durch

15 Bilder in digitaler Form, wie sie durch den Computer generiert werden, seien hier ausgeklammert.

16 Diese Leserichtung gilt für das westliche Schriftsystem, im Hebräischen, Arabischen, Japanischen usw. gelten wieder andere Leserichtungskonventionen.

17 Im Gebiet der Werbung wurde die Steuerung des Blick durch die dargestellten Bildmotive und deren Anordnung innerhalb des Bildes untersucht. Vgl. dazu u. a. Stöckl (1997), Doelker (1997), Kroeber-Riel (1996).

Nachfragen und damit verknüpfter Wiederholung erfolgen. Das Bild hingegen kann – falls es nicht entfernt wird – beliebig lange betrachtet werden.

4) Verbale Sprache unterliegt dem Prinzip der doppelten Artikulation (vgl. Kapitel I.2.1.1).
5) Nur verbale Sprache ist fähig, sekundäre modellbildende Systeme, wie Mythos, Religion, die Errichtung komplexer Strukturen usw. zu schaffen; die bildliche Interpretation bildlicher Zeichen bedarf als letzte Metasprache immer einer natürlichen Sprache. Das Bild braucht, um von der ikonischen auf die symbolische Ebene zu gelangen, die verbale Sprache. Das ikonische Zeichen (primäres Signifikat) für Sonne kann qua Sprache zu einem sekundären Zeichen, welches für den Kommunismus steht (sekundäres Signifikat), erweitert werden. Diese zwei Ebenen können semiotisch gesehen als ikonische und ikonografische Codes bezeichnet werden:

> Ein ikonographischer Code z. B. codifiziert einige Bedingungen der Erkennbarkeit und setzt fest, dass eine halbnackte Frau auf einem Teller Salome konnotiert [...]. Diese Konnotationen entstehen, ohne dass der ikonographische Code die Bedingungen der Denotation festlegen würde. [...] Der ikonographische Code erkennt als relevant die Signifikate «Frau», «abgeschlagener Kopf», «Teller» oder «Schwert» an, aber nicht die Gliederungselemente des Signifikans. Diese werden von einem analytischeren Code, dem ikonischen Code, codifiziert. Für den ikonographischen Code, der sich auf der Grundlage des ikonischen Codes aufbaut, werden die Signifikate des Basis-Codes zu Signifikanten.
> (Eco 1988: 243)

Durch dieses Verfahren können Bilder eine symbolische oder allegorische Lesart erhalten und sind dadurch befähigt, religiöse oder mythische Sachverhalte darzustellen. Die Interpretation als sekundäre Zeichen basiert jedoch auf einem durch Sprache erworbenen enzyklopädischen Wissen (vgl. dazu auch Titzmann 1990: 381, Lopes 1996: 169 ff.).

6) Bühler geht davon aus, dass die Sprache ein Zeigfeld (hier-jetzt-ich-System der subjektiven Orientierung, Situation) und ein Symbolfeld (Kontext) besitzt, Bildern hingegen ein Malfeld eignet:

> Die Sprache malt nicht in dem Ausmasse, wie es mit menschlichen Stimmmitteln möglich wäre, sondern symbolisiert; die Nennwörter sind Gegenstands-

symbole. Aber ebenso wie die Farben des Malers einer Malfläche, so bedürfen die sprachlichen Symbole eines Umfeldes, in dem sie angeordnet werden. Wir geben ihm den Namen *Symbolfeld* der Sprache.
(Bühler 1934: 150 f.)

Die in der Sprache existierenden Lautmalereien sind laut Bühler strukturanalytisch sekundäre und verkümmerte Phänomene, welche nicht konstitutiv für das System sind. Die Möglichkeit zur Deixis – wie sie der Sprache eignet –, basierend auf der hier-jetzt-ich-Origo, bleibt dem Bild verwehrt, da in einem Bild ein solcher Ausgangspunkt fehlt und ihm auch Temporalität fremd ist.

7) Der Wert der Sprache liegt in einer Vermittlung der synchronen und diachronen Achse; Bilder realisieren hingegen die individuelle Ausformung derselben Beziehung. Während die Sprache durch ihre Eigenschaft, Temporalität und Modalität auszudrücken, befähigt ist, zeitliche Bezüge herzustellen, zu verallgemeinern oder Polarität herzustellen, zu sagen, was gewesen ist, was sein könnte usw., exemplifiziert das Bild immer gewisse Sachverhalte oder Zustände.
Auch gelingt es dem Bild nicht, einen einzelnen Sachverhalt darzustellen, sondern es stellt – auch wenn nur ein Gegenstand abgebildet ist – immer schon unzählige Sachverhalte dar. Daraus folgt, dass «jede Darstellung eines Gegenstandes unzählig viele Informationen über die Beziehung der Teile des Gegenstandes zueinander [gibt].» (Wiesing 1997: 194) Dadurch wird auch die Redensart «Ein Bild sagt mehr als tausend Worte» einsichtig. Auf diese Tatsache verweist auch Gombrich (1984: 136). Er stellt fest, dass dem Bild nicht nur der Abstraktionsgrad der Sprache abgeht, sondern sich bei der Darstellung konkreter Begriffe oder Texte auch das Problem der Eindeutigkeit mittels Abbildung stellt. Die Leistungen des Bildes liegen – so Gombrich – gerade nicht im Bereich der Bühlerschen Darstellungsfunktion (Symbol), sondern allem voran in der Appellfunktion (Signal), und – mit gewissen Einschränkungen – auch in der Ausdrucksfunktion (Symptom). Als Beispiel führt er den Satz «Die Katze sitzt auf dem Kissen» an und vergleicht ihn mit der Visualisierung einer auf einem Kissen sitzenden Katze. Weder können wir aus dieser Darstellung ersehen, ob es sich um eine bestimmte

Katze handelt oder nicht (+referentiell / -referentiell[18]), noch ist aus der Darstellung notwendigerweise der angeführte Satz abzuleiten. Neben der Unbestimmtheit hinsichtlich der Referenzeigenschaften des abgebildeten Objekts stellt sich auch ein Problem bei der Kategoriezuweisung zur vertikalen Dimension (Basisebene, übergeordnete Ebene, untergeordnete Ebene) des Objekts (im Sinne von Kleiber 1993: 55 ff.). Das Bild lässt keine Schlüsse zu ob die Katze als Katze, als Perserkatze oder als Vierbeiner, gegebenenfalls einfach als Haustier interpretiert werden soll. Die eigentliche Darstellung sagt also nichts über das Verhältnis Hyperonym-Hyponym[19] aus. Das Bild kann eine unendliche Zahl möglicher Sätze generieren wie «Man sieht eine Katze von hinten.» «Die Katze ist grau.», «Auf dem Kissen sitzt kein Elefant.», «Wenn die Katze auf dem Kissen sässe...» usw. Hingegen ist es viel leichter mit dem Katzenbild Emotionen beim Bildbetrachter zu erwecken als mit dem nüchternen Satz «Die Katze sitzt auf dem Kissen.» Die Sprache müsste zur Evokation von Emotionen einen grösseren Aufwand betreiben. In seinem Vergleich von visueller und verbaler Sprache weist auch Doelker (1997) auf die Fähigkeit von Bildern hin, Emotionen im Bildbetrachter zu erwecken:

> Viele Bilder werden bei der Rezeption mit Emotionen verbunden. Emotionen können von der ästhetischen Qualität, insb. aber von den Inhalten ausgehen, die anziehen oder abstossen. Dabei spielen Gesichter eine zentrale Rolle. Je grösser die Einstellung, in der ein Gesicht auf dem Bildschirm erscheint, um so direkter sind wir zu den Emotionen der betreffenden Person zugelassen respektive werden unsere eigenen Gefühle angesprochen. Die Gefühlsreaktionen kanalisieren sich im wesentlichen auf die Wirkung «angenehm» oder «unangenehm», was dem alten Freund-Feind-Schema entspricht. (Doelker 1997: 57)

Wichtig ist hierbei, dass die emotionale Wirkung über längere Zeit stabil bleibt, während die kognitive Wirkung, d.h. die Vermittlung von Wissen, sehr schnell wieder verblasst. (Vgl. Doelker 1997: 57 f.)

18 Die Referenzeigenschaften des Begriffs «Katze» sind nur auf der Textebene bestimmbar. Auf der Sprachsystemebene kann das Zeichen für «Katze» – analog zu deren Bild – für unzählige Objekte stehen.

19 Vgl. dazu Kapitel II.2.1.4.

Auch tritt die emotionale Wirkung bei der Bildwahrnehmung unvermittelter ein als bei der Textrezeption und ist somit durch den Rezipienten weniger gut steuerbar.
Emotionen sind aber – so Goodman (1976) – nicht mit Ausdruck (expression) zu verwechseln: "Again, what is expressed may be something other than a feeling or emotion." (Goodman 1976: 48) Ausdruck ist eine Form der Denotation und also nichts Geheimnisvolles, nicht abhängig von den Emotionen des Betrachters. In seinen Grundzügen[20] beinhaltet Ausdruck die Exemplifikation einer Etikette/Eigenschaft, die auf die Probe (sample), d.h. ein Einzelexemplar metaphorisch zutrifft/die die Probe metaphorisch besitzt: "Expression relates the symbol to a label that metaphorically denotes it [...]." (Goodman 1976: 92)
Die aufgeführten Eigenschaften von Bildern wirken sich in gewissen Situationen vorteilhaft, in anderen hingegen nachteilig aus. So sind Beschreibungen durch ein Bild simultan – auf einen Blick – erfassbar, wohingegen die verbale Beschreibung diese Exaktheit und Anschaulichkeit in ihrer vollständigen Erfassung nur schwer leisten kann. Ein Bild kann hingegen weder die Existenz eines einzelnen Sachverhaltes behaupten, noch diesen negieren oder in die Vergangenheit oder Zukunft verlegen. Auch sagt es nichts über die Möglichkeit oder Notwendigkeit des Sachverhaltes aus. Die Stärke des Bildes liegt in seiner Fähigkeit, auf einen Blick viel Information zu vermitteln, und darüber hinaus wirkt es stark auf der konnotativen Ebene (vgl. dazu Kapitel I.2.1.6).

20 "However, expression can only be placed within, not defined as, metaphorical exemplification [...]" (Goodman 1984: 61). Zu "expression" vgl. auch Goodman (1976: 85 ff.).

2.1.4 Die Bildtheorie Goodmans

Fruchtbar für einen Zugriff auf das Phänomen Bild und die Analyse der ROSTA-Fenster erweist sich der Ansatz von Goodman. Dieser mit "Languages of Art" (1968[21]) ein Standardwerk[22] geschaffen, welches sich sowohl den verschiedenen Künsten und dem damit verknüpften Problem des Ästhetischen widmet als auch eine funktionale Bildtheorie entwirft und darin Phänomene wie Referenz, Fiktion, Exemplifikation, Metapher, Ausdruck, Konnotation usw. einsichtig erklärt.

Goodman will mit seiner Theorie den Symbolgebrauch als solchen erklären, ohne auf Konzepte wie «Vorstellung», «Gedanke» zurückgreifen zu müssen. "My subject is the nature and varieties of reference, regardless of how or when or why or by whom that reference is effected." (Goodman 1984: 55) Referenz ist für Goodman ein grundlegendes Phänomen – "all cases of standing for" (ebd.) – welches es zu analysieren gilt. Dieser Ansatz resultiert aus den nominalistischen Grundlagen seines Vorgehens:

> Goodman's nominalism consists in a refusal to recognize more than one entity comprised of the same basic elements. It says nothing about the metaphysical constitution of the elements.
> (Routledge Encyclopedia of Philosophy, Catherine Z. Elgin, CD-Rom)

So operiert Goodman mit Begriffen wie «Referent», «Etikette», «Prädikat», vermeidet es hingegen Begriffe wie «Gedanken», «Vorstellung» oder «Eigenschaften» in sein Konzept zu integrieren. Für eine Bildtheorie ist dieser Ansatz insofern fruchtbar, als Goodman mit Mythen wie «Das Verhältnis von Bild und Gegenstand basiere auf Ähnlichkeit», «die primäre Funktion von Kunst sei die Erregung von Emotionen» oder «neben den Prädikaten und den Objekten gäbe es auch Eigenschaften[23],

21 1976 erschien eine überarbeitete Ausgabe, die ich in dieser Arbeit zitiere.

22 "This is the gist of Goodman's theory of representation, the only satisfactory theory about this often misunderstood symbolic relation I know." (Kjørup 1978: 56)

23 Eigenschaften verstanden als gedankliche Konzepte, d.h. auf der selben Stufe wie Vorstellung/Gedanke als vermittelndes Drittes zwischen Symbol bzw. Prädikat und Objekt stehend. (Vgl. dazu: Goodman 1976: 54)

welche in keinem 1:1-Verhältnis zu den Prädikaten stünden» aufräumt und einen nüchterneren Blick auf das Funktionieren und den Stellenwert von Bildern freigibt.

Goodman geht bei der Analyse der verschiedenen Symbolsysteme vom grundlegenden Begriff der *Referenz* aus. Referenz, ganz allgemein verstanden, heisst nichts anderes als «für etwas stehen», «etwas symbolisieren». Die Grundformen der Referenz sind Denotation und Exemplifikation:

> Denotation is the relation of a name to its bearer, a predicate to the members of its extension, a picture to its subject. "Charles I", "the father of Charles II" and a Van Dyck portrait all denote Charles I. [...] In exemplification, a symbol points up and hence refers to features it serves as a sample or example of. Thus, a commercial paint sample exemplifies its colour and sheen; a late Mondrian painting exemplifies squareness.
> (Routledge Encyclopedia of Philosophy, Catherine Z. Elgin, CD-ROM)

Der Unterschied zwischen verbaler und bildlicher Referenz[24] liegt – wie bereits ausgeführt – nicht im Fehlen oder Vorhandensein von Ähnlichkeitsbeziehungen, sondern in den unterschiedlichen Beschaffenheiten der Symbolsysteme. So sind bildliche Symbole syntaktisch und semantisch dicht und besitzen Fülle (repleteness), verbale Symbole hingegen sind nur semantisch dicht, aber syntaktisch distinkt und gegebenenfalls mehrdeutig. Während die genaue Linienführung bei einem «a» oder «d» keine Rolle spielt, solange es als das entsprechende Graphem zu erkennen ist, es aber kein Drittes zwischen «a» oder «d» gibt (diskrete Zeichen), ist die Linienführung bei einem Bild konstitutiv und jede Abweichung kann zu einem neuen Bild führen (syntaktisch dicht). Fülle (repleteness) bedeutet, dass relativ viele Parameter des Symbolsystems relevant sind. Während bei einem Diagramm bspw. nur die Linienführung und vielleicht noch die Farbe für den Charakter des Symbols eine Rolle spielen, sind bei derselben Kurve in einem Gemälde auch die Liniendicke, die Farbbeschaffenheit und -dicke, die Qualität des Untergrundes usw. relevant.

24 Vgl. dazu auch Goodman (1984: 57 ff.).

Fiktionale Symbole entbehren eines Denotats, d. h. sie sind Repräsentationen mit Nulldenotation. Ein Bild von Charles I kann als zweistelliges Prädikat interpretiert werden (y ist ein Bild von x), das Bild eines Einhorns oder eines Pickwick[25] als einstelliges Prädikat, ist ein x-Bild. Während das Bild von Charles I die Person Charles I denotiert, gibt ein Bild eines Einhorns nur vor zu denotieren, in Wirklichkeit aber wird es durch gewisse Ausdrücke selbst denotiert und kann dazu verwendet werden, gewisse Etiketten (labels) zu exemplifizieren (ein «geflügeltes Pferd» kann durch «Pegasus» exemplifiziert werden, d. h. «Pegasus» exemplifiziert das «geflügeltes-Pferd-Etikett». Die *Exemplifikation*[26] ist eng verknüpft mit der Denotation. Immer wenn ein Denotations-Verhältnis vorhanden ist, so ist auch die Exemplifikation möglich. Exemplifikation ist eine Teilrelation der Umkehrung von Denotation. D. h. wenn ein Bild einen Gegenstand denotiert, so kann eine Probe des Gegenstandes auch immer Etiketten bzw. Eigenschaften des Bildes exemplifizieren.

Ein Bild kann verschiedene Einheiten oder Klassen denotieren (vgl. dazu Goodman 1976: 21). Entweder denotiert es einen bestimmten Referenten, d. h. es ist +referentiell (bspw. ein Bild von Charles I), oder es denotiert kollektiv eine Klasse, d. h. es wird kollektiv etwas über die Elemente einer Klasse ausgesagt (bspw. dass die Anzahl Frauen auf einem Bild grösser ist als diejenige der Männer), oder es denotiert distributiv jedes einzelne Element einer Klasse (für jedes x gilt, dass f{m, n, ...}, d. h. universell, wobei die Aussage durch ein einziges Gegenbeispiel falsifiziert werden kann. Ausserdem kann ein generisches Referenzverhältnis zwischen der Abbildung und dem Objekt bestehen: Ein Bild von einem Adler in einem Lexikon stellt einen typischen Adler dar. Dabei werden Aussagen über die Klasse «Adler» bzw. «adlerhaft» gemacht, über die Beschaffenheit und die Eigenschaften des Adlers im Allgemeinen. Diese

25 Mit der Einführung von Null-Denotaten (fiktive Referenz) bei fiktionalen Symbolen hat Goodman ein weiteres Argument gegen die Ähnlichkeitstheorie in der Hand. Wo kein Denotat vorhanden ist, kann auch keine Ähnlichkeitsbeziehung bestehen.

26 Goodman bringt das Beispiel des Stoffmusters, welches Farbe, Textur, Material exemplifizieren kann, nicht aber die Grösse, Form usw. eines Kleides. (Goodman 1976: 53)

Aussagen sind überzeitlich und überindividuell und nicht falsifizierbar. Das Adlerbild behält seine Gültigkeit, auch wenn in der Natur ein Albinoadler oder einer mit verstümmelten Flügeln vorzufinden ist. Und schliesslich kann ein Bild auch – wie oben ausgeführt – gar nichts denotieren, da kein Referent besteht (bspw. ein Einhorn-Bild, aber auch ein fiktives Mann-Bild).

2.1.5 Metapher und Ironie

Eine zentrale Stelle in Goodmans Werk nimmt die Beschäftigung mit Metaphern ein. Metaphern dienen als wichtiges Instrumentarium zur ökonomischen Orientierung in der Komplexität der Dinge. In Goodmans Ansatz ist die metaphorische Referenz hinsichtlich Wahrheit und Falsifikation mit der wörtlichen gleichgestellt (vgl. Goodman 1976: 79). Metaphorische Referenz wird durch die Verschiebung des Denotationsbereichs einer Etikette von einer Sphäre in eine andere erreicht: “In a metaphorical application, a term denotes the objects in its metaphorical extension and recalls the objects in its antecedent literal extension.” (Elgin 1983: 146)

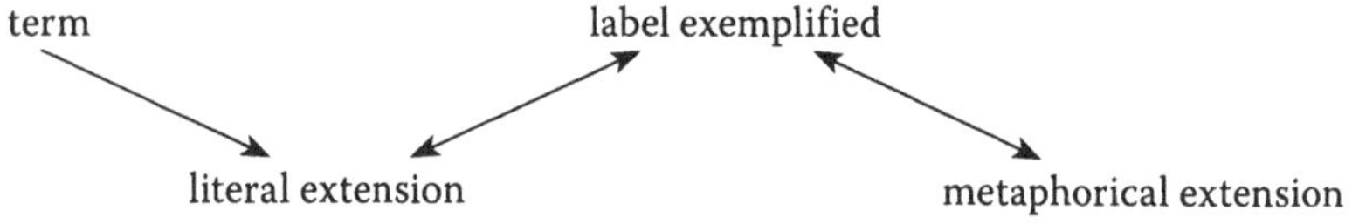

(Elgin 1983: 146)

Eine Etikette funktioniert nicht isoliert, sondern gehört zu einer Familie. Die Gesamtheit des Bereichs der Extensionen von Etiketten in einem bestimmten Schema nennt Goodman *Sphäre (realm)*. Dabei hat das Schema die Funktion, die Sortierung der Etiketten innerhalb eines Bereichs festzulegen. Eine Etikette kann dabei meistens mehreren Schemata und somit auch mehreren Sphären angehören. Wechselt man nun vom wörtlichen zum metaphorischen Gebrauch, so wird von einer Sphäre in eine andere gewechselt, ohne dabei jedoch das Schema, d. h. die Ordnung der Sortierung zu wechseln. Das bedeutet, dass eine Metapher die Spuren der Reorganisation eines ganzen Netzwerks von Etiketten trägt. (Goodman 1976: 72) Bei der Verwendung von Metaphern klingt also der ursprüngliche (wörtliche) Bereich mit. D.h. wenn ein Mensch metaphorisch als «Maus» bezeichnet wird, dann sind nicht nur die Etiketten der Organisation des Bereichs des Menschen, sondern auch der Tiere daran beteiligt. «Technisch» gesprochen ist eine metaphorische Referenz durch die weitere referentielle Entfernung (Referenzkette) einer Etikette vom Gegenstand geprägt. Bei der metaphorischen Verwendung des Begriffs «Maus» für einen ängstlichen Menschen denotiert die Etikette «Maus» den Gegenstand «Maus», dieser wiederum exemplifiziert die Etikette «ängstlich», welche ihrerseits einen bestimmten Menschen denotiert. Eine erstarrte Metapher unterscheidet sich von einer frischen Metapher dadurch, dass die ursprüngliche Herleitung aus einem anderen Bereich verblasst ist.

Metaphern bilden heisst demnach, ein Begriffsschema, welches einen Anwendungsbereich hat, in einen neuen Bereich zu transferieren, bspw. wurde das Begriffsschema der Kriegsterminologie in den Bereich der Argumentation ("argument is war", vgl. Lakoff 1980: 4 ff.) übertragen. Ob der Transfer eines Schemas in einen neuen Bereich funktioniert, zeigt sich erst im Nachhinein. Gelungene Metaphern sind nur ex post bestimmbar. Der Bezug der Metapher zum Bild klingt in der Benennung derselben als «Sprachbild» an. Somit stellt sich die Frage, was die ikonische Leistung der Sprache bei der Metaphernbildung ist. Einerseits die Tatsache, dass nicht distinkte Merkmale, sondern eine Totalität – ein ganzes Schema – übertragen wird und die Anwendung der Begriffe in einer neuen Sphäre für diese dichtestiftend[27] wirkt, andererseits klingt im Sinn der Metapher die Simultaneität des Bildes an, durch die einfache Installation eines Begriffes in einem Bereich und seine Verschmelzung mit dem alten Bereich. Unser Diskurs ist von Metaphern durchdrungen, sie dienen – so Goodman – einer Ökonomie in der Lexik, d.h. ohne Metaphern würde die Lexik explodieren, wenn der Ausdrucksreichtum erhalten bleiben soll.[28] Neue Metaphern erzeugen auch neue Bilder, d.h.

27 Zum Begriff der «Dichte» bzw. «Gesättigtheit» vgl. Kapitel I.3.1.

28 Diese Ökonomie greift nicht nur auf lexikalischer, sondern auch auf textueller Ebene.

neue Wahrnehmungsmuster von Wirklichkeit, gleichzeitig werden sie aber auch von Letzteren erzeugt und getragen. In einer Zeit der Revolutionswirren und der Herausbildung eines neuen Wertesystems wäre die Voraussetzung gegeben, zahlreiche neue Metaphern zu schaffen.

Bildcodes wie diejenige des Comic oder der ROSTA-Fenster greifen oft auf Metaphern zurück, da diese eine Möglichkeit bilden, abstrakte Sachverhalte und Emotionen darzustellen. Laut Nöth (2000: 492) gibt es sowohl genuin visuelle als auch visualisierte Metaphern:

> Genuin visuelle Metaphern bestehen unabhängig von sprachlichen Metaphern, z. B.: «Spiralen» als Metapher für «Schwindelgefühl».[29] Visualisierte Metaphern sind intersemiotische Übersetzungen verbaler Metaphern, z. B. «mir geht ein Licht auf» wird durch das Bild einer Lampe, einer Kerze oder eines Leuchters repräsentiert, oder die verbale Metapher «Sterne sehen» wird visuell übersetzt durch das Bild von Sternen über dem Kopf des Helden.
> (Nöth 2000: 492)

Während bei der Metaphernbildung den Etiketten durch den Transfer von einer Sphäre in die andere neue Extensionen gegeben werden können, so vollzieht sich bei der Ironie – so Goodman – einfach eine Umkehrung des Schemas innerhalb der eigenen Sphäre:

> In irony, for example, a schema is simply turned end for end and applied to its own realm in the opposite direction. What results is not a re-sorting but a reorientation. A misfortune becomes "a fine thing" and a windfall "tough luck".
> (Goodman 1976: 83)

Auch J. R. Searle (1998: 98 ff.) operiert in einer ersten Annäherung an die Mechanismen der Ironie mit der Umkehrung:

> Ganz grob gesagt funktioniert der Mechanismus der Ironie so, dass die Äusserung wörtlich genommen ganz offensichtlich nicht zur Situation passt. Weil

29 Als konkurrierende Metapher steht der sprachliche Ausdruck «es dreht sich mir alles im Kopf», der eine Kreisbewegung ausdrückt. Diese Kreisbewegung findet in den ROSTA-Fenstern auch Eingang ins Bild. In Okno Satiry 52, 2 [GS: 16] wird Galileis Aussage «А все-таки вертится» satirisch umgemünzt auf den betrunkenen Kapitalisten, welcher sich an einer Strassenlaterne abstützend, übergibt. Der Ausdruck *вертится*, welcher sich auf die Schwindelgefühle des Betrunkenen bezieht, wird durch in einem Kreis angeordnete Pfeile dargestellt.

sie so offensichtlich nicht passt, muss der Hörer sie so reinterpretieren, dass sie passt, und die natürlichste Methode besteht darin, sie so zu interpretieren, dass sie gerade *das Gegenteil* von dem bedeutet, was sie wörtlich besagt. (Searle 1998: 135)

Searl betrachtet die Ironie- und Metaphernproblematik vor einem pragmatischen Hintergrund. Für ihn sind metaphorische Elemente nicht in der Wort- oder Satzbedeutung, sondern in der Äusserungsbedeutung festzumachen. Metaphern[30] entstehen – genauso wie Ironie oder indirekte Sprechakte[31] – durch einen Bruch zwischen der wörtlichen Satzbedeutung («S ist P») und der metaphorischen Äusserungsbedeutung («S ist R»). Damit ein Element überhaupt als Metapher erkannt werden kann, müssen folgende Strategien zum Tragen kommen (vgl. Searle 1998: 134):

1) eine Strategie, die es dem Kommunikationsteilnehmer festzustellen ermöglicht, dass die Äusserung nicht wörtlich gemeint ist (oft wäre die Äusserung wörtlich genommen nicht korrekt).
2) Strategien, die dazu führen, dass ein Ausdruck «P» mit möglichen Werten von «R» assoziiert wird.
3) Strategien, die die möglichen Werte von «R» adäquat einschränken: «Das grundlegende Prinzip dabei ist, dass nur solche mögliche Werte von ‹R› die tatsächlichen Werte sein können, die mögliche Eigenschaften von S bestimmen.» (Searle 1982: 134)

In einem Bild-Text-Kommunikat wie den ROSTA-Fenstern besteht die Möglichkeit, durch ein Auseinanderklaffen von Wort- und Bildbedeutung Ironie und Metaphern auszudrücken. Während bei ironischen Äusserungen textuell «S ist P» und auf Bildebene «S ist ¬P» stehen kann, kommt bei den Metaphern das obgenannte Verfahren zum Tragen (Text:

30 Zu den Metaphern zählt Searle auch die Metonymie und Synekdoche: «Da die Prinzipien der Metapher ohnehin überaus vielfältig sind, neige ich dazu, Metonymie und Synekdoche als Spezialfälle der Metapher zu behandeln [...].» (Searle 1998: 132)

31 Zu den Unterschieden zwischen Metapher, Ironie und indirekten Sprechakten vgl. Searl (1982: 134ff.).

«S ist P», Bild «S ist R»). Gerade für die Schaffung von neuen Metaphern und die Eindeutigkeit der intendierten Aussage eignen sich komplexsemiotische Systeme durch ihre Mehrfachkodierung besonders gut.

Die Reduktion der Ironie auf eine antonymische Relation wird aber nicht dem ganzen Spektrum ironischer Verfahren gerecht, sondern deckt nur die Ironie im engeren Sinne als Trope ab (vgl. Kerbrat-Orecchioni 1998: 102). Ironie im weiteren Sinne hat mit einer Haltung des Sprechers gegenüber eines bestimmten Sachverhalts oder einer Äusserung zu tun, wobei Lapp (1992: 97) drei Formen der Ironie unterscheidet: die illokutionäre, die propositionale und die Kombination beider, d.h. sowohl die illokutionäre als auch die propositionale Ebene können Gegenstand der Ironie sein. Wichtig für das Erkennen bzw. die richtige Rezeption von Ironie ist deshalb das Verfügen über gemeinsame Wissensbestände zwischen Sender und Empfänger; sei dies hinsichtlich der Wahrheitsbedingungen von Propositionen oder bezüglich der wirklichen Einstellung und Überzeugung des Sprechers. Nur wenn die Inkongruenz zwischen Äusserungsakt und intendierter oder wirklicher Äusserungsbedeutung erkannt wird, ist die ironische Äusserung erfolgreich (vgl. Lapp 1992: 104 f.). In den ROSTA-Fenstern wird neben antonymischen bzw. paradoxen Beziehungen zwischen Bild und Text auch die Polysemie von Lexemen ausgenutzt, indem im Bild eine andere Teilbedeutung realisiert wird als durch den Text erwartet würde (Text: «S ist P_1», Bild «S ist P_2»), oder allgemeiner gesprochen wird im Bild abgewichen von einem durch den Text evozierten Script (vgl. Kapitel I.4.2). In der "biscociation theory" im Bereich des verbalen Humors wird davon ausgegangen, dass das Lachen durch das Zusammentreffen zweier an sich inkompatibler Matrizes bzw. durch den kognitiven Wechsel von einer Matrix auf die andere erfolgt (Norrick 1986: 227, vgl. auch Raskin 1985: 114 ff.). Während im verbalen Humor – analog zur verbalen Ironie – nur ein Medium zur Verfügung steht, und der kognitive Wechsel durch den Rezipienten selbst vollzogen werden muss (was bei Gelingen eine gewisse intellektuelle Befriedigung nach sich zieht), so können in den ROSTA-Fenstern als einem semiotisch komplexen System sowohl der Text- als auch der Bildteil je eine Matrix realisieren, d. h. der Rezipient erhält eine Dekodierungshilfe.

2.1.6 Konnotation

Konnotationen schliesslich gehören für Goodman in den Bereich der *Exemplifikation;* so kann ein Bild eines Adlers bspw. einen Vogel denotieren, welcher die Etiketten «frei» und «mutig» exemplifiziert. D. h. Goodman macht bei der Exemplifikation keinen grundlegenden Unterschied zwischen Denotation und Konnotation. Der Vogel könnte genau so gut Etiketten wie «gefiedert» oder «grau-braun» exemplifizieren. Die Konnotationen, wie sie in Werbekommunikaten oder auch Propagandabildern vermittelt werden, laufen über Referenzketten, sind also eine Form komplexer Referenz. Goodman klassifiziert solche komplexen Referenzketten als «allusion»:

> Allusion is a form of referential action at a distance. One thing alludes to another by referring to it indirectly. The simplest cases are these: (1) a alludes to b by denoting something c that exemplifies b; and (2) a alludes to b by exemplifying something c that denotes b.
> [...]

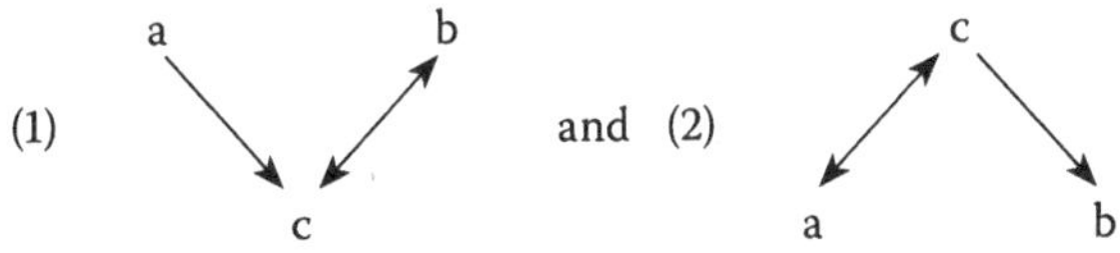

(Elgin 1983: 142 f.)

In einer Auto-Werbung wird bspw. ein sich in Bewegung befindender Tiger abgebildet, durch den auf Eigenschaften des beworbenen Autos verwiesen werden soll:

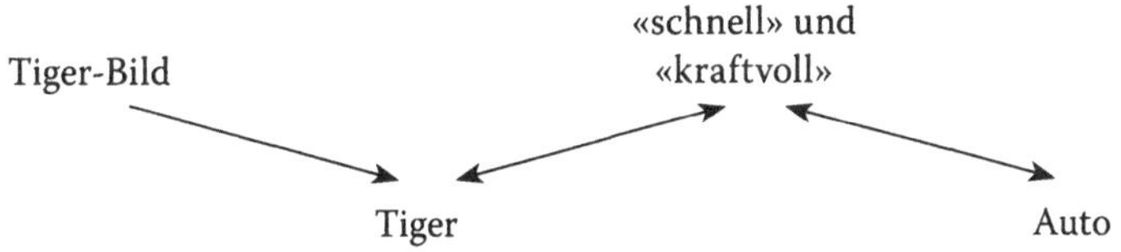

Ein Werbeplakat bildet einen Tiger ab, der die Etiketten «schnell» und «kraftvoll» exemplifiziert, die wiederum auf ein Auto verweisen und durch dieses exemplifiziert werden.

Bilder der Werbung symbolisieren Attribute wie Reichtum, Eleganz, Genuss, Entspannung und dergleichen, indem sie Symbole dieser Eigenschaften aufgreifen und prägen. Für die besondere Form der Referenz dieser Bilder wählte Goodman den Begriff Exemplifikation, denn sie geben eine Probe des Bezeichneten. (Plümacher 1998: 54)

In der Lexikografie aber gehören Konnotationen – so Apresjan (1995) – nicht unmittelbar zur Semantik des Wortes. Während die Denotation eines Wortes die Klasse der Sachverhalte bzw. Objekte und jedes einzelne darin enthaltene Element umfasst (Extension), konnotiert es die Eigenschaften, die für diese Klasse charakteristisch sind.

[...] коннотациями лексемы мы будем называть несущественные, но устойчивые признаки выражаемого ею понятия, которые воплощают принятую в данном языковом коллективе оценку соотвествующего предмета или факта действительности. Они не входят непосредственно в лексическое значение слова и не являются следствиями или выводами из него. (Apresjan 1956: 159)

Konnotationen eines Wortes «materialisieren» sich in verschiedenen sprachlichen Erscheinungen, so z.B. in der übertragenen Bedeutung eines Wortes, in Metaphern und Vergleichen, in abgeleiteten Wörtern, Phraseologismen, Sprichwörtern und Redensarten sowie gewissen syntaktischen Konstruktionen wie binominale Pseudotautologien (Näheres dazu vgl. Apresjan 1956: 163 ff., zur Konnotation in der lexikalischen Semantik vgl. auch Iordanskaja/Mel'čuk 1980). Die Moskauer Semantische Schule differenziert im Unterschied zur westlichen Lexikografie zwischen der *Konnotation* eines Begriffes und dem *modalen Rahmen* – d.h. einer sprecherseitig impliziten Wertung, die im Gegensatz zur Konnotation innerhalb der Bedeutungsexplikation eines Begriffes angesiedelt ist:[32] «Под лексическим значением слова понимается семантика знака (наивное понятие) и та часть его прагматики, которая включается в модальную рамку толкования.» (Apresjan 1995: 69)

Einen anderen Zugang zum Begriff Konnotation hat R. Barthes. In seiner Bildtheorie[33] sind Konnotationen[34] konstitutiv für das Bild. Erst

32 Zur Differenzierung der Begriffe Konnotation und modaler Rahmen vgl. auch Weiss (1987: 225 ff.).

33 Zur Kritik an Barthes Bildtheorie vgl. u.a. Adam/Bonhomme (1997: 179).

die Konnotation bringt Sinn bzw. Bedeutung ins Bild, Denotationen alleine sind nichts als diskontinuierlich auf dem Bild verteilte Elemente. Durch die Bildrezeption und die damit beim Rezipienten entstehenden Konnotationen werden diese Elemente zu einem sinnstiftenden Ganzen zusammengefügt, wobei der Bildbetrachter auf verschiedene Wissensbestände – wie praktische, nationale, kulturelle, ästhetische – zurückgreift (vgl. Barthes 1964: 46):

> [...] la dénotation iconique n'est que syntagme, elle associe des éléments sans système: les connotateurs discontinus sont liés, actualisés, «parlés» à travers le syntagme de la dénotation: le monde discontinu des symboles plonge dans l'histoire de la scène dénotée comme dans un bain lustral d'innocence. (Barthes 1964: 50)

Auch Eco (1988: 267 ff.) unterscheidet in seiner Analyse der Reklame-Botschaft zwischen einer denotativen und einer konnotativen Bildebene. Erstere ist auf der ikonischen Ebene des Bildes festzumachen, d.h. jener Ebene, die einer bestimmten Konfiguration (bspw. Silhouette einer Katze oder eines Stuhls) einen denotativen Wert zuweist. Die Konnotation erscheint in der ikonografischen Ebene, welche wiederum in zwei Kodifizierungstypen unterteilt werden kann:

- die Kodifizierung «historischen» Typs, welche auf konventionalisierte Bedeutungen verweist (bspw. «die schwarze Binde auf dem Auge, die Pirat oder Abenteurer konnotiert» (Eco 1988: 272)
- die Kodifizierung des «Reklame»-Typs, «wo z. B. das Mannequin-Sein von einer bestimmten Art, mit überkreuzten Beinen dazustehen, konnotiert wird.» (Eco 1988: 272)

Problematisch an der Unterscheidung zwischen ikonisch und ikonografisch ist die Abgrenzung der beiden Begriffe und das Einschleichen der Ähnlichkeitsbeziehung durch die Hintertür. Die Differenzierung zwischen ikonisch und ikonografisch beruht auf der Vorstellung, dass es Bilder gibt, die wir einfach so lesen können, und solche, deren Lesung

34 Barthes Konnotationsbegriff deckt sich jedoch nicht mit demjenigen der Moskauer Semantischen Schule.

wir erlernen müssen. Die Unterscheidung von ikonischer und ikonografischer Ebene ist in der Kunstgeschichte üblich. Panofsky (1962: 4) spricht hinsichtlich des ikonografischen Codes von einer "secondary or conventional subject matter" des Bildes, deren Motiv-Grundlage die "primary or natural subject matter" bildet.[35] Im Unterschied zur verbalen Sprache, in der ich die Intention des Begriffes «Pirat» nur durch den Kontext oder die Umschreibung erkenne, kann ich eine abgebildete männliche Figur mit schwarzer Augenbinde und Holzbein genauer beschreiben, bin also fähig, einen Teil der Intention zu erfassen. Selbst wenn mir der ikonografische Code für «Pirat» nicht bekannt ist, kann ich die bereits internalisierte Bedeutung «Mann» herauslesen.

Auch die Propaganda hat ihre eigene Ikonografie, in der eigene Darstellungsverfahren und -konventionen zum Tragen kommen. Diese Kodifizierung «propagandistischen» Typs wird im zweiten Teil dieser Arbeit genauer analysiert.

Obwohl jeder Bildbetrachter auf einen individuellen Fundus an möglichen Konnotationen zurückgreift, gibt es – so Barthes – einen gemeinsamen Überbau über diese individuellen Konnotationen in Gestalt der Ideologie:

> [...] ce domaine commun des signifiés de connotation, c'est celui de l'idéologie, qui ne saurait être qu'unique pour une société et une histoire données, quels que soient les signifiants de connotation auxquels elle recourt.
> (Barthes 1964: 49)

Diese Fähigkeit der Bilder, durch die Schaffung eines gemeinsamen Bereichs an Konnotationen Ideologie zu vermitteln – bspw. durch die Unterteilung des Universums in Gut und Böse –, ist zentral für die Propagandaplakate im Allgemeinen und die ROSTA-Fenster im Speziellen. Beim Propagieren eines neuen Wertesystems muss demnach

35 Auf einen weiteren problematischen Punkt bei der Beschäftigung mit der Ikonografie verweist Kjørup (1978: 69) hinsichtlich der pragmatischen Dimension des Bildes: "Iconography does not [...] consider a picture as a vehicle for a communicational act, an utterance of a statement-kind, but rather as a vehicle for the pictorial utterance of a name. Finding out which name is the iconographical task."

ein Verfahren Anwendung finden, durch welches die vom Produzenten intendierten Konnotationen klar erkennbar sind; bei welchem den dargestellten Personen und Sachverhalten eindeutig negative oder positive Konnotationen zugeschrieben sind. Die Aufteilung des propagandistischen Universums in die beiden Pole «gut» und «böse» hilft dem Plakatbetrachter bei dieser ersten Grobzuteilung; das Darstellungsverfahren und die textuell zugewiesenen Attribute sind ebenfalls Mittel, um die intendierten Konnotationen zu festigen (vgl. dazu Kapitel II.3.1).

2.2 Die Syntax der Bilder – Arten der Bildgestaltung

Auch wenn ein Bild im Vergleich zum verbalen Text nicht linear, sondern simultan wahrgenommen werden kann, wird die Bildgestaltung normalerweise nicht einfach dem Zufall überlassen, sondern besitzt gewisse bewusst oder unbewusst tradierte Muster. Verschiedene Gebiete machen sich diese Tatsache bei der Gestaltung ihrer Bildaussagen zu Nutze, allen vorab die Werbung. Da das Lesen von Bildern nicht wie beim Text linear von links oben nach rechts unten erfolgt, spielen andere Kriterien bei deren Gewahrwerden eine Rolle. Faktoren wie Figur vs. Hintergrund, Zentralperspektive, Grössenverhältnisse der dargestellten Sachverhalte oder Objekte, Positionierung links/rechts/oben/unten, dynamisch vs. statisch, punktuell vs. systematisch sind bei der Bildgestaltung zu beachten. Im Gegensatz zur linearen Ordnung eines Textes haben wir es beim Bild mit einer räumlichen Ordnung zu tun, die sowohl von formalen als auch von semantischen Elementen des Bildes bestimmt ist (vgl. Gross 1994: 106). Der Blick tastet ein Bild ab, verharrt auf wichtigen Punkten und springt dann weiter. Das Verweilen auf wichtigen Punkten nennt Kroeber-Riel *Fixation*, das schnelle Springen zum nächsten Punkt *Saccade* (Kroeber-Riel 1996: 55).

Beim Prozess der Bildwahrnehmung ist der erste Eindruck entscheidend. Der eigentliche Blickfang hat Einfluss auf den Fluss der Konnotationsketten,[36] die danach folgende zunehmende Gliederung und

36 Im Sinne Barthes (1964) verstanden.

Durchstrukturierung des Bildes sowie die Synthese und Fixierung von daraus konstruierter Bedeutung. Figuren, allen vorab Gesichter bzw. Menschengestalten lenken bei der Bildrezeption die Aufmerksamkeit auf sich. Der Blick sucht sie zuerst ab, bevor er sich anderen konkreten Objekten und später auch dem Hintergrund zuwendet. Wir sind es gewohnt, Figuren und Hintergrund auf der Basis der Zentralperspektive zu interpretieren. Deshalb ordnen wir grössere Objekte ein und derselben Klasse dem Vordergrund zu, kleinere dem Hintergrund. Durch dieses Verfahren werden die zweidimensionalen Bilder in einer dreidimensionalen Lesart interpretiert. Im Widerstreit mit der Zentralperspektive steht das mittelalterliche Verfahren, durch Grössenunterschiede Machtverhältnisse auszudrücken. *Gross* heisst in dieser Lesart wichtig oder mächtig, *klein* hingegen unwichtig oder schwach. In den ROSTA-Fenstern konkurrieren diese beiden Verfahren.[37] Auch die Positionierung eines Bildelementes innerhalb des Bildes kann verschieden interpretiert werden. So hat Fresnault-Deruelle (1993: 103 ff.) bezüglich der links-rechts-Positionierung fünf Parameter mit je zwei Polaritäten notiert, welche in der Ausrichtung von Bildinhalten zum Tragen kommen können:

1. Aktant: Subjekt (Freund) – Anti-Subjekt (Feind)
2. Tat: Aktion (Angriff) – Reaktion (Gegenangriff, Invasion/Befreiung)
3. Zeit: vorher – nachher
4. geografischer Ort: Ost – West
5. topologischer Ort: links – rechts (politische Gesinnung).

Bei der Rezeption eines Bildes müssen wir uns für eine oder mehrere obgenannter Lesarten entscheiden.

Ebenso hat die Ausrichtung der Diagonale – so der Theoretiker der Produktionskunst Nikolaj Tarabukin – eine Auswirkung auf die Bildrezeption, wobei er vier unterschiedliche Kompositionsmöglichkeiten der Diagonale in einem Bild unterscheidet:

37 Vgl. dazu Kapitel II.2.1.2.

1) справа налево в глубину от зрителя (если имеется трехмерное пространство) и вверх (если в наличии только двухмерная плоскость)
2) слева направо в глубину (или вверх)
3) слева направо из глубины на зрителя (или вниз при плоскостной форме)
4) справа налево из глубины (или вниз)
(Tarabukin 1973: 473)

Die erste Diagonale nennt er die passive, die zweite die aktive, kämpferische. Während die Sujets der passiven Diagonale oft thematisch mit *Weggang, Wegführung* verbunden sind, ist die aktive verbunden mit *Anstrengung, Überwindung von Hindernissen* und *Kampf.* Die dritte Diagonale ist diejenige des *Eintretens*, des *Beginns* und die vierte ist diejenige der *Demonstration;* auf ihr ziehen oft Ereignisse vorüber, die sich nicht lange im Gesichtsfeld des Betrachters befinden, bspw. ein Demonstrationszug. Tarabukin stützt sich bei seiner Klassifikation auf empirische Beobachtungen, wobei der zugrundeliegende Korpus aus Werken der Malerei besteht (vgl. Tarabukin 1973: 472).

Kalverkämper schliesslich unterscheidet im Kontext fachlicher Bilder verschiedene Gestaltungsmöglichkeiten von Bildaussagen. Dabei bilden zwei Aussageweisen mit jeweils zwei Extrempunkten das mögliche Feld: 1) statisch (Ist-Zustand) vs. 2) dynamisch (Handlungs- und Faktenabläufe; «narrativ», mit Richtungssemantik; Interpretationsangebot), sowie 3) punktuell (isoliertes Objekt) – 4) systematisch (Anordnung; Bezug zwischen Einzelbildern/isolierten Objekten; Vernetzung) (Kalverkämper 1993: 208 f.). Diese Parameter können auch auf andere «Bildsorten» übertragen werden, die individuelle Darstellungsausführung und der intendierte Zweck kann sich dabei aber ändern. So wird Bewegung in fachlichen Bildern oft durch Pfeile dargestellt, in Comics hingegen wird entweder die sich bewegende Figur oder der Hintergrund[38] verzerrt abgebildet. Zeitliche Ausdehnung wird auf räumliche rückübertragen, was der Zeitmetaphorik ja auch zugrunde liegt. Der Comic arbeitet mit

38 Auch die Darstellung von Bewegung basiert auf Darstellungskonventionen. So verwenden europäische und amerikanische Comiczeichner hauptsächlich das Verfahren der bewegten Figur, japanische Mangazeichner hingegen jenes des bewegten Hintergrundes (vgl. dazu McCloud 1993: 113 f.).

Bewegungslinien und Figuren, die sich in einem Bewegungsablauf befinden. Auch verfolgt das Darstellen von Abläufen in fachlichen Bildern meist den didaktischen Zweck des «Er-sehens», d.h. des Angebotes, Abläufe zu veranschaulichen, Abfolgen zu erzählen und damit einen Prozess verstehbar zu machen. Im Comic wird durch Bewegung primär die Geschichte vorwärts getrieben, dem zeitlichen und räumlichen Fortschreiten Nachdruck verliehen, Geschwindigkeit und Dynamik vermittelt. Auch in den ROSTA-Fenstern nehmen Bewegung und Dynamik einen wichtigen Stellenwert ein: sowohl mit Pfeilen als auch mit sich in Handlung befindenden Figuren illustriert, bieten sie einen Gegenpol zum Stillstand. Diese Dichotomie macht sich der propagandistische Diskurs zur Darstellung von «Fortschritt», «Tatkraft», «Willensstärke» u.ä.m. versus, «Stillstand», «Faulheit», «Ruin», «Willensschwäche» usw. zu Nutzen.

Aus den durch Kalverkämper eingeführten Kategorien lassen sich folgende Pole möglicher Bild-Aussageweisen herleiten:

a) statisch-punktuell
b) statisch-systematisch
c) dynamisch-punktuell
d) dynamisch-systematisch.

Als statisch-punktuell wird bspw. die Darstellung eines isolierten Objekts, das sich nicht in Bewegung befindet, bezeichnet. In den ROSTA-Fenstern finden sich solche Bildaussagen bspw. bei der Wiedergabe isolierter Figuren oder Porträts (ROSTA 555, 3–6 [GS: 43]). Statisch-systematisch ist der Miteinbezug von Hintergrund oder das Verhältnis von verschiedenen Objekten oder Personen zueinander; so die Positionierung des bewaffneten Rotarmisten in der durch einen Stacheldrahtzaun (Grenze) unterteilten Landschaft (ROSTA 363, 1 [GS: 30]), oder das Nebeneinanderstellen von Rotarmist und Weissgardist (ROSTA 149, 3 [GS: 23]). Häufiger als die statischen sind in den ROSTA-Fenstern die dynamischen Darstellungen zu finden: Sowohl dynamisch-punktuelle (ein sich in Bewegung befindender Arbeiter: ROSTA 926, 4 [GS: 73]) als auch dynamisch-systematische (eine den Gegner zerschlagende Faust: ROSTA 773, 4 [GS: 60]). Die Übertragung der kalverkämper'schen Kategorien auf die ROSTA-Fenster und die kategoriale Zuordnung der

Bilder ist jedoch alles andere als klar. So stellen sich Probleme bei der Grenzziehung zwischen einzelnen, isolierten Objekten und systematischen Darstellungen und deren Übertragung auf nicht fachliche Bilder. Handelt es sich bswp. bei der Arbeiterfigur, die einen Hammer in der Hand (ROSTA 926, 4 [GS. 73]) hält, wirklich um ein isoliertes Objekt, oder stellt die Attributierung mittels eines Werkzeugs schon ein Objektverhältnis dar? Kalverkämper selbst bezeichnet die aufgeführten Bild-Aussageweisen als «Extrempunkte» (Kalverkämper 1993: 208); unklar bleibt in seinen Ausführungen jedoch, wie mögliche Zwischenkategorien aussehen sollen.

2.3 Die Pragmatik des Bildes – gibt es einen Sprechakt im Bild?

Hier soll es um die Frage gehen, ob das Bild – vor dem Hintergrund der Sprechakttheorie – etwas in der Art einer Illokution und/oder Perlokution vermitteln kann. Diese Fragestellung sprengt den semiotischen Rahmen der Bildbetrachtung und wendet sich der Pragmatik zu. Wie bereits erwähnt, betrachten wir Bilder immer in ihrer Verwendung, d. h. in einem pragmatischen Kontext. Dabei spielt die Erwartungshaltung, die wir an Bilder richten, eine zentrale Rolle. Diese Erwartungshaltung und dadurch auch die mögliche vermittelte Illokution wird u. a. durch den Ausstellungsort, den Urheber, die Verknüpfung der abgebildeten Sachverhalte mit der aussersprachlichen Wirklichkeit und die durch das Bild evozierten Konnotationen sowie – falls vorhanden – durch den dazugehörigen verbalen Teil bestimmt.

Kjørup (1978: 61 ff.) versucht, eine Theorie des "pictorial speech acts" zu formulieren, wobei er den Bild-Sprechakt analog zum verbalen Sprechakt in einen Äusserungsakt, einen propositionalen Akt und einen illokutionären Akt unterteilt:[39]

39 Der perlokutionäre Akt tritt in seinem Artikel nicht auf den Plan.

> The locutionary act is the basic one of simply showing or producing the picture; the propositional acts are the acts of referring and predicating; and the illocutionary act in this case is the act of depicting, rather than illustrating or warning, say.
> (Kjørup 1978: 61)

Kjørup sieht den Äusserungsakt als durch Regeln und Bedingungen schwer zu definieren. Er erstellt eine generelle Hintergrundsbedingung ("The situation S is convenient and serious", Kjørup 1978: 61), wobei "convenient" heisst, dass das Bild richtig rezipiert werden kann, sowohl was die äusseren Umstände (Lichtverhältnisse usw.) als auch die Wissensbestände und perzeptiven Fähigkeiten von Produzent und Rezipient anbelangt. Unter "serious" versteht er die lauteren bzw. aufrichtigen Absichten beim Zeigen eines Bildes ("condition of sincerity") sowie die Annahme, dass dem Betrachter durch das Zeigen eine ihm nicht bekannte, aber erwünschte Information vermittelt werde ("condition of relevancy") – nichts anderes also als die Grice'schen Maximen der Qualität und der Relation/Relevanz.

Problematisch beim Übertragen der Sprechakttheorie auf das Bild ist vor allem die Festmachung der Begriffe Proposition und Illokution. Denn das Bild kann weder mit einem Satzradikal verglichen werden, noch kann die Argument-Prädikatstruktur von Sätzen mit bildlichen Mitteln nachvollzogen werden (Muckenhaupt 1986: 235). Erst durch das Zeigen eines Bildes – da stimmt Muckenhaupt mit Kjørup überein – kann mit einem Bild kommunikativ gehandelt werden. Anders als der verbalen Sprache ist dem Bild keine eigentliche Bildproposition eigen. Ein Bild besitzt – wie bereits erläutert – nicht eine, sondern unzählige mögliche Propositionen. Kjørup (1978: 62 ff.) hingegen versucht dem Bild einen Referenz- und Prädikationsanteil zuzuweisen. Durch den Referenzakt verweist das Bild auf ein intendiertes Objekt oder einen Sachverhalt, wobei der Rezipient die Fähigkeit besitzen muss, dieses Objekt zu identifizieren. Durch die Prädikation wird etwas über das Objekt oder den Sachverhalt ausgesagt, wird ein Objekt oder Sachverhalt *als* etwas repräsentiert. Durch den Prädikationsteil wird ein Objekt demnach charakterisiert, vergleichbar mit Verbalphrasen (VP). Wie aber gelangt der Sprechakt, genauer gesagt der illokutionäre Akt ins Bild? Welcher Unterschied besteht zwischen dem Zeigen eines Fliegenpilz-Bildes als

Beschreibung des Pilzes und desselben Bildes als Warnung an den Pilzsammler vor einem giftigen Pilz? In diesem zentralen Punkt weicht Kjørup aus, indem er davon ausgeht, dass die Situation, die auf dem Bild dargestellt wird, diesen Punkt klärt (vgl. dazu Kjørup 1978: 56).

Auch bei den ROSTA-Fenstern ist der Kontext, in welchem sie erscheinen, massgeblich beteiligt an der intendierten Wirkung. Aber Bilder sollen nicht nur Information vermitteln, sie erhöhen auch die Glaubwürdigkeit,[40] die Anschaulichkeit und die *meinungsbildende Wirkung.* In den ROSTA-Fenstern geschieht dies vor allem durch das standardisierte Darstellungsverfahren von positiven und negativen Sachverhalten und den damit verbundenen Assoziationen (vgl. Kapitel II.2 insbesondere II. 2.2.1). Diese visuelle Dichotomie ermöglicht es dem Rezipienten, sich innerhalb des Kommunikates schneller zu orientieren, Stellung zu beziehen und die intendierte Illokution zu erkennen; dies sowohl wenn es darum geht, den Feind zu erkennen und zu verachten bzw. zu verhöhnen (mit dem Aufruf, ihn zu vernichten), als auch um sich seines eigenen Verhaltens gewahr zu werden und zwischen erwünschten und unerwünschten Sachverhalten und Handlungen zu unterscheiden. Die Bildillokution ist demnach sowohl vom Kontext, in dem ein Bild gezeigt wird, als auch von den im Bild gewählten Darstellungsverfahren abhängig. Erst durch das Zusammenwirken beider Faktoren kann der Rezipient die kommunikative Absicht eines Bildes erkennen.

40 Diese Auffassung hat sich auch in der Lexik und in Redewendungen niedergeschlagen. So gibt es einen *Augen*zeugen, nicht aber einen *Ohren*zeugen und man sagt, «ich habe es mit eigenen Augen gesehen», wenn man das Gegenüber von der Glaubhaftigkeit eines Sachverhalts überzeugen will.

3 Auf dem Weg vom Bild zur Sprache – die Bildsprache

Analog zum Ansatz in der Linguistik, in der die verschiedenen linguistischen *Turns* jeweils durch zusätzliche Parameter und einen grösseren Blickwinkel ein erweitertes Untersuchungsfeld erhalten, sollte man sich bei der Bildanalyse ebenfalls über die semiotische Ebene hinaus bewegen. Auch Bilder sind in einen pragmatischen Kontext eingebettet[1] und ihre Verwendung vom Bildgenre abhängig:

> If any image of the Renaissance could illustrate any text whatsoever, if a beautiful woman holding a child could not be presumed to represent the Virgin and the Christchild, but might illustrate any novel or story in which a child is born, or indeed any textbook about child-rearing, pictures could never be interpreted. It is because there are genres such as altar paintings, and repertoires such as legends, mythologies, or allegorical compositions, that the identification of subject matters is at all possible.
> (Gombrich 1975: 5)

3.1 Gebrauchsbild vs. Kunstbild

Der Begriff Bild als solcher bezeichnet vorab ein bestimmtes Medium, darüber hinaus aber auch «alle Zeichentoken innerhalb dieses Mediums» (Posner/Schmauks 1998: 19). Deshalb ist es wichtig, innerhalb der Kategorie Bild Unterkategorien zu bilden, in welchen das Medium weiter spezifiziert wird. Posner/Schmauks (1998, 15 ff.) führen in diesem Zusammenhang den Gebrauchswert von Bildern ein, d.h. sie situieren

1 Vgl. dazu Muckenhaupt (1980: 197), der ausführt, «dass dasselbe Bild in verschiedenen Handlungszusammenhängen unterschiedliche Sachverhalte darstellen kann».

das Bild in seinem pragmatischen Kontext, genauer in der Funktion, welche das Bild – innerhalb seiner Funktion, als Abbild zu dienen – zu erfüllen hat. Diese Abbilder können in einer Skala vom Natürlichen zum Künstlichen in vier Reflexionsstufen (0–3) unterteilt werden:

> Am Pol des Natürlichen, also der Reflexionsstufe 0, liegen ereignishafte Bilder wie Schatten, Spiegelbilder und Fussspuren, die ohne menschliches Zutun auf natürlichen Oberflächen entstehen, aber von (erwachsenen![2]) Menschen spontan in ihrer Eignung als Abbild der entsprechenden Objekte erkannt werden. (Posner/Schmauks 1998: 19)

Bei Bildern der Reflexionsstufe 0 handelt es sich semiotisch gesehen um Indizes. Der Unterschied zu Bildern der Reflexionsstufe 1 besteht lediglich in der Art der Bildererzeugung. Während Erstere ohne menschliches Zutun entstehen, werden Letztere absichtlich durch den Menschen erzeugt, bspw. durch die Herstellung von Spiegeln zur Erzeugung von Spiegelbildern oder der Darstellung von Schlagschatten in der Malerei. In Zusammenhang mit den ROSTA-Fenstern sind vorab die Reflexionsstufen 2 und 3 von Interesse. Der Unterschied besteht in den unterschiedlichen Gebrauchswerten der Bilder. Während auf der Reflexionsstufe 2 einzig der Gebrauchswert eine Rolle spielt, beanspruchen Bilder der Reflexionsstufe 3 einen zusätzlichen ästhetischen Wert. Passfotos, kriminalistische Phantombilder, aber auch das Fesseln von visueller Aufmerksamkeit in der Werbung (Blickfangfunktion) sind in der Reflexionsstufe 2 zu situieren. Dieser Gebrauchswert ist auch in den ROSTA-Fenstern dominant. Sie sollen vorab agitatorisch-didaktische Inhalte vermitteln und erst in zweiter Linie ein ästhetisches Bedürfnis befriedigen. Die Komponente der Ästhetik spielt dann auch erst in der Rezeptionsgeschichte dieser Plakate eine zentrale Rolle. Die heutigen Museumsbesucher und -besucherinnen betrachten die ROSTA-Fenster grösstenteils unter dem Aspekt der künstlerischen Gestaltung

2 Auch das Lesen von sog. ereignishaften Bildern muss erlernt werden. Die Reflexionsstufen und der dabei verwendete Begriff des «Natürlichen» haben keinen unmittelbaren Zusammenhang mit der Verstehbarkeit der entsprechenden Bilder.

und hinsichtlich ihrer Situierung innerhalb der russischen Avantgarde und erst in einer untergeordneten Ebene bezüglich ihrer propagandistischen Inhalte. Die Unterteilung der Bilder in Gebrauchsbilder und künstlerische Abbilder ist also nicht durch das Bild selbst motiviert, sondern durch dessen Verwendungszusammenhang.

Wodurch nun unterscheiden sich so genannte Gebrauchsbilder von künstlerischen Bildern? Der Unterschied kann als Funktion der reinen Information oder des Blickfangs und derjenigen der Selbstreflexion des Mediums gesehen werden. Letztere stellt – so Goodman – genauso wie die Wissenschaft eine Möglichkeit dar, Weltversionen[3] zu erzeugen:

> Not only do we discover the world through our symbols but we understand and reappraise our symbols progressively in the light of our growing experience.[...] The difference between art and science is not that between feeling and fact, intuition and inference, delight and deliberation, synthesis and analysis, sensation and cerebration, concreteness and abstraction, passion and action, mediacy and immediacy, or truth and beauty, but rather a difference in domination of certain specific characteristics of symbols.
> (Goodman 1976: 260, 264)

Goodman nennt vier Symptome, die für das Ästhetische von Belang sein können: syntaktische und semantische Dichte, syntaktische Fülle (Gesättigtheit=repleteness) sowie die exemplifizierende Erfahrung ("An experience is exemplificational insofar as concerned with properties exemplified or expressed – i.e., properties possessed and shown forth – by a symbol, not merely things the symbol denotes." [Goodman 1976: 253]). Während das Gebrauchsbild instrumentalisiert für einen Verweis auf die ausserbildliche Wirklichkeit verwendet wird, ist das Kunstbild, als ein sich reflexiv zeigendes, bewusst gestaltet. Das Bild zeigt etwas und zeigt sich selbst als Bild. Hier erscheint auch der Schnittpunkt des Gebrauchsbildes zur verbalen Sprache. Mediale Präsenz (Selbstreflexivität) ist v.a. in der Poetik wichtig, sonst ist Sprache primär intentional, d.h. sie will Bedeutung vermitteln. Dieses Vernachlässigen der Selbstreflexivität bedeutet auf der Symptomebene einen geringeren Grad an Gesättigtheit. Dies kann am Beispiel der Aufzeichnung eines

3 Vgl. dazu auch Plümacher (1998: 49).

Elektrokardiagramms gezeigt werden, gilt aber auch für Bilder in einer Gebrauchsanweisung oder Phantombilder:[4]

> Scientific symbols tend to be attenuated, symbolizing along comparatively few dimensions, whereas aesthetic symbols are relatively replete. For example, the same configuration might serve as an electrocardiogram or a line drawing. In an electrocardiogram, only its shape is significant, whereas in a line drawing, the exact colour and thickness of the line, the precise shade of the background, the size and shape of the paper, the position of the line on it and even the texture of the paper may be significant.
> (Routledge Encyclopedia of Philosophy, Catherine Z. Elgin, CD-Rom)

In agitatorisch-didaktischen Bildgeschichten, wie sie die ROSTA-Fenster darstellen, sind zur Übermittlung von Inhalten ebenfalls nicht alle Parameter, die ein solches Bild aufweist, von Bedeutung. Die Beschaffenheit und Struktur des Papiers bspw. sind nicht primär konstitutiv für die Überbringung der Mitteilung und hängen vielmehr von den damals herrschenden Produktionsbedingungen ab. Auch die exakte Linienführung spielt nur sekundär eine Rolle, insofern die Figuren und Sachverhalte (wieder-)erkennbar sind. Hier nun kommt ein weiteres Moment der Darstellung zum Tragen. Viele der piktoralen Elemente – so meine These – sind bildsprachliche und nicht rein bildliche Elemente.

Was nun zeichnet eine Bildsprache gegenüber einem reinen Bild aus? Die Sprachhaftigkeit eines Elementes im Bild hängt von der Bedeutungsdichte ab. Goodman charakterisiert die Symptome eines Kunstwerks als syntaktisch und semantisch dicht sowie relativ gesättigt. Demgegenüber sind wissenschaftliche Symbole – wie ich oben ausgeführt habe – relativ dünn, d. h. nicht gesättigt. Nur gewisse Parameter sind bedeutungstragend, die übrigen spielen bei der Interpretation keine Rolle, gehören nicht zur Bedeutung des Symbols. Auch bei den Darstellungen der ROSTA-Fenster könnte man von einer selektiven Bedeutungszuordnung sprechen. Die immer wiederkehrenden Figuren können in ihrem Aussehen leicht variieren, ohne dass

4 Einzig der Grad der Dichte oder Gesättigtheit variiert, ist aber in allen Fällen wesentlich geringer als bei einem Kunstbild.

die Bedeutung oder ihre Funktion innerhalb der Geschichte ändert. Es gibt bedeutungstragende Elemente (Ringe, Dickbäuchigkeit, Uniform usw.), die von den Betrachterinnen erkannt werden müssen, aber auch Variationen, die zur richtigen Entschlüsselung der Bedeutung keine Rolle spielen. Die Grenze zum Kunstobjekt, in dem jede einzelne Linie, Farbe usw. ihre Bedeutung trägt und genau so und nicht anders angeordnet sein muss ist aber fliessend. Interessant ist der Umstand, dass die ROSTA-Fenster – wie übrigens auch Comics – vom Leihen nicht zwingend als Kunstwerke anerkannt werden. Vielleicht schwingt bei dieser Ansicht im Hintergrund die Annahme mit, die Bilder seien zuwenig gesättigt, zu sehr an das Verfahren der verbalen Sprache angeglichen, deren System syntaktisch distinkt, semantisch nichtdistinkt und gegebenenfalls mehrdeutig, aber nicht relativ gesättigt ist. Die Bildsprache rückt also in die Nähe der verbalen Sprache durch die Tatsache der mangelnden Gesättigtheit und der Tendenz zur syntaktischen Distinktheit.

3.2 Otto Neuraths ISOTYPEs

Während die ROSTA-Fenster sowohl bildliche als auch bildsprachliche Elemente aufweisen, ging Otto Neurath in seiner Theorie der ISOTYPEs[5] einen Schritt weiter. Er versuchte sich in der Schaffung einer international verständlichen, funktionalen Bildsprache:

> Entsprechend der Idee einer physikalischen Einheitssprache strebt Neurath eine internationale Bildsprache an, die planmässig und unabhängig von Sprache und Schrift alle sinnlich wahrnehmbaren Erscheinungen (physikalische Erkenntnisobjekte) enzyklopädisch zusammenfasst und den Anspruch erhebt, die grundlegenden Zusammenhänge des menschlichen Zusammenlebens auf diese Weise vermitteln zu können.
> (Gillen 1975: o. P.)

5 Das Akronym ISOTYE steht für *I*nternational *S*ystem *o*f *Ty*pographic *P*icture *E*ducation.

Ausgegangen war Neurath von den Bestrebungen, einer breiten Gesellschaftsschicht gesellschaftliche und wirtschaftskundliche Zusammenhänge mittels Bildstatistiken[6] zu vermitteln. In diesem didaktisch-aufklärerischen Ansatz zeigen sich Parallelen zu den ROSTA-Fenstern. Während die ROSTA-Fenster diese Aufklärung via Bildgeschichten und in klar agitatorischer Weise taten, hob Neurath den Aspekt der Volksbildung hervor und verpackte seine Inhalte nicht in Bildgeschichten, sondern in statistische Plakate. Gemeinsam ist den beiden Medien der Versuch, durch Bilder aufklärerische Botschaften zu transportieren.

Neurath geht in seinem Ansatz davon aus, dass ein Bild unmittelbar einsichtig und schnell informiert – dies im Gegensatz zur Sprache, die zu fortwährenden Täuschungen und Verzerrungen führt (vgl. dazu und im Folgenden Eschbach 1996: 17 ff.). Dabei stützt er sich auf zwei Traditionszweige; den bildsprachlichen und den universalsprachlichen.[7] Bildsprachlich insofern, als er einen vollwertigen Ersatz der natürlichen Sprache sucht, in der Form ikonischer Repräsentation nicht nur von Konkreta, sondern auch von Abstrakta und mit der Fähigkeit zur Verallgemeinerung. Die universalsprachliche Tradition zeigt sich im Glauben, eine Bildsprache sei dazu geeignet, Länder- und Sprachgrenzen zu überschreiten und unterliege nicht der systematischen Täuschung der Sprache, die immer schon in ihrem einzelsprachlichen System gefangen ist. Dies hängt u. a. damit zusammen, dass Neurath und sein Umfeld der Überzeugung waren, dass die Bildzeichen den unmittelbaren visuellen Erfahrungen des Betrachters und seinen Erfahrungen physischer Körper in der Welt entspringen können und somit selbst sprechend seien:

> Das Bildzeichen als Korrelation von Bedeutendem (Signifikant=grafische Chiffre z. B. eines Menschen) und Bedeutetem (Signifikat=Mensch als statistische Grösse) vereinigt gemeinsame, signifikante Merkmale einer bestimmten Klasse von Objekten der sinnlichen Anschauung, die im Zeichen repräsentiert werden sollen.
> (Gillen 1975: o. P.)

6 Zu den grafisch-statistischen Darstellungsformen der «Wiener Methode der Bildstatistik» vgl. Koberstein (1973).

7 Eine kurze Übersicht über diese zwei Traditionszweige bietet Eschbach (1996: 27 ff.).

Zentral in der Axiomatik von Neuraths Bildsprache ist der Punkt, «dass es besser sei, ein einfaches Bild im Gedächtnis zu behalten, als viele komplizierte Bilder zu vergessen», und «dass die auf die wesentlichen Merkmale des abzubildenden Gegenstandes reduzierten Bildzeichen einfach, typisiert und charakteristisch sein sollen» (Eschbach 1996: 18 f.). Dieser Anspruch und die damit verknüpfte Forderung, auf «interessante» Abwechslung zu verzichten, wenn es darum geht, den gleichen Sachverhalt erneut wiederzugeben, ist auch in Majakovskijs Bildgebrauch in den ROSTA-Fenstern festzustellen (vgl. dazu Kapitel II.2). In einem anderen Punkt hingegen unterscheiden sich die beiden Verfahren: Während Neurath Wert darauf legt, dass «die Anzahl abzubildender Gegenstände durch die relational entsprechende Anzahl von Zeichen wiederzugeben» sei, «anstatt eine grössere Anzahl durch ein grösseres Zeichen darzustellen» (Eschbach 1996: 18 f.), wird in den ROSTA-Fenstern meist exemplarisch gearbeitet, d. h. die Figuren treten metonymisch (einer für alle, d. h. eine Figur vertritt ihre ganze Klasse) auf, und Stärke bzw. Übermacht wird durch eine entsprechend grössere Darstellung abgebildet (vgl. Kapitel II.2.1). Auch arbeitet Majakovskij weniger konsequent auf der syntaktischen Ebene des Bildes. Die Komplexionsregel Neuraths, die besagt, dass einzelne Bildelemente zu komplexen Zeichen zusammengesetzt werden können (bspw. das Bildzeichen «Fabrik» und das Bildzeichen «Schuh» zum Begriff «Schuhfabrik»),[8] findet in den ROSTA-Fenstern in dieser systematischen Form keine Anwendung. Dies hängt m. E. wiederum mit der Tatsache zusammen, dass es sich bei den Bildelementen der ROSTA-Fenster nicht um rein bildsprachliche, sondern um Mischwesen handelt. Wichtig ist der (Wieder-)Erkennungseffekt der

8 Während St.-Martin und Biedermann versuchten, Bilder in Basiselemente, sprich bedeutungsdifferenzierende Einheiten zu gliedern und mit Hilfe syntaktischer Regeln Bildbedeutung zu generieren, geht dieser Ansatz davon aus, dass «Grundzeichen wie der lexikalische Stamm eines Wortes durch eingeschriebene oder hinzugefügte Zeichen ergänzt werden können» (Gillen 1975: o. P.), d. h. dass Bilder aus bedeutungstragenden Elementen mittels syntaktischer Regeln zu einer komplexeren Bedeutung gelangen können.

einzelnen Personen, Symbole und Sachverhalte sowie die Zuordnung innerhalb der Gut-Böse-Dichotomie. Hinzu kommt, dass die meisten in den ROSTA-Fenstern verwendeten Bildzeichen in ihrer Lesung prinzipiell zwei Epochen bzw. Sinnebenen angehören können. So kann das Symbol der Sonne einerseits als verfinsterte Sonne für die düstere Lage der Ausgebeuteten im Kapitalismus stehen, andererseits ist die strahlende Sonne eine Allegorie für den Kommunismus.

Diese Doppelcodierung, welche aus der Übernahme der bezeichneten Objekte aus dem Kapitalismus resultiert, fordert von den Produzenten andere Verfahren, um eine eindeutige Zuordnung ins jeweilige Universum deutlich zu machen. Ein Verfahren hierzu ist sicherlich die Karikatur, die den Feind auf einen Blick als solchen zu erkennen gibt. D. h. die dargestellten Objekte müssen durch zusätzliche gestalterische Verfahren die entsprechenden Assoziationen evozieren können. Dieses Problem stellt sich in den ISOTYPEs, d. h. dort, «wo die Zeichen zu Elementen der Bildstatistik verwendet werden», nicht. Das Ideal dieser visuellen Sprache ist das «Werturteil» zu «eliminieren», und das Piktogramm so «neutral und emotionslos wie möglich zu gestalten» (Gillen 1975: o. P.).

Auch wollte Neurath mit seinen ISOTYPEs Bildzeichen schaffen, die klar und eindeutig verständlich sind, d. h. Polysemie sollte weitgehendst ausgeschlossen werden.

Neurath arbeitet nicht ausschliesslich mit primär ikonischen Zeichen, sondern ergänzt diese mit Symbolen. Bildzeichen lassen sich aus diesen zwei Kategorien (Ikone und Symbol) zusammensetzen. Das Bildzeichen für *Bergmann* bspw. setzt sich – so Gillen – aus dem ikonischen Zeichen Mann und den symbolischen Attributen Schirmmütze für Arbeiter und gekreuzte Hämmer für Bergbau zusammen:

> Während das ikonische Zeichen diejenigen Struktureigenschaften des abzubildenden Objekts selektioniert, die es dem Betrachter auf Grund seiner visuellen Erfahrung ermöglichen, «die vom ikonischen Zeichen denotierte wirkliche Erfahrung» als seine eigene Erfahrung wiederzuerkennen, verwendet das symbolische Zeichen einen Bildgegenstand, um auf Grund bestimmter bildhafter Merkmale auf einen unbildlichen Sinn zu verweisen. In der Sprache der Semiotik ausgedrückt ordnet der Betrachter entsprechend der jeweiligen Kommunikationssituation und auf Grund seines praktischen, kulturellen und ästhetischen

> Wissens dem Bildgegenstand (=ikonisches Zeichen) sinnbildhafte Bedeutung zu (Konnotation).
> (Gillen 1975: o. P.)

Mit dieser Form von Zeichen wollte Neurath einen einfachen und klaren Rezeptionsvorgang gesichert wissen, da die Elemente der Bildzeichen entweder aus der unmittelbaren visuellen Erfahrung oder aus leicht verstehbaren und erlernbaren abgeleiteten Zeichen bestehen.

Im Gegensatz zum karikierenden Verfahren zur Darstellung des Feindes in den ROSTA-Fenstern soll

> Die inhaltliche Aussage der Bildzeichen sich in der protokollarischen, wertneutralen Kennzeichnung soziologischer Klassifizierungen [erschöpfen] [...] Information und Emotion werden säuberlich getrennt und zwei spezialisierten Bereichen zugeordnet: der Wissenschaft (Bildstatistik) und der Kunst (Karikatur, Satire).
> (Gillen 1975: o. P.)

Mit diesem Ansatz vertritt Neurath gerade jene Position, die – so Goodman – auf dem althergebrachten Irrglauben der unterschiedlichen Funktionen von Wissenschaft und Kunst beruht, wie ihn bspw. Merleau-Ponty vertritt, wenn auch mit anderen Vorzeichen.[9] In Neuraths Theorie gesprochen wären die Bilder der ROSTA-Fenster demzufolge Mischwesen, welche sowohl Information als auch Emotion vermitteln.

9 Merleau-Ponty sieht die Wissenschaft als ein durch die eigenen Methoden vordeterminiertes Konstrukt, das keinen direkten Zugriff zur Welt besitzt; Kunst hingegen erlaubt ein primordiales Schauen und damit einen unmittelbaren Zugriff auf das Sein, losgelöst von Konstruktionen und Konventionen: «Die Kunst und namentlich die Malerei schöpfen aus jener Schicht unverarbeiteter Sinneserfahrung, von der das aktivistische Denken nichts wissen will. [...] Nur der Maler hat das Recht, seinen Blick auf alle Dinge zu werfen, ohne zu ihrer Beurteilung verpflichtet zu sein. Vor ihm, könnte man sagen, verlieren die Ordnungsbegriffe der Erkenntnis und der Aktion ihre Tugend.» (Merleau-Ponty 1984: 14 f.) Neurath hingegen – dem positivistischen Wissenschaftsansatz verpflichtet – glaubt an die Wertneutralität der Wissenschaft, deren Aufgabe einzig in der Quantifizierung und im Aufzeigen von Relationen physikalischer Gegenstände besteht.

In der Weiterführung von Neuraths Ansatz für die politische Grafik der 30er Jahre durch Gerd Arntz[10] findet der Bildwitz mittels karikierendem Verfahren dann doch Eingang in jene Bilder, die sich als Weiterentwicklung der bildstatistischen Arbeiten verstehen: «G. Arntz scheut nicht vor satirischen Mitteln zurück, die den Gegner der Lächerlichkeit preisgeben, seine Macht relativieren und ihn als besiegbar darstellen.» (Gillen 1975: o. P.) Im Gegensatz zu den ROSTA-Fenstern, in denen den Vertretern des gegnerischen Lagers eine individualisierte, personalisierende Charakterisierung zukommt, wollte Arntz in seinen politischen Grafiken keine Fixierung auf personalisierte Gegner; trotz karikierendem Verfahren behielt auch der Gegner seine bildsprachliche Gestalt als standardisiertes Bildzeichen bei und erhielt keine dekadente Bürgerphysiognomie:

> Der Betrachter soll sich nicht auf einen personalisierten Gegner fixieren. Seine Emotionalisierung durch affektbesetzte Bilder und satirischen Bildwitz galt es aufzuheben im begreifenden Erkennen gesellschaftlicher Zusammenhänge. (Gillen 1975: o. P.)

Die Unterschiede zwischen der Verwendung standardisierter Bildzeichen zur Illustration feindlicher Vertreter und der moralisch bewertenden, diffamierenden Darstellung der sowjetischen Karikaturisten hat Gillen am Beispiel zweier thematisch analog gestalteter Plakate von G. Arntz[11] und D. Moor[12] wie folgt interpretiert:

> Während Arntz auf die physiognomische Denunziation der Bourgeoisie verzichtet und durch entindividualisierte Standards Ursache und Wirkung der kapitalistischen Ausbeutung, sowie ihre ideologische Verschleierung als gesellschaftliches Verhältnis analysiert, verbindet Moor das begreifende Erkennen eines gesellschaftlichen Prozesses [...] mit der emotional zugespitzten Aussage verzerrter, tierischer Gesichtszüge. Die «Charaktermasken» des Kapitals werden

10 Gerd Arntz war ein Mitarbeiter Otto Neuraths und wurde von diesem 1928 nach Wien geholt und bald darauf zum Leiter der grafischen Abteilung seines Museums ernannt.

11 G. Arntz: «Für das Vaterland» (1936).

12 D. Moor: «Разоблачим антисоветские замыслы [...]» (1930).

nicht als neutrale Funktionsträger gezeigt, sondern als Hyänen, die ihre Macht mit Zähnen und Klauen verteidigen, moralisch bewertet.
(Gillen 1975: o. P.)

Trotz unterschiedlicher Schwerpunkte weisen die bildsprachlichen Ansätze der ROSTA-Fensterproduzenten und diejenigen der Wiener Methode um Otto Neurath klare Parallelen und gegenseitige Beeinflussung auf. So hat Otto Neurath als «Austromarxist» im *Roten Wien* der zwanziger und frühen dreissiger Jahre die Methoden der verschiedenen künstlerischen Ströme der jungen Sowjetunion kennen gelernt, und wie jene die Möglichkeit der Schaffung eines Neuen Menschen durch entsprechende Aufklärung und Agitation antizipiert. Gerd Arntz wiederum wurde unter Stalin nach Moskau berufen, wo er die Leitung des Isostat-Institutes übernahm. Dort hat er seine bildstatistische Arbeit fortgeführt und somit den Ansatz der Wiener Methode in die statistischen Plakte der Sowjetunion einfliessen lassen.

4 Die Beziehungen zwischen Text und Bild

Stehen zwei semiotische Systeme nebeneinander bzw. miteinander zur Verfügung, so kann auch immer nach deren Beziehungen zueinander gefragt werden. In einem semiotisch komplexen System wie den ROSTA-Fenstern erhöhen sich die Möglichkeiten der aufeinander verweisenden Elemente gegenüber einem einfachen Text um ein beträchtliches. So können Texte bzw. Textelemente sowohl explizit als auch implizit nicht nur auf ihresgleichen sondern auch auf Bilder bzw. Bildelemente verweisen. Auch den Bildern bzw. Bildelementen eignet diese Möglichkeit, auf das Textuelle, das Piktorale als auch auf beide semiotischen Systeme gleichzeitig zu verweisen.

Ansätze möglicher Beziehungen zwischen Bild und Text sollen in einem ersten Schritt skizziert werden, ohne dass dabei Anspruch auf Vollständigkeit erhoben wird, da dies den Rahmen dieser Arbeit sprengen würde und es bereits zahlreiche Untersuchungen[1] gibt, die sich mit diesem Gebiet beschäftigt haben. Speziell auf die ROSTA-Fenster bezogen, hat sich Duwakin (1967) in einer Klassifizierung der Bild-Text-Beziehungen versucht. Diese soll – als Überleitung zum zweiten Teil dieser Arbeit – vorgestellt und kritisch beleuchtet werden.

1 Vgl. bspw. Harms (1990), der eine ausführliche Bibliografie zur Geschichte und Theorie von Text-Bild-Beziehungen enthält. Auch in Nöth (2000: 482 f.) finden sich zahlreiche bibliografische Hinweise.

4.1 Typologie nach syntaktischen, pragmatischen und semantischen Gesichtspunkten

Typologien[2], die sich mit den Beziehungsmöglichkeiten zwischen Bild und Sprache beschäftigen, gibt es viele; oft resultieren sie in einer endlosen Aufzählung möglicher Verhältnisse: «Tatsächlich können sie sich [Bild und Text RK] konvergent oder divergent, wenn konvergent dann additiv oder parallel, wenn additiv dann potenzierend oder modifizierend etc. verhalten.» (Kloepfer 1976: 42) Solch binär angelegte Typologien beschreiben recht statische und monofunktionale Beziehungen zwischen Bild und Text. In der realen Kommunikationssituation hingegen sehen wir uns mit dynamischen, polyfunktionalen Verhältnissen konfrontiert (vgl. Kloepfer 1976: 42). Auch kann der Stellenwert des Bildes in einem Bild-Text-Kommunikat nicht unabhängig von dessen Textsortenzugehörigkeit ermessen werden.

Ein weiteres Problem solcher Klassifikationen liegt darin, dass nicht explizit gesagt wird, nach welchen Gesichtspunkten die Typologie erstellt ist. Eine mögliche Systematik basiert auf einem in der Linguistik gründenden Verfahren, welches die Bild-Text-Beziehung nach syntaktischen, pragmatischen und semantischen Gesichtspunkten analysiert.

Unter dem *syntaktischen Gesichtspunkt* werden die räumlichen Anordnungen und Zusammenhänge von Bild und Text untersucht (vgl. Nöth 2000: 483 ff.), d. h. es wird die Beziehung von Bildfläche und Schreibfläche hinsichtlich ihrer Positionierung im Raum analysiert. Kibédi Varga (1989: 39–42) unterteilt die syntaktischen Beziehungen in drei Typen:

1) Koexistenz: Bild und Text sind im selben Panel, d. h. der Text ist in das Bild hineingeschrieben.
2) Interreferenz: Wort und Bild sind räumlich voneinader getrennt, stellen aber trotzdem noch ein einheitliches Kommunikat dar, z. B. Textillustrationen oder Bilder mit Textkommentar.

2 Vgl. bspw. Schnitzer (1994), Muckenhaupt (1986), Kloepfer (1976), Gaede (1981), Spillner (1982).

3) Koreferenz: Wort und Bild referieren – obwohl auf derselben Druckseite positioniert – unabhängig voneinander je auf die aussersprachliche Wirklichkeit.

Nöth (2000: 485) fügt als vierte Kategorie noch diejenige der *Selbstreferenz* hinzu. Zu dieser können bspw. die visuelle Poesie oder Kalligramme[3] gezählt werden. Interessant bei dieser Kategorie ist der Umstand, dass die gleichzeitige Rezeption von bildlichem und textuellem Inhalt unmöglich ist. Entweder werden wir uns des verbalen Textes gewahr und lassen dabei das visuelle Bild in den Hintergrund treten, oder wir betrachten das Bild und lassen dabei den Text ausser Acht: Das Kommunikat oszilliert so zwischen Bild und Text.

In den ROSTA-Fenstern herrschen die Typen der Koexistenz und der Interreferenz vor, wobei sich nach kurzer Zeit die räumliche Trennung des Textes vom Bild verfestigt hat. Die zwei semiotischen Systeme haben ihren fest zugewiesenen Platz, indem die Bildfolge von links nach rechts und von oben nach unten zu lesen ist, die annähernd formatgleichen Einzelbilder in den meisten Fällen umrandet sind und der entsprechende Text jeweils unter dem Bild steht. Einzig die verbalen Elemente im Bild selbst, wie Etikettierungen, sprachliche Äusserungen einzelner Aktanten oder Schriftzüge auf dargestellten Objekten fallen unter die Kategorie Koexistenz. Diese klare syntaktische Anordung in den ROSTA-Fenstern erleichtert die Rezeption und desambiguiert mögliche Beziehungszuordnungen zwischen Bild und Text. Nur in der frühen Phase der ROSTA-Fensterproduktion ist die syntaktische Struktur noch vielfältiger und *art*ungleicher (vgl. dazu Duwakin 1967: 42). Bild und Text sind collageartig ineinander verwoben, ohne klare Abgrenzung zueinander und ohne durch Nummerierung vorgegebene Leserichtung.

3 «Das Kalligramm ist [...] Tautologie. [...] So möchte das Kalligramm die ältesten Gegensätze unserer alphabetischen Zivilisation überspielen: zeigen und nennen; abbilden und sagen; reproduzieren und artikulieren; nachahmen und bezeichnen; schauen und lesen. [...] niemals *sagt* und *repräsentiert* das Kalligramm im selben Augenblick. Die eine Sache, die gesehen und gelesen werden kann, wird beim Sehen verschwiegen und beim Lesen verschleiert.» (Foucault 1997: 13, 17)

Unter *pragmatischen Gesichtspunkten* wird nach den Formen der Bezugnahme vom Text auf das Bild und umgekehrt gefragt, d.h. es wird untersucht, wie die zwei semiotischen Systeme aufeinander zeigen, aufeinander verweisen, miteinander in Verbindung stehen (Nöth 2000: 483 ff.). R. Barthes (1964) hat in seinem Aufsatz *Rhétorique de l'image* auf zwei grundlegende Bezugnahmen vom Text auf das Bild bzw. zwischen Text und Bild hingewiesen: Einerseits kann der Text den Leser durch die Signifikate des Bildes lenken und ihn dazu veranlassen, aus diesen ganzen Strömen von Signifikaten die entsprechenden auszuwählen. Andererseits können die beiden Systeme gegenseitig voneinander abhängig sein, indem jedes alleine ein unvollständiges Paradigma bildet. Erstere Bezugnahme nennt er *ancrage* (engl. *anchorage*), letztere *relais* (eng. *relay*) (vgl. Barthes 1964: 44 ff.).

Bei der *anchorage* steuert der verbale Teil sowohl die Denotation des Bildes, d.h. das Erkennen der «richtigen» Objekte im Bild, als auch die Konnotation, indem das «Wuchern» indiviudeller Assoziationsketten im Bild durch den Text unterbunden wird. Eine wichtige Form der Steuerung – so Nöth (2000: 485) – ist die indexikalische Bezugnahme zwischen Text und Bild. Als sprachliche Mittel des Bezugs auf das Bild werden dabei deiktische Wörter wie *такой, вот, этот* usw. eingesetzt. Während deiktische Mittel in einem einfachen semiotischen System, wie es ein Text darstellt, auf die aussersprachliche Wirklichkeit verweisen, d.h. in einem gegebenen Kontext oder in einer bestimmten Situation Sprecher, Angesprochene und zur Sprache gebrachte Personen, Gegenstände oder Ereignisse identifiziert und raumzeitlich bestimmt werden, können sie in einem Bild-Text-Erzeugnis sowohl auf die aussersprachliche Wirklichkeit als auch auf die im Bild illustrierte Realität verweisen. Wir sehen uns somit mit zwei «aussertextuellen»[4] Wirklichkeiten konfrontiert, deren Koexistenz im Bild-Text-Kommunikat sowohl implizit vorausgesetzt, als auch explizit thematisiert werden kann. Nun stellt sich die Frage, ob der Verweis auf ein Bild wirklich als Deixis bezeichnet werden kann. Dagegen spricht die Tatsache, dass das Bild-Text-Kommunikat als ein semiotisch komplexes System ein Ganzes bildet, man

4 Im Sinne von «nicht verbaler Sprache» gebraucht.

könnte sagen einen semiotisch komplexen «Text». Ausgehend von dieser Definition wäre somit auch der Verweis auf ein Bild als Textverweis (bzw. als Bildverweis) zu werten. Nur das Zeigen auf die aussersprachliche Wirklichkeit, d. h. auf den situativen Kontext, der das ROSTA-Fenster umgibt, wäre demnach noch als Deixis, genauer gesagt als sekundäre Deixis[5] einzustufen. Der Zeigegestus selbst, wie ihn der Sprecher in der gesprochenen Sprache vollziehen kann, kann aber ebenfalls im Bild visualisiert werden, wobei diese Ostension (das unmittelbare Zeigen auf Dinge) sich sowohl auf die Bildebene (oder darin befindliche textuelle Elemente), die Textebene als auch auf die aussersprachliche Wirklichkeit richten kann. Text wird durch diesen Gestus primär materiell aufgefasst, als Objekt, welches eine gewisse Position innerhalb des ROSTA-Fensters einnimmt.

Im Falle des *relays* sind sowohl Text als auch Bild Fragmente eines allgemeinen Syntagmas. Erst das Bild und der Text zusammen ergeben ein vollständiges Syntagma:

> [...] les parole sont alors des fragments d'un syntagme plus général, au même titre que les images, et l'unité du message se fait à un niveau supérieur: celui de l'histoire, de l'anecdote, de la diégèse.
> (Barthes 1964: 45).

Dies bedeutet, dass der Text ohne Bild nur einen Teil zur Gesamtaussage des Kommunikat beisteuert und unter Umständen ohne Bild gar nicht verstanden wird. Die meisten Bild-Text-Beziehungen sind aber nicht klar einer der beiden Kategorien zuzuordnen, sondern basieren auf einem Zusammenspiel von *anchorage* und *relay.*

5 Sekundäre *Deixis* entsteht durch die Verschiebung der *Origo* (ich, hier, jetzt). Apresjan (1997: 276) nennt diese Verschiebung sekundäre oder narrative Deixis oder deiktische Projektion. Padučeva spricht hierbei im Anschluss an Lyons ebenfalls von einer deiktischen Projektion: «Дейктическая проекция является основной стратегией понимания дейктических элементов в разного рода плакатах, лозунгах и объявлениях; так, в надписи *Здесь не курят* мы понимаем *здесь* как ‹там, где находится адресат›; говорящего это сообщение не предполагает вообще. Сообщения такого рода отвлечены от говорящего и апеллируют к актуальному местонахождению и текущему времени адресата.» (Padučeva 1996: 261)

Unter *semantischen* Gesichtspunkten schliesslich «geht es um den Beitrag des einen für das andere Medium im Rahmen einer Gesamtbotschaft» (Nöth 2000: 483). Grundsätzlich kann ein Bild gegenüber der verbalen Botschaft gleichwertig, überwertig oder unterwertig sein. Gleichwertigkeit von Bild und Text bedeutet, dass die beiden Systeme vergleichbare Informationen mit anderen semiotischen Möglichkeiten bieten. Ist ein Bild gegenüber dem Text überwertig, so bietet es entscheidend mehr Informationen als der Text; es besteht ein textdominierendes Einbettungsverhältnis. Unterwertigkeit des Bildes schliesslich bedeutet, dass es im Bezug auf den Text eine (schmückende, auflockernde) Beigabe darstellt, für das Textverständnis jedoch nicht notwendig ist; das Einbettungsverhältnis ist textergänzend (vgl. Kalverkämper 1993: 207). Nöth (2000: 483 f.) nennt die semantische Beziehung der Unterwertigkeit des Bildes *Redundanz*, diejenige der Überwertigkeit *Dominanz*. Das Bild kann jedoch im Bezug auf den Text nicht nur redundant oder dominant sein, die beiden Botschaften können zueinander auch in einem Widerspruch stehen. Diese *Diskrepanz* oder sogar *Kontradiktion* fordern vom Betrachter eine höhere Entschlüsselungsleistung, ähnlich derjenigen eines indirekten Sprechaktes. Prototypisch für das Verhältnis der Kontradiktion ist die Ironie. Duwakin (1967: 68) nennt dieses Verhältnis ein *paradoxes* (vgl. Kapitel I.4.2).

Aus semantischer Sicht handelt es sich bei der relay-Beziehung um das Verhältnis der *Komplementarität;* die beiden semiotischen Systeme bedingen bzw. ergänzen einander. Je nach Umfang der Ergänzung kann sie sich mit den Kriterien der Redundanz oder Dominanz überschneiden. Zudem können sowohl das Bild als auch der Text den jeweils anderen Code als Ausdruck einer Bewertung ergänzen.

Mit der wechselseitigen Durchdringung von Bild und Text speziell in den ROSTA-Fenstern hat sich Duwakin (1967) in seiner Monografie über die ROSTA-Fenster auseinandergesetzt. Er hat im Gegensatz zu seinen Vorläufern[6] nicht nur die Sprache der Fenster analysiert, sondern den Stellenwert der Synkrisis[7] als Hauptmerkmal der Fenster erkannt.

6 Vgl. Krempel (1988: 172).

7 D. h. des Zusammenwirkens von Bild und Text.

4.2 Die Typologie der Bild-Text-Beziehungen in den ROSTA-Fenstern nach Duwakin (1967)

Duwakin[8] nennt als meist anzutreffende Typen der Bild-Text-Beziehungen in den ROSTA-Fenstern die folgenden vier:

> 1) Die Zeichnung ist ein notwendiges Glied in einer Kette von Verstandesschlüssen, im Text jedoch ist das entsprechende Kettenglied ausgelassen und durch eine demonstrative Bezeichnung («dies», «siehe» usw.) ersetzt. [...].
> 2) Ein paradoxer Text (mit einer Behauptung, die einer allgemein bekannten Wahrheit absichtlich zuwiderläuft) erhält dank der Zeichnung die umgekehrte (also zutreffende) Bedeutung.
> 3) Die Zeichnung, obwohl nicht einbezogen in die logische Entwicklung des im Text dargelegten Gedankens, verstärkt die Emotionalität und Expressivität des Fensters im ganzen aufs äusserste.
> 4) Die Zeichnung illustriert einfach eine kleine gegenständliche Verserzählung. In diesem Fall hat der Text die grösste Selbständigkeit.
>
> (Duwakin 1976: 67 ff.)

Bild-Text-Beziehung[9] des *Typs (1)* haben in der Terminologie Barthes (1964: 45) hauptsächlich Komponenten des *relays,* aber auch der *anchorage,* d.h. Bild und Text bilden zwei unvollständige Syntagmen, deren kommunikative Einheit erst auf einer höheren Ebene durch das Zusammenwirken der beiden semiotischen Systeme erzielt wird, und das eine Medium kann zusätzlich die intentionale Offenheit und Polysemie des anderen desambiguieren. Die Verbindung zwischen dem verbalen und dem piktoralen Teil des Kommunikats wird – so Duwakin – durch deiktische Verweise auf den Bildteil hergestellt.

Ausgehend von der Satzsemantik konstituiert sich eine Aussage einerseits durch den Akt der Referentialisierung, andererseits durch die Prädikation. Die sprachliche Bezugnahme auf aussersprachliche

8 Vgl. im Folgenden Duwakin (1967: 67 ff.).

9 Duwakins Kategorien basieren – wie übrigens schon bei Barthes (1964: 43 ff.) – auf einer einseitigen Analyserichtung. Beide gehen vom verbalen Teil des Gesamtkommunikats aus, wodurch der piktorale Teil als zusätzliches, sekundäres Medium erscheint.

Gegenstände oder Sachverhalte können durch *Deixis*, Eigennamen oder Gattungsnamen vollzogen werden. Hinsichtlich deiktischer Ausdrücke kann das Bild als Platzhalter für die aussersprachliche Welt eingesetzt / aufgefasst werden. Der Text verweist dann durch Demonstrativpronomina wie *такой, этот, здесь, вот как* usw. auf das Bild, wobei der Verweis auf den piktoralen Teil des Kommunikats im Text zusätzlich durch den Imperativ *смотри/смотрите!* oder die Partikel *вот* und im Bild selbst durch den roten Zeigefinger, der direkt auf den betreffenden Sachverhalt zeigt, verstärkt werden kann.[10]

Das Verfahren des bilddeiktischen Verweises ist in den ROSTA-Fenstern sehr häufig anzutreffen. Die visuelle Spezifizierung sprachlicher Ausdrücke und die bildliche Wiedergabe textueller Leerstellen machen sich die Eigenschaft des Bildes zu Nutze, etwas simultan-ganzheitlich zu zeigen.[11] Durch das Zusammenwirken der beiden Medien wird erst die kurze prägnante Darstellungsweise der ROSTA-Fenster ermöglicht:

(1) Товарищи!
Если поверим меньшевичкам-шептунам
Вот эту вот участь устроят нам.
Помните красноармейцы!
Приклады *для этого* у винтовок имеются.
(GPP 64) [GS: 87]; siehe Abb. auf S. 97

(2) Ты хочешь *так* провести год?
(ROSTA 537, 1) [SGS]; siehe Abb. auf S. 98

(3) Причины *таких перемен* понятны:
(ROSTA 335, 9) [GS: 27]; siehe Abb. auf S. 99

Im Panel 1 von Bsp. (1) – welches Duwakin (1967: 67 f.) als Exempel für den Typ 1 verwendet – wird *участь* erst durch das Bild spezifiziert, in welchem ein gebeutelter Arbeiter, auf dessen Rücken der fette, peitschenschwingende Kapitalist sitzt, dargestellt ist. Syntaktisch gesehen besteht textuell keine Lücke, sondern der 2. Aktant wird durch das Bild

10 Vgl. auch Kapitel II.1.1.2.
11 Vgl. auch Kapitel I.2.1.3.

spezifiziert. Im Gegensatz dazu steht in Panel 4 der deiktische Ausdruck *для этого* sozusagen als Platzhalter, der durch das Bild gefüllt wird. Auch in Bsp. (2) ist das textuelle Syntagma unvollständig. Der direkt angesprochene Bildbetrachter kann sich erst auf Grund des Bildes von Panel 1 entscheiden, ob ein solches Leben wünschenswert ist oder nicht. Der deiktische Ausdruck *так* verweist auf das dazugehörige Bild und zeigt einen für den Arbeiter äusserst negativen Sachverhalt auf. In Bsp. (3) schliesslich wird durch das deiktische *таких* der Ausdruck *перемен* durch das Bild spezifiziert. Semantisch gesehen beinhaltet *перемена* einen Vor- und einen Nachzustand, d. h. einen Wechsel von x zu y (перемена с x-a к y-y). Diese semantischen Aktanten sind im Bild realisiert, wo ein grinsender und ein verdrossener Kapitalist zu sehen sind. Durch das Bild alleine ist die temporale Lesart vorher-nachher jedoch nicht zwingend, andere Interpretationsmöglichkeiten wie die der Gleichzeitigkeit wären möglich (der eine ist fröhlich, der andere betrübt).

Das Pronomen *такой*[12] verweist u. a. anaphorisch oder kataphorisch oder in einer Zeigesituation auf eine Eigenschaft bzw. eine Beschaffenheit: «такой 1.1: имеющий то же свойство, что и нечто, упомянутое ранее. 1.2: имеющий то же свойство, что и нечто, на что указывает говорящий. 1.3: имеющий то же свойство, что и нечто, о чем говорится далее.» (Boguslavskaja 1991: 42)

Der offenkundige Vorteil der Setzung eines solchen Determinativpronomens anstelle eines oder mehrerer Merkmale im textuellen Teil besteht in der Kürze. Syntaktisch gesehen, stehen die Bilder hier nicht anstelle eines sprachlichen Ausdrucks, sondern «sie sprengen quasi die Syntax» (Muckenhaupt 1986: 48) und dienen dazu, die Eigenschaften eines Gegenstandes, einer Person, eines Sachverhaltes zu spezifizieren. «Diese Art der Bildverwendung können wir mit der Beschreibung von Gegenständen vergleichen.» (Muckenhaupt 1986: 48)

In den ROSTA-Fenstern wird *такой* oft gebraucht, um auf die Abweichung von einem Frame/Script eines gewissen Sachverhalts oder dessen Ablauf hinzuweisen:

12 Vgl. Boguslavskaja (1991: 42–54).

ОКНО САТИРЫ РОСТА.
(РОЖДЕСТВЕНСКИЙ №).
КАКУЮ ЕЛКУ ГОТОВИЛИ НАМ ОНИ И КАКУЮ ЕЛКУ ПРИГОТОВИЛИ ИМ МЫ.
КРЕМЛЬ
ТАКОЙ ИЛЛЮМИНАЦИЕЙ ХОТЕЛ ОТПРАЗДНОВАТЬ ДЕНИКИН РОЖДЕСТВО
ТАКИМИ ЕЛОЧНЫМИ УКРАШЕНИЯМИ ХОТЕЛИ ПОРАДОВАТЬ АНТАНТА РОССИЮ.
ТАКИМИ ИГРАМИ ХОТЕЛИ СКРАСИТЬ ФАБРИКАНТЫ ЕЛОЧНЫЙ ДОСУГ.
ТАКИМИ ХЛОПУШКАМИ ХОТЕЛИ РАЗВЕСЕЛИТЬ ДЕТЕЙ ГОЛОДНОЙ РОССИИ.
ТАКИЕ ХОТЕЛИ РАЗВЕСИТЬ НА РАДОСТЬ БУРЖУЯМ ПОДАРКИ.
И ТАКУЮ ЕЛКУ ПРИГОТОВИЛА ИМ ВСЕМ СЛАВНАЯ КРАСНАЯ АРМИЯ.

Abb. zu Bsp. (4)

(4) Какую елку готовили нам они и какую елку приготовили им мы.
Такой иллюминацией хотел отпраздновать Деникин рождество.
Такими елочными украшениями хотела порадовать Антанта Россию.
Такими играми хотели скрасить фабриканты елочный досуг.
Такими хлопушками хотели развеселить детей голодной России.
Такие хотели развесить на радость буржуям *подарки.*
И *такую елку* приготовила им всем славная Красная армия.
(ROSTA. Roždestvenskij nomer) [GS: 14]

(5) И буржуазия рабочих награждала: она
вешала на шею *такие* ордена.
Был и от царя не без награды ты:
такие от царя получал кресты.
(ROSTA 782, 1–2) [Majakovskij 1957, 271]

Abb. zu Bsp. (5)

Dabei machen sich die ROSTA-Fenster als semiotisch komplexe Texte das Verfahren des Witzes zueigen, indem sie ein bestimmtes begonnenes Script durch eine unerwartete Wendung bzw. Interpretation brechen. So wird das allgemein als positives Script gewertete *Weihnachten feiern* in Bsp. (4) mit – bis auf das letzte Panel – durchwegs negativen Bildbeispielen kontrastiert, wobei durch *такой* jeweils die Art der gegnerischen Weihnachtsüberraschung spezifiziert wird (Knechtschaft, Unterdrückung, Tod und Zerstörung; Panel 1–5). Im abschliessenden Panel 6 wird antithetisch der Baumschmuck des eigenen Lagers in Form des Roten Sterns aufgeführt, getragen vom Rotarmisten, der damit den General Denikin vertreibt.

Auch in Bsp. (5) wird mit der Diskrepanz zwischen einem allgemein bekannten Scirpt *Orden* bzw. *Kreuz verleihen,* welches üblicherweise positiv konnotiert ist, und der dargestellten Realisierung gespielt: bei den Orden handelt es sich um Eisenketten, die dem Arbeiter um den Hals gelegt werden, das Kreuz symbolisiert den Tod, getragen vom Zaren persönlich.

Такой muss aber nicht unbedingt auf eine Diskrepanz zwischen Text- und Bildaussage hinweisen, es kann auch als anaphorischer oder kataphorischer Text- bzw. Bildverweis verwendet werden:[13]

(6) Прилезли из заграницы меньшевик и эс-эр.
Ищут тех кто темен и сер
и то и другое нашептывают в ухо
«от коммунистов де и голод и разруха чем так мол на них работать впустую,
возьмемте, братцы, и забастуем».
Такой разговор для нас не нов.
Видали мы наймитов Антанты – шептунов.
(GPP 217, 1–7) [GS: 102]; siehe Abb. auf S. 104.

Такой разговор in Panel 6 bezieht sich anaphorisch auf die Äusserungen der Men'ševiki und Sozialrevolutionäre in Panel 4–5. Dieser Verweis auf die vorangehenden Panels wird durch die Blickrichtung der abgebildeten roten Erzählfigur unterstützt, welche mit ihrem Zeigegestus gleichzeitig auf das nächstfolgende Panel weist, in dem an das Verhalten der Söldlinge der Antante erinnert wird. Panel 6 stellt somit die Verbindung zwischen einem neuen Sachverhalt und einem bereits bekannten Script her. D.h. im Laufe der Zeit konnten die ROSTA-Fensterproduzenten auf bereits bestehende Scripts zurückgreifen; solche, die sie in früheren Fenstern entwickelt hatten.

13 Zu den Gebrauchsbedingungen von anaphorischem *такой* vgl. Kibrik/Narin'jani (1987: 120 ff.).

An Bsp. (6) wird zudem ein Hauptproblem der Duwakinschen Klassifikation ersichtlich, welches in der zu Grunde liegenden Analyseeinheit des Einzelpanels liegt: In seiner Beschreibung dominieren die Bezüge von Text und Bild innerhalb eines Panels. Bei den ROSTA-Fenstern handelt es sich hingegen um Bild(text)folgen. Dieser Umstand erfordert eine «transphrastische» (eigentlich «transpanelische») Analyse der Bild-Text-Beziehungen in den Fenstern.

Bei den Bild-Text-Beziehungen des *Typs (2)* kommt ein Verfahren der Ironie zum Tragen. Bild- und Textaussage laufen sich zuwider, d.h. es handelt sich auf textueller Ebene um einen indirekten Sprechakt, welcher auf Bildebene aufgelöst wird. Die Auflösung im Bild garantiert das richtige Verständnis, vergleichbar mit der expliziten Erklärung einer ironischen Aussage. Duwakin (1967: 68) verwendet folgendes Illustrationsbeispiel:

(7) Красноармеец, заруби себе на носу –
вот что паны и Врангели народу несут.
Земля – народу.
Рабочим – свободу.
Бездомным – по жилищу.
Голодным – пищу.
Такова белогвардейщина.
Не покоряйся ей!
Бей!
(ROSTA 187) [Majakovskij 1957: 124, o.Abb.][14]

Bei der dem Volk zugewiesenen Erde handelt es sich um Grabhügel (Panel 2), die Freiheit des Arbeiters besteht in der Wahl zwischen zwei Galgen (Panel 3), als Wohnung wird eine Gefängniszelle angeboten (Panel 4) und der ausgemergelte Arbeiter erhält statt des Essens die Faust des Weissgardisten in den Mund (Panel 5).

Dieses Verfahren der paradoxen Bild-Text-Beziehung ist vergleichbar mit der Funktionsweise von "denigration jokes" (vgl. Raskin 1985: 223), deren grundlegende Scriptopposition diejenige von gut vs. schlecht ist. D.h. es werden im Script zuerst positive Eigenschaften aufgebaut, die

14 Abb. vgl. Katan'jan (1930: 99).

2) ЗЕМЛЯ НАРОДУ
3) РАБОЧИМ СВОБОДУ
4) БЕЗДОМНЫМ ПО ЖИЛИЩУ
5) ГОЛОДНЫМ ПИЩУ
6) ТАКОВА БЕЛОГВАР

Abb. zu Bsp. (7)

jedoch gebrochen werden, um als negative Eigenschaften entlarvt zu werden. In den ROSTA-Fenstern wird diese *Entlarvung* jeweils im gleichen Panel durch das Bild geliefert.

Die paradoxe Beziehung zwischen Bild und Text wird aber m. E. nicht nur durch ein explizites Zuwiderlaufen erzeugt, sondern auch durch implizite bzw. angenommene Scriptoppositionen wie in den Beispielen (4)–(5). Letztere ist zudem in den ROSTA-Fenstern viel häufiger anzutreffen als die explizite Variante. Dadurch kommt es zu Überschneidungen in der Duwakinschen Typologie, die auf heterogenen Kriterien aufbaut: Während die erste Kategorie nach pragmatischen Gesichtspunkten definiert ist, basiert die zweite Kategorie auf semantischen Kriterien.

Auch die dritte Duwakinsche Kategorie («die Zeichnung verstärkt die Emotionalität und Expressivität») umfasst kein prägnantes Verhältnis zwischen Bild und Text. Duwakin selbst führt folgende Beispiele zur Illustration dieses dritten Typs an:

(8) Ты не пошел на фронт бить барона?
Ты не живешь в окопном стуже?
Что же тебе остается сделать на оборону?
На субботник помощи тылу торопится тут же.
(ROSTA 452) [GS: 34]

(9) ЧТОБЫ НАС ОТ ГОЛОДА ПО КЛАДБИЩАМ НЕ РАЗМЕТАЛО,
С.-Х. ИНВЕНТАРЬ НЕОБХОДИМ
Дайте 100000 пудов металла,
а мы орудия с.-х. дадим.
Если железо круглое, квадратное, угловое или в обрезах есть,
спеши его на ремонт несть!
Рессора завалялась меж травой сорной –
неси! Нет лучше стали рессорной.
Чтоб хлеб рождался на каждом лугу,
неси любой негорелый чугун.
Хочешь голоду свернуть голову –
неси побольше свинца и олова.
Неси, не останавливаться работе ж остальной,
проволоки побольше железной и стальной.
(GPP 99) [GS: 88]; siehe Abb. auf S. 100 f.

Duwakins Aussage, die Zeichnung diene nur dazu, Emotionalität und Expressivität zu verstärken, trifft in beiden Beispielen nicht zu. In

Abb. zu Bsp. (8)

Bsp. (8) wird in Panel 1–2 das deiktische[15] *ты* im Bild referentialisiert und dadurch konkretisiert, dass auch eine Figur dargestellt ist, die bürgerliche Kleider trägt und nicht etwa Arbeitskleidung. Diese Information ist im Text nicht ersichtlich. Ebenso wird der im Text nicht auftretende Fragesteller metonymisch durch den roten Zeigefinger ins Bild gesetzt. Die Antwort auf die Fragen, die implizit erst durch den Text in Panel 3 gegeben wird, wird durch die Mimik und Gestik der im Bild von Panel 1 bzw. 2 Angesprochenen bereits vorweggenommen.

15 *Ты* kann hier sowohl deiktisch auf den Bildbetrachter als auch auf die im Panel dargestellte Figur gerichtet gelesen werden.

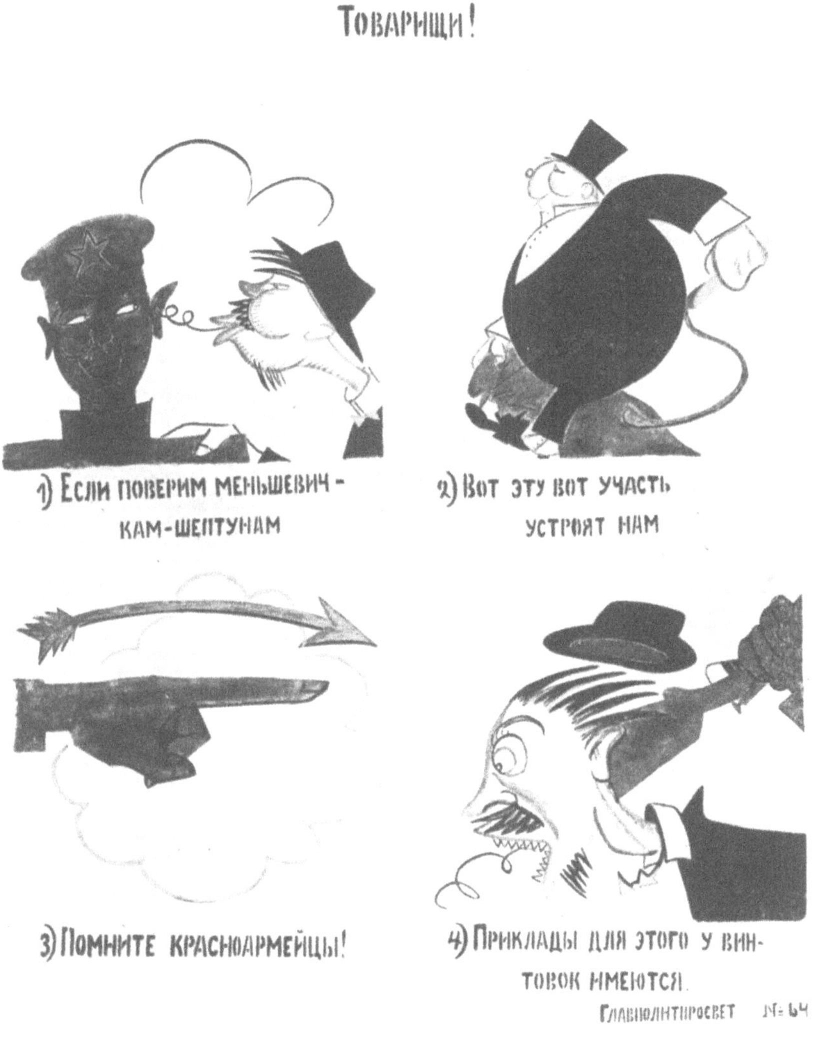
ТОВАРИЩИ!
1) ЕСЛИ ПОВЕРИМ МЕНЬШЕВИЧ-
КАМ-ШЕПТУНАМ
2) ВОТ ЭТУ ВОТ УЧАСТЬ
УСТРОЯТ НАМ
3) ПОМНИТЕ КРАСНОАРМЕЙЦЫ!
4) ПРИКЛАДЫ ДЛЯ ЭТОГО У ВИН-
ТОВОК ИМЕЮТСЯ.
ГЛАВПОЛИТПРОСВЕТ № 64

Abb. zu Bsp. (1)

Abb. zu Bsp. (2)

Abb. zu Bsp. (3)

ЧТОБЫ НАС ОТ ГОЛОДА ПО КЛАДБИЩАМ
НЕ РАЗМЕТАЛО С.Х. ИНВЕНТАРЬ НЕОБХОДИМ
ПУДОВ
1. ДАЙТЕ 100,000 ПУД. МЕТАЛЛА-
2. А МЫ ОРУДИЯ С.Х. ДАДИМ.
3. ЕСЛИ ЖЕЛЕЗО КРУГЛОЕ, КВАДРАТНОЕ, УГЛОВОЕ ИЛИ В ОБРЕЗАХ ЕСТЬ
4. СПЕШИ ЕГО НА РЕМОНТ НЕСТЬ!
5. РЕССОРА ЗАВАЛЯЛАСЬ МЕЖ ТРАВОЙ СОРНОЙ
6. НЕСИ! НЕТ ЛУЧШЕ СТАЛИ РЕССОРНОЙ.

7. ЧТОБ ХЛЕБ РОЖДАЛСЯ НА КАЖДОМ ЛУГУ,
8. НЕСИ ЛЮБОЙ НЕГОРЕЛЫЙ ЧУГУН!
ГОЛОД
9. ХОЧЕШЬ ГОЛОДУ СВЕР-НУТЬ ГОЛОВУ?
10. НЕСИ ПОБОЛЬШЕ СВИНЦА И ОЛОВА
11. НЕСИ, НЕ ОСТАНАВЛИВАТЬ-СЯ РАБОТЕ Ж ОСТАЛЬНОЙ
12. ПРОВОЛКИ ПОБОЛЬШЕ ЖЕ-ЛЕЗНОЙ И СТАЛЬНОЙ.

Abb. zu Bsp. (9)

Р.С.Ф.С.Р.
ПРОЛЕТАРИИ ВСЕХ СТРАН СОЕДИНЯЙТЕСЬ!
ИСТОРИЯ ПРО БУБЛИКИ И ПРО БАБУ НЕ ПРИЗНАЮЩУЮ РЕСПУБЛИКИ
1) СЬЯ ИСТОРИЯ БЫЛА В НЕКОЕЙ РЕСПУБЛИКЕ-
БАБА НА БАЗАР ПЛЫЛА А У БАБЫ БУБЛИКИ.
2) СЛЫШИТ ТОПОТ БЛИЗ ЕЕ. МУЗЫКОЮ ВЕЕТСЯ
БИТЬ НА ФРОНТЕ ПАНОВЬЕ. МЧАТ КРАСНОАРМЕЙЦЫ.
3) КУШАТЬ ХОЦА ОДНОМУ ГОВОРИТЬ ЕЙ-ТЕТЯ -
БУБЛИК ДАЙ ГОЛОДНОМУ! ВЫ-Ж НА ФРОНТ НЕЙДЕТЕ?!
4) КОЛЬ БЕЗ ДЕЛА БУДЕТ РОТ- БУДУ СЛАБ КАК МОЩИ
5) ПАН РЕСПУБЛИКУ СОЖРЕТ- ЕСЛИ БУДЕМ ТОЩИ

6) БАБА МОЛВИЛА НИ В ЖИСТЬ
НЕ ОТДАМ Я БУБЛИКИ!
ПРОЧЬ СЛУЖИВЫЙ ОТВЯЖИСЬ
ЧОРТА ЛЬ МНЕ В РЕСПУБЛИКЕ ?!
7) ШЕЛ НАШ ПОЛК И ХУД И ТОЩ
ПАНЫ Ж ВСЕ САЖЕННЫЕ.
НАС СМЕЛА ПАНОВА МОЩЬ
В ПЕРВОМ ЖЕ СРАЖЕНИИ.
8) МЧИТСЯ ПАН И ЛЮТ И ЯР
СМЕРТЬ НЕСЯ РАБОЧИМ
К ГЛУПОЙ БАБЕ НА БАЗАРЕ
ВЛЕЗ ОН МЕЖДУ ПРОЧИМ.
9) ВИДИТ ПАН БЕЛА-ЖИРНА
БАБА МЕЖДУ ПУБЛИКИ.
МИГ, - И СЪЕДЕНА ОНА.
И ОНА И БУБЛИКИ.
10 ПОСМОТРИ НА ПЛОЩАДЬ ВЫЙДЬ!
НИ КРЕСТЬЯН НИ СИТНИКА
НАДО ВОВРЕМЯ КОРМИТЬ,
КРАСНОГО ЗАЩИТНИКА!
11) ТАК КОРМИТЕ-Ж КРАСНЫХ РАТЬ!
ХЛЕБ НЕСИ БЕЗ ВОЮ
ВМЕСТЕ С ГОЛОВОЮ!

Abb. zu Bsp. (10)

РСФСР
1.ПРИЛЕЗЛИ ИЗ ЗАГРАНИЦЫ МЕНЬ-
ШЕВИК И ЭС-ЭР
2.ИЩУТ ТЕХ КТО ТЕМЕН И СЕР
3.И ТО И ДРУГОЕ НАШЕПТЫВАЮТ
В УХО
4.ОТ КОММУНИСТОВ ДЕ
И ГОЛОД
И РАЗРУХА
ЧЕМ ТАК МОЛ
НА НИХ
РАБОТАТЬ ВПУСТУЮ.
5.ВОЗЬМЕМТЕ БРАТЦЫ
И ЗАБАСТУЕМ
6.ТАКОЙ РАЗГОВОР
ДЛЯ НАС
НЕ НОВ
7.ВИДАЛИ МЫ
НАЙМИТОВ АНТАНТЫ
ШЕПТУНОВ.
8.ВСЕ ЗНАЮТ
ЕСЛИ БРОСИТЬ ЗАВОД
ТО СМОЖЕМ ПОЛУЧИТЬ
ЛИШЬ ЭТО ВОТ
9.НА РАДОСТЬ ПРОЛЕТАРИЯМ
10.НА ЗЛО ИМ-
11.СИЛЫ У СТАНКОВ УДЕ-
СЯТЕРИМ

Abb. zu Bsp. (6)

Auch in Bsp. (9) dienen die Bilder der Konkretisierung und Exemplifizierung. So wird das Hyperonym *орудия с.-х.* in Panel 2 durch einige seiner Hyponyme exemplifiziert,[16] und auch der Empfänger der Landwirtschaftsgeräte ist im Text nicht genannt und wird erst im Bild ersichtlich. In Panel 4 liefert das Bild gegenüber dem Text die zusätzliche Information, wohin genau das Altmetall getragen werden soll: die Arbeiterfigur eilt auf ein Haus mit der Aufschrift *центрутиль*, d.h. einer Sammelstelle für Altmaterialien, zu. Zudem ist nicht ersichtlich, weshalb die in Panel 4, 6, 8, 10 und 12 dargestellte rote Arbeiterfigur die Emotionalität bzw. Expressivität der Bildfolge steigern soll. Vielmehr wird durch die fast identische Darstellung in diesen Panels das Gefühl des Repetitiven, der Serialität geweckt; erst das beharrliche, wiederholte Sammeln von Gegenständen bringt die geforderte Menge ein.

Im vierten Typ seiner Kategorisierung gesteht Duwakin dem Bild ausschliesslich illustrierende Funktion ein. Der Text käme in diesem Falle ohne den Bildteil aus, der Bildteil unter Umständen ohne den Text. Duwakin führt «die ‹Geschichte von der Brezel und dem die Republik nicht anerkennenden Weib› [an], in dem sich das Sujet nicht nur nach dem Text ohne die Zeichnungen, sondern auch nach den Zeichnungen ohne Text ganz und gar verfolgen lässt» (Duwakin 1967: 69):

(10) ИСТОРИЯ ПРО БУБЛИКИ И ПРО БАБУ, НЕ ПРИЗНАЮЩУЮ РЕСПУБЛИКИ
Сья история была
в некоей республике.
Баба на базар плыла,
а у бабы бублики.
Слышит топот близ её,
музыкою веется:
бить на фронте пановьё
мчат красноармейцы.
Кушать хотца одному,
говорит ей: «Тетя,
бублик дай голодному!
Вы ж на фронт нейдете?!
Коль без дела будет рот,

16 Vgl. dazu Kapitel II.2.1.4.

буду слаб, как мощи.
Пан республику сожрет,
если будем тощи».
Баба молвила: «Ни в жисть
не отдам я бублики!
Прочь, служивый! Отвяжись!
Черта ль мне в республике?!»
Шел наш полк и худ и тощ,
паны ж все саженные.
Нас смела панова мощь
в первом же сражении.
Мжится пан, и лют и яр,
смерть неся рабочим;
к глупой бабе на базар
влез он между прочим.
Видит пан – бела, жирна
баба между публики.
Миг – и съедена она.
И она и бублики.
Посмотри, на площадь выйдь –
ни крестьян, ни ситника.
Надо во-время кормить
красного защитника!
Так кормите ж красных рать!
Хлеб неси без вою,
чтобы хлеб не потерять
вместе с головою!
(ROSTA 241) [White 1988: 71]; siehe Abb. auf S. 102 f.

Duwakin relativiert seine Aussage bezüglich der völligen Eigenständigkeit der beiden Medien jedoch, indem er auf die den Text gliedernde Funktion der Bilder sowie deren für die Erschliessung des Themas wesentlichen Darstellungsdetails hinweist (bspw. dicke Brezelfrau vs. dünner Rotarmist in Panel 3). Obwohl in Bsp. (10) der Text ohne weiteres auch ohne den dazugehörigen piktoralen Teil verstanden werden kann, bietet das Gesamtkommunikat einen Mehrwert gegenüber einem monosemiotischen Kode. Die Bilder exemplifizieren die Geschichte und bieten gegenüber dem Text zusätzliche Informationen und Wertungen. Nicht nur der Gegensatz *wohlgenährt* vs. *unterernährt* kann durch die Zeichnung in Panel 3 erschlossen werden, die dicke Baba wird durch ihren abweisenden grimmigen Gesichtsausdruck noch stärker negativ gewertet und ihre abweisende Körperhaltung deutet ihre Entscheidung schon an, dem Rotarmisten keine Kringel zu geben. In Panel 5 wird die metaphorische Aussage *пан республику сожрет* durch das Bild konkretisiert und in seine gemeinte Bedeutung überführt. Der polnische Gutsbesitzer steht mit blutgetränktem Säbel auf dem niedergestreckten Proletarier; mit ihm liegt auch das rote Banner mit der Aufschrift РСФСР am Boden; der Bildbetrachter wird sich somit der Tatsache, dass zwischen seinem Leben und der Existenz der Republik ein Zusammenhang besteht viel eindringlicher gewahr. Auch in Panel 10 bietet das Bild gegenüber dem Text zusätzliche Informationen. Der leere Platz enthüllt sich im Bild als Ort des Todes, die Vertreter des eigenen Lagers hängen aufgereiht an den Galgen; kataphorisch auf dieses Unheil verwiesen wird schon in Panel 8 durch den Spielzeuggalgen, welcher der polnische Gutsbesitzer in der Hand trägt. Zusätzlich sitzt der Rabe als Symbol für Tod und Ruin an prominenter Stelle im Bildvordergrund.

Duwakins weitere Behauptung, dass die Bildfolge ohne dazugehörigen Text verständlich sei, ist noch weniger zutreffend. Versucht man, die Bildfolge linear als temporale Abfolge von Geschehnissen zu lesen, so stellen sich spätestens bei Panel 6 Verständnisprobleme ein. Der Wechsel vom Indikativ (Panel 1–3) zum Konditional (Panel 4–5) und wieder zurück (Panel 6–10) ist auf der Bildebene nicht unmittelbar einsichtig. Es gibt keine Marker in der Bildfolge, die einen Wechsel der Modalität anzeigen. Auch der Wechsel in der narrativen Ebene von der eigentlichen Geschichte zum abschliessenden Aufruf, die Rotarmisten mit Nahrungsmitteln zu versorgen (Panel 11) wird erst durch den Text zwingend. Ohne dazugehörigen Text kann der Bildbetrachter zwar versuchen, eine kohärente Geschichte herzustellen – wobei er auf Welt- und auf Scriptwissen zurückgreifen kann – der Bildfolge selbst sind die narrativen, modalen und temporalen Sprünge jedoch nicht inhärent.

Anhand der oben angeführten Beispiele wird ersichtlich, dass die Duwakinschen Kategorien dem komplex semiotischen System ROSTA-Fenster nicht gerecht werden können. Die Beziehungen zwischen Bild und Text sind komplexer und vielfältiger, und seine Kategorien stellen nicht das geeignete Instrumentarium zu deren Beschreibung zur Verfügung. Die ROSTA-Fenster profitieren als komplex semiotisches System gerade davon, die Botschaft durch das Zusammenwirken von zwei semiotischen Codes vermitteln zu können. In der Folge soll deshalb nicht die Frage nach der Selbständigkeit bzw. Unselbständigkeit des Textes in Bezug auf den piktoralen Teil im Zentrum stehen, sondern die spezifischen Leistungen der beiden Codes im Rahmen des Gesamtkommunikats genauer betrachtet werden. Dabei findet die Analyse der ROSTA-Fenster nicht – wie bei Duwakin – isoliert statt, sondern im Rahmen ihrer Textsortenzugehörigkeit (Kapitel II.1) sowie unter Berücksichtigung der ihr eigenen spezifischen Darstellungsverfahren (Kapitel II.2).

II Грозный смех – eine Korpusanalyse

1 Textsortendiskussion

Die ROSTA-Fenster sind hinsichtlich ihrer Textsortenzuweisung[1] in zweierlei Belangen von Interesse: sowohl als Kommunikate, die in den propagandasprachlichen Diskurs einzureihen sind, bzw. für die sowjetische Propaganda sowohl auf piktoraler als auch auf verbaler Ebene Vorbildfunktion hatten, als auch in ihrer medialen Präsentation. Entstanden aus der Tradition der *lubki* sind sie zwischen Bildgeschichte und Comic zu situieren und können somit als gemischt-semiotisches Kommunikat betrachtet werden. Die Unterteilung in die Kategorien komplex-semiotisches Kommunikat und propagandasprachliches Kommunikat bedeutet, dass sowohl ein formales als auch ein pragmatisches Konzept zur Anwendung kommen. Dies hat zur Folge, dass dasselbe Phänomen unter zwei verschiedenen Gesichtspunkten behandelt werden, und es partiell zu Überschneidungen kommen kann. Deshalb bilden die beiden Kapitel II.1.1 und II.1.2 eine untrennbare Einheit, deren Querverweise man sich immer wieder vor Augen halten soll. Ich beschränke mich in meiner Untersuchung auf diejenigen ROSTA-Fenster, die aus Bildfolgen und nicht aus Einzelbildern bestehen, da erstere den weitaus grössten Teil der Plakatproduktion ausgemacht haben und durch die Bild-Text-Abfolge gegenüber dem Einzelbild eine zusätzliche Dimension hinsichtlich der narrativen Struktur besitzen.

1 Damit die ROSTA-Fenster als ein Text aufgefasst werden können, müssen Beziehungen zwischen den beiden semiotischen Systemen Bild und Text bestehen, was unschwer nachzuweisen ist.

1.1 ROSTA-Fenster als Bild-Text-Kommunikate

1.1.1 Die Vorläufer der ROSTA-Fenster

Wie bereits erwähnt, handelt es sich bei den ROSTA-Fenstern um Bild-Text-Kommunikate, d.h. die Gesamtaussage der Plakate ergibt sich aus Bild- und Textfolgen, die zueinander in Beziehung stehen. Eine solche Verflechtung von Bild und Text ist jedoch keine Erfindung der ROSTA-Fensterproduzenten, sondern hat in Russland Tradition: einerseits in der mehrere Jahrhunderte überdauernden Existenz der Volksbilderbögen *(lubki)* und der damit in Zusammenhang stehenden Guckkästen (*raëk*[2]), andererseits im Bereich der politischen Zeitungs- und Zeitschriftenkarikaturen. Ich werde im Folgenden kurz auf diese zwei Vorläufer der ROSTA-Fenster zu sprechen kommen. Für eine ausführlichere Darstellung über die Vorläufer der ROSTA-Fenster empfiehlt sich Krempel (1988).

1.1.1.1 Die Tradition des russischen Volksbilderbogens (лубок)

Die *lubki* waren als intermediale Gattung von Bild und Text in Russland viel tiefer verankert als die Volksbilderbögen im Westen (Koschmal 1989: 4) und bei der meist analphabetischen Bevölkerung Russlands sehr populär. Die ersten Bilderbögen entstanden im 17. Jh. und wurden im Holzschnittverfahren hergestellt, im 18. Jh. dann wurde zur Technik des Kupferdrucks und Mitte des 19. Jh. schliesslich zur Lithografie übergegangen (Burkhart 1990: 297). Grafisch erscheinen die *lubki* in unterschiedlichster Gestalt: vom «ikonenhaft-statuarischen Grossbild, meist mit wenig Beschriftung» (Burkhart 1990: 298) über Bilder, denen

2 «Ящик с отверстиями, снабженными увеличительными стёклами, через которые зрители (на ярмарках в 18–19 вв.) рассматривали вращающиеся внутри картинки; показ таких картинок, сопровождавшийся шутливыми рифмованными пояснениями, прибаутками и т.п.» (BAS 1998: 1059) Eine Darstellung (selbst ein *lubok*) eines solchen Guckkastens, sowie des ihn betreibenden Kolporteurs, welcher den Zuschauern die Geschichte in Versform verkündet, findet sich in Sytova (1984: Abb. 139).

ein zeitlicher Ablauf[3] inhärent ist, der auf textueller Ebene expliziert wird bis hin zu Bildfolgen in der Art des Comicstrip. Auch Sprechblasen kommen in den *lubki* vor und häufig werden auf den Bildern theatralische Inszenierungen mit dialogischer Textstruktur (oft in Form von Sprechblasen) dargestellt. Während bei den ROSTA-Fenstern die Bild-Textfolgen schon nach kurzer Zeit in linearer Abfolge angeordnet wurden, gibt es bei den *lubki* – wie bereits bei den Ikonen – auch die Form der exemplifizierenden Einzelbildfolgen, die um ein Zentralbild angeordnet sind (z. B. Sytova 1984: Abb. 48, Abb. 52).

Gemeinsamkeiten im Erscheinungsbild sind aber nicht die einzigen Elemente, die dafür sprechen, dass die ROSTA-Fenster der Tradition der Volksbilderbögen verpflichtet sind, denn das Propagieren bestimmter Wertvorstellungen und politischer Ansichten von offizieller Seite war ebenfalls keine Erfindung der ROSTA-Fenster. Auch unter den *lubki* gab es Erzeugnisse, die von der Regierung zu propagandistischen Zwecken produziert wurden.[4] So wurde im 18. Jh. unter Peter dem Grossen eine Kampagne gegen die Altgläubigen und deren lange Bärte, die gleichsam als Wahrzeichen für die Bewegung standen, geführt (vgl. Sytova 1984: Abb. 19). Auch der Kampf gegen Alkoholismus und Tabak war in den Volksbilderbögen ein wichtiges Thema (vgl. dazu bspw. Sytova 1984, Abb. 111; Takala 2002: 69 ff. und Bildtafeln).

3 In Kapitel I.2.1.3 habe ich festgestellt, dass Bilder keine Möglichkeit besitzen, temporale Strukturen auszudrücken. Für isoliert stehende Bilder mag dies zutreffen, sobald aber eine textuelle Erläuterung hinzukommt, können nacheinander ablaufende Sachverhalte in einem einzigen Panel dargestellt werden. Dieses Verfahren ist in den *lubki* sehr beliebt, wobei die Leserichtung v. a. von links nach rechts aber auch in einer Zickzack- oder kreisförmigen Bewegung erfolgen kann. Dabei gibt es neben den Bildelementen, die einer zeitlichen Abfolge unterliegen, auch solche, die quasi überzeitlich stehen, d. h. für den ganzen Handlungsablauf gelten. So können der Hintergrund überzeitlich stehen und die Figuren einem Handlungsablauf unterworfen sein. (Beispiele für solche temporalen Abläufe in einem Bild in Sytova 1984: Abb. 10, Abb. 91, Abb. 176.)

4 «Лубочные картинки, [...] служили не только настенными украшениями избы в деревне, но являлись первой политической азбукой.» (Denisovskij 1970: 12)

Auf die *lubki* als eine der wichtigsten Wurzeln der ROSTA-Fenster wird in der Literatur immer wieder verwiesen:

> The fertile soil of the folk picture produced that remarkable phenomenon of Soviet art, the propaganda posters of the Russian Telegraph Agency (The ROSTA Windows). Their creators[5] – Vladimir Mayakovsky, Vladimir Lebedev and Vasily Kozlinsky – also went through the fine and fruitful school of the lubok.
> (Sytova 1984: 16)

Nicht nur waren einige der ROSTA-Fensterproduzenten bestens vertraut mit den Eigenheiten der Volksbilderbögen, sie übernahmen auch vieles in strukturell-formaler Hinsicht:

> Die ROSTA-Fenster, [...], haben die Methoden der klassischen Lubki unter den neuen historischen Verhältnissen aufgenommen. Das zeigt sich sowohl an der Verbindung von Zeichnung und Text als auch an der Aufgliederung in Episoden, an der Verbindung der Groteske mit bedingt realistischer Darstellung und an der sparsamen farbigen Lösung.
> (Moldavski 1962: 16, zit. nach Krempel 1988: 27 f.)

Nebst der Aufgliederung der Geschichten in eine Abfolge von Bild-Text-Folgen ist es auch die volkstümliche Bildsprache, der sich die ROSTA-Fenster bedienen und die sie für ihre Zwecke verändert und weiterentwickelt haben. Durch dieses Verfahren sieht sich die Bevölkerung nicht mit etwas völlig Neuem konfrontiert, sondern kann bei der Rezeption auf schon bekannte Darstellungsmuster zurückgreifen und die veränderten oder neuen Elemente dem eigenen Wissensbestand hinzufügen. Dies unterscheidet die Bildsprache der ROSTA-Fenster Majakovskijs[6] sicherlich von suprematistischen Darstellungen, wie sie bspw. in L. Lisickijs Plakat «Клином красным бей белых (vgl. Chan-Magomedov 1995: 147; Abb. 373) aus dem Jahre 1920 Anwendung fand. Die textuelle Metapher «Schlag mit dem roten Keil die Weissen!» wird auf Bildebene nicht etwa

5 Der eigentliche Begründer der ROSTA-Fenster ist M. Čeremnych.

6 Vereinzelt fand die suprematistische Bildsprache auch Eingang in die ROSTA-Fenster, bspw. in einem Fenster aus Smolensk aus dem Jahre 1920: «А что ты сделал для фронта?» (German 1977: Abb. 62). Solche Fenster bilden aber über die ganze Produktionszeit hinweg betrachtet die Ausnahme.

durch einen Rotarmisten, welcher einen weissen General niederschlägt, dargestellt, sondern durch farbige geometrische Elemente wie weisser Kreis, rotes Dreieck, Linien und Flächen. Eine derart reduzierte Darstellungsweise in einer völlig neuen Bildsprache war für einen schnellen Rezeptionsvorgang und eine unmittelbare propagandistische Wirkung zu komplex, da sich im Gegensatz zu den ROSTA-Fenstern sowohl der Text als auch das Bild auf einer abstrakten Ebene befinden und die Rezipienten auf keine bekannten Muster zurückgreifen können. Auch werden konkrete Bilder – analog zu konkreten Wörtern – besser erinnert als abstrakte Bilder.[7] In den ROSTA-Fenstern hingegen bietet das Bild normalerweise eine «konkrete Lesung» von abstrakten oder sehr allgemein referentialisierenden Sachverhalten:

(11) *многие* успокоились –
побиты, мол, *белые*
(GPP 289, 5) [GS: 111]

So bietet in Bsp. (11) das Bild die exemplarische Referentialisierung der im Text verwendeten Begriffe *многие* und *белые:* das quantitative Adjektiv *многие* wird exemplifiziert durch einen untätigen Rotarmisten (statische Körperhaltung und das Gewehr mit der Spitze nach unten in den Boden gesteckt), die Farbbezeichnung *белые* durch einen davonrennenden Weissgardisten dargestellt (zu den Darstellungsverfahren in den ROSTA-Fenstern vgl. auch Kapitel II.2).

Ein beliebtes Verfahren in den Volksbilderbögen war die Darstellung einer generischen Aussage (einer lehrreichen Geschichte, einer allgemeinen Wahrheit, eines Sprichwortes) in Form eines Märchens oder

7 Dies ein Analogieschluss, den Kroeber-Riel aufgrund einer Studie von Paivio (1971) zieht. Paivio hat festgestellt, dass abstrakte Worte schlechter erinnert werden als konkrete, da sie im Gedächtnis nur verbal codiert sind. «Es sei denn, sie werden subjektiv mit ganz spezifischen Bildern verbunden.» (Kroeber-Riel 1996: 73) Konkrete Wörter hingegen sind nicht nur im sprachlichen Code, sondern auch im Bildcode verfügbar. Noch besser als ein konkretes Bild ist die direkte sinnliche Wahrnehmung eines Gegenstands erinnerbar (vgl. Kroeber-Riel 1996: 74f.). Es kann die These aufgestellt werden, dass durch die konkrete Umsetzung ins Bild demnach auch abstrakte verbale Begriffe besser erinnert werden können.

Abb. zu Bsp. (11)

einer Fabel, d. h. die Handlung wird nicht nur auf piktoraler, sondern auch auf textueller Ebene exemplifiziert und gegebenenfalls als belehrender Schluss zu einer verallgemeinernden Aussage hingeführt (vgl. bspw. die Ausführungen über das Chamäleon О хамелеоне звере und die Übertragung seines Wesens auf die Menschen темъ авлаетъ ако мног [Sytova 1984: Abb. 32]). Auch in den ROSTA-Fenstern wird vereinzelt noch mit der Gattung des Märchens gearbeitet. So in einem frühen Plakat, welches sich im Speziellen an die Usbeken und Kirgisen richtet:

> (12) Читайте! Специально для узбеков и киргизов будет *эта сказка* об одном верблюде.
> […]
> Растоптал и пошол работать верблюд.
> *Бери пример* с верблюда рабочий люд.
> (Vitrina Satiry ROSTA 1, Headline / 8) [GS: 10]

Das Märchen handelt von einem arbeitsamen Kamel, das sich ein wenig ausruhen will und dabei durch parasitäre Nichtstuer (einen Khan, einen Kadi und einen Mullah) belästigt wird, sich ihrer entledigt und seine Arbeit fortsetzt. Im letzten Panel wird die Verbindung hergestellt zwischen dem Märchen und dem Bildbetrachter; Letzterer soll sich am Kamel ein Beispiel nehmen.

ВИТРИНА САТИРЫ РОСТА № 1.
ЧИТАЙТЕ! СПЕЦИАЛЬНО ДЛЯ УЗБЕКОВ И КИРГИЗОВ БУДЕТ ЭТА СКАЗКА ОБ ОДНОМ ВЕРБЛЮДЕ.
ТОСКАЛ ВЕРБЛЮДИЩЕ С ДЫНЯМИ КОРОБ.
ЗА ДЕНЬ БЕДНЯГА НАТРУДИЛ СВОЙ ГОРБ.
УСТАЛ ВЕРБЛЮД В ТЯЖЕЛЫХ ПЕРЕХОДАХ.
В САД ЗЕЛЕЗ И ЛЕГ НА ОТДЫХ
СЛУЧАЙНО ХАН ПРОХОДИЛ ПО САДУ
ДУМАЕТ ДАЙ НА ГОРБАТОГО СЯДУ
В СКОРЕ ПОДОШЕЛ ТОЛСТОПУЗЫЙ КАДИЙ
ПУДОВ НА ДВАДЦАТЬ ПРИБАВИЛ КЛАДИ
МУЛЛА ПРОХОДИЛ И ДУМАЕТ МУЛЛА
СЯДУ И Я А ТО КУЧА МАЛА
РОСЛА НА ВЕРБЛЮДЕ ДАРМОЕДОВ КУЧА
ДА САМОГО НЕБА ГОРБ НАВЬЮЧА
ПРОСНУЛСЯ ВЕРБЛЮД ОТ ТЯЖЕСТИ ЛИШНЕЙ
И ВСЕ ПОСЫПАЛИСЬ КАК ГНИЛЫЕ ВИШНИ
РАСТОПТАЛ И ПОШЕЛ РАБОТАТЬ ВЕРБЛЮД
БЕРИ ПРИМЕР С ВЕРБЛЮДА РАБОЧИЙ ЛЮД

Abb. zu Bsp. (12)

Ebenfalls mit einem Märchen wird im Fenster Nr. 508 vom 28. Oktober 1920 gearbeitet, das sich an die Bauern richtet:

(13) Крестьянин, так встречай врангеля
Крестьянин! если ждешь Врангеля,
как с неба ангела,
вспомни *сказку* про барскую ласку.
Возьмет,
посадит,
по головке погладит,
попросит, чтоб песенку спели,
и землицей наделит.
И ты его порадуй: прими таким парадом.
(ROSTA 508) [GS: 38]

Panel 1–8 bilden ein Konditionalgefüge, wobei Panel 1–2 die Bedingung, Panel 4–8 die Folgen aufzeigen. Das eigentliche Märchen wird durch ein Schaltpanel (*вспомни сказку* про барскую ласку) eingeleitet, in welchem der rote Zeigefinger auf eine aufgeschlagene Buchseite mit dem Märchentitel verweist und somit den Wechsel in der Erzählebene (Irrealis, potenziell) anzeigt.

Die Referenz von *крестьянин* ist ambig. Einerseits verweist der Begriff deiktisch auf den Bauern als ROSTA-Fensterbetrachter ($Bauer_1$), andererseits bezieht sich der Begriff kommunikatsintern in Form eines Bildverweises auf den abgebildeten Bauern ($Bauer_2$), der mit dem Angesprochenen nicht koreferent bzw. identisch ist. Der im Titel angesprochene Bauer ($Bauer_{1+2}$) bleibt die ganze Bildfolge hindurch Protagonist, zu Beginn und im letzten Panel als 1. Aktant, im eigentlichen Märchen als 2. Aktant, dem vom textuell nicht genannten 1. Aktanten (Kapitalist) Gewalt angetan wird. Die Titelüberschrift bezieht sich appellhaft nur auf das letzte Panel, in welchem das richtige Verhalten gegenüber dem weissgardistischen General Vrangel' dargestellt ist, das in der Vernichtung des Generals besteht. Das Märchen selbst wird ironisiert, indem sich die angekündigte Geschichte einer Freundschaft auf der visuellen Ebene als eine Geschichte der Unterdrückung und Gewalt entpuppt. Die für das gesprochene Russisch charakteristische Aneinanderreihung von Verben oder Verbalphrasen, ohne Nennung der Aktanten, lässt auf textueller Ebene einen sehr grossen Interpretationsspielraum offen. Erst

КРЕСТЬЯНИН, ТАК ВСТРЕЧАЙ ВРАНГЕЛЯ
СКАЗ= К ПРО
БАРСКУЮ ЛАС= КУ...
1 КРЕСТЬЯНИН! ЕСЛИ ЖДЕШЬ ВРАНГЕЛЯ
2 КАК С НЕБА АНГЕЛА
3 ВСПОМНИ СКАЗКУ ПРО БАРСКУЮ ЛАСКУ
4. ВОЗЬМЕТ
ТЮРЬМА
5. ПОСАДИТ,
6. ПО ГОЛОВКЕ ПОГЛАДИТ,
7. ПОПРОСИТ, ЧТОБ ПЕСЕНКУ СПЕЛИ
8 И ЗЕМЛИЦЕЙ НАДЕЛИТ
И ТЫ ЕГО ПОРАДУЙ ПРИМИ ТАКИМ ПАРАДОМ

Abb. zu Bsp. (13)

durch das Bild wird die gewünschte Interpretation möglich. Das Verfahren der Exemplifizierung hat wiederum den Vorteil, einen Sachverhalt anschaulich darzustellen und den angesprochenen Bildbetrachter direkt in die Geschichte mit einzubeziehen.

Thematisch besitzen die *lubki* ein breiteres Spektrum als die ROSTA-Fenstern, da nicht nur Informationen, die den aktuellen politischen und ökonomischen Alltag betrafen, sondern auch enzyklopädisches Wissen und reine Unterhaltung vermittelt wurden. So bezogen die Volksbilderbögen ihre Sujets aus religiösen, historischen und unterhaltsamen Bereichen, wobei seit der Einführung des Kupferdruckes und der damit verbundenen Möglichkeit, längere Texte einzugravieren, die Informationsvermittlung zu Handen des einfachen Volkes eine zentrale Rolle einnahm:

> The subjects of the copper lubok were truly encyclopedic, covering religious and moral themes, fairytales, history, geography, cosmography, the folk epic and satire. The pictures reflected events in the world, mostly in the form of news drawn from the newspapers and books, or rumours which passed "from mouth to mouth". (Sytova 1984: 10)

Betrachtet man die Quellenbezüge (Zeitungen, Bücher, Gerüchte) der Bilderbögen, so kann in dieser Hinsicht ebenfalls gesagt werden, dass die ROSTA-Fenster gewisse Stränge weiterverfolgen. Wie an anderer Stelle bereits erwähnt (vgl. Kapitel I.1), hat das ROSTA-Kollektiv seine Themen u.a. aus Zeitungen und Zeitschriften bezogen. Während Gerüchte in den *lubki* noch als Quellen für die dargelegte Episode benutzt wurden, dienen sie in den ROSTA-Fenstern nicht mehr offiziell als Quelle, sondern treten nur noch als Thema im Fenster selbst auf. Vor Gerüchten in Form von Flüsterpropaganda wird gewarnt, da sie als bewusst gestreute Fehlinformation aus dem Munde des Gegners stammen. Im feindlichen Lager sitzen die Einflüsterer *шептуны*, in erster Linie Men'ševiki und Sozialrevolutionäre, die versuchen, das Tun und Handeln der bol'ševistischen Partei zu verunglimpfen und den Bürger des revolutionären Russlands vom rechten Weg abzubringen (vgl. GPP 62 [GS: 86], GPP 64 [GS: 87], GPP 217 [GS: 102]). Gefährdet durch die bewusst gestreuten Fehlinformationen ist vorab der politisch Ungebildete (vgl. dazu Kapitel II.2.2.1).

Die Bezüge der ROSTA-Fenster zu den Volksbilderbögen sind vielgestaltig und es ist sicherlich berechtigt, von einer Fortsetzung der Tradition zu sprechen, wobei sich das formale, thematische und pragmatische Spektrum in den ROSTA-Fenstern verengt hat: Die lineare Bild-Textabfolge hat sich durchgesetzt, die Themenauswahl beschränkt sich auf die Bereiche Politik und Alltagsbewältigung, die in Form didaktischer Agitation vermittelt wird. Was gegenüber den *lubki* aber vor allem ins Auge springt, ist die lakonische Darstellungsart der ROSTA-Fenster. Sowohl im Text als auch im Bild wird auf unnötige Details und ausschmückende Attribute verzichtet. Die daraus resultierende Prägnanz soll primär der Schlagkraft und Einprägsamkeit der Fensteraussagen dienen.

1.1.1.2 Der russische Guckkasten (раёк) und das Theatralische der ROSTA-Fenster

Die *lubki* fanden sowohl auf dem Land als auch in den Städten ihre Verbreitung. Bei einer vorwiegend analphabetischen Bevölkerung war es sinnvoll, die Bögen nicht nur zu verkaufen, sondern auch zu propagieren. So brachten Kolporteure die Bilderbögen ins Haus oder präsentierten sie auf Jahrmärkten in Panorama-Guckkästen *(raëk)*, in welchen die durchlaufenden Bilder mündlich kommentiert wurden (vgl. Burkhart 1990: 298). Diese begleitenden Erläuterungen wurden meist in scherzhaft reimförmiger Weise vorgetragen. Auch in diesem Punkt kann von einer Weiterführung der Tradition durch die ROSTA-Fenster gesprochen werden, in denen sich die Texte meist reimförmig in Form von *častuški* präsentieren. In einem der frühen ROSTA-Fenster wird der Bezug zum *raëk* explizit thematisiert, indem das Plakat (Okno Satiry 14 [GS: 6]) als *raëk* betitelt wird; auch textuell besitzt diese Ausgabe mit ihren relativ umfangreichen Versen noch nicht die typische ROSTA-Fensterform. Man kann sich leicht vorstellen, dass Lesekundige den übrigen Fensterbetrachtern und -betrachterinnen den Text vorgelesen haben und somit die Funktion der Guckkasten-Kolporteure übernommen haben. Bis ins Jahre 1921 mahnen die Headlines gewisser GPP-Fenster noch an die Guckkastentradition:

(14) *А вот а вот подходи народ!*
Ты не знаешь о взаимопомощи декрета?
подходи и обмозгуй это.
(GPP 102 Headline=1) [GS: 89]

Abb. zu Bsp. (14)

(15) *Смотрите и слушайте...*
сегодня речь о том, что республику надо беречь
(GPP 317Headline) [GS: 112]

Abb. zu Bsp. (15)

Solche Aufrufe, heranzutreten und sich den nachfolgenden Ausführungen zu widmen (Bsp. 14) oder hinzuschauen und zuzuhören (Bsp. 15), finden sich gewöhnlich auf einer Theater-, Zirkus- oder Strassenvorführung und fordern nicht zum Betrachten eines gedruckten Plakates auf. Die direkte Anrede der Zuschauer ist nicht das einzige Element, das aus der theatralisierenden Tradition der Guckkästen stammt:

> Характерно, что «живая газета» РОСТА [...] строила свою работу для большей действенности агитации на основе театрализации газетного материала – «средствами театра, экрана и художественного плаката» – как было сказано в газетном отчете. [...] Стремясь к наибольшей выразительности художественного языка, Маяковский и Малютин, Козлинский и Лебедев, каждый по-своему стремились в той или иной степени театрализовать ход событий в «Окнах». Художников увлекали безудержная веселость, красочность народного театра и маски, в которых воплощалась лукавая мудрость а порой и едкая язвительность.
> (Petrogradskie «Okna ROSTA» 1964: 24 f.)

Die Theatralisierung wird durch das «In-Szene-setzen» exemplarischer Geschichten erreicht. Die Panels stellten einer Bühne gleich einen Aktionsraum zur Verfügung, in dem die Figuren agieren. Der verbale Teil kommentiert die Szenen und eine in Rot gehaltene Erzählfigur kann sich zusätzlich ins Bild einschalten, um die Handlung zu begleiten oder auf gewisse Sachverhalte oder Gegebenheiten hinzuweisen. Die Fensterbetrachter können sich dem Theaterpublikum gleich vor den Plakaten versammeln, die aufgeführten Geschichten gemeinsam verfolgen, sich die Texte von Lesekundigen vorlesen lassen und danach gemeinsam über das Gesehene und Gehörte diskutieren.

1.1.1.3 Die russischen Zeitschriftenkarikaturen und das Satirische in den ROSTA-Fenstern

Von den *lubkis* haben die ROSTA-Fenster die naiv-drastische Darstellungsweise und die argumentative Bildlogik übernommen, von den Zeitschriftenkarikaturen die satirisch-ironische Darstellung.[8] Die Karikatur,

8 Zu den Einflüssen der russischen Zeitschriftenkarikaturen auf die ROSTA-Fenster vgl. Krempel (1988) und White (1988).

die sich auch in Russland in Zusammenhang mit der Presse entwickelte (vgl. Krempel 1988: 101 ff.), fand ihren Höhepunkt in der kurzen Zeit der so genannten Pressefreiheit[9] um das Jahr 1905. In dieser Zeit erschienen unzählige neue satirische Blätter, in denen es zu einer offenen Auseinandersetzung zwischen den verschiedenen politischen Strömungen kam. Etliche Künstler der ROSTA-Fenster, allen voran ihr Gründer M. Čeremnych, waren – wie bereits erwähnt – vor ihrem Anschluss ans Kollektiv als Zeitungskarikaturisten tätig. Schon der Titel der ersten ROSTA-Fensterausgaben «Okno Satiry ROSTA» verweist auf den engen Zusammenhang zwischen den beiden Gattungen, vor allem zu Beginn der ROSTA-Fensterproduktion. Später dann musste die Satire oft einer unverhohlenen Agitations- und Überredungsform Platz machen. Neben den karikierend-ironischen Elementen als allgemeinem Strukturmerkmal, die meist zur Darstellung der Freund-Feind-Opposition verwendet werden (vgl. dazu II.2.2.1), stammen vor allem einige Darstellungskonventionen von der Zeitschriftenkarikatur. So war die Darstellung des Zaren mit den Machtinsignien Knute und Galgen schon 1901 in der Zeitschrift *Iskra* zu finden (vgl. Krempel 1988: 103). Auch dickbäuchige Bourgeois und ebensolche Popen und Militärs bevölkerten das karikaturistische Universum, und in Zusammenhang mit der Ersten Russischen Revolution vom Jahre 1905 fand auch die Arbeiterfigur als Vertreterin des Proletariats Eingang in die Abbildungen. Die Anfänge der proletarischen Bildsprache gründen in der 1848er Revolution und der daraus resultierenden Herausbildung des Volks als 4. Stand und «Klasse an sich» (vgl. Gillen 1978: 59). Aus dieser Zeit stammt die Karikatur «Wie der deutsche Michel den rechten Augiasstall säubert», in der ein Riese mit Besen die Abgeordneten wegwischt. Gillen sieht in dieser Figur den Anfang des «Riesen Proletariat», der auch in die sowjetische Bildsprache Eingang gefunden hat und sehr beliebt war. Auch die deutschen Sozialdemokraten haben Ende des 19. Jh. diese sozialistische Bildsprache in ihrem Parteiorgan *Der Wahre Jakob* verwendet. Ähnlich wie 15 Jahre später im Plakat von

9 Viele der neu entstandenen Zeitschriftennummern wurden gleich von der Druckerpresse weg beschlagnahmt und einige Künstler fanden sich im Gefängnis wieder.

Viktor Deni (Или смерть капиталу – или смерть под пятой капитала!) (vgl. Piltz 1977: Abb. 23) sind in einem antithetisch aufgebauten Plakat von Rata Langa (Der Kapitalist und der unorganisierte Arbeiter – Der organisierte Arbeiter und der Kapitalist)[10] Kapitalist und Arbeiter zu sehen. Die Ikonografie des Kapitalisten ist fast identisch (ein Fettwanst mit Zylinder, Uhrkette, Anzug mit Manschetten); die Arbeiterfigur hat im revolutionären Russland ihren Bart verloren (dieser gehört fortan zur Bauernfigur). Ein weiteres Verfahren, das in obgenannter Darstellung *des Wahren Jakob* zum Tragen kommt, ist das Spiel mit den Grössenverhältnissen. Basierend auf den Darstellungsprinzipien des Mittelalters ist «gross» gleichbedeutend mit «mächtig», «wichtig»; «klein» hingegen mit «schwach», «unbedeutend». Dieses Prinzip ist im ROSTA-Fenster Nr. 70 (Bsp. 16) wiederzufinden:

(16) Товарищи, не поддавайтесь панике.
Она делает обыкновенно из мухи слона.
и вот следствие этого.
но и востро держать ухо.
чтоб из слона не получилась муха.
Следствие этого такое.
(ROSTA 70, 1–4) [GS: 17], siehe Abb. auf S. 193

Im Gegensatz zum Bildbeitrag von Rata Langa, in welchem die Grössenverhältnisse im textuellen Teil nur indirekt zur Sprache kommen und vom Rezipienten selbst entschlüsselt werden müssen, wird das Verhältnis Gross/Klein im ROSTA-Fenster Nr. 70 durch den erweiterten und partiell wörtlich umgesetzten Phraseologismus *делать из мухи слона* direkt thematisiert. Partiell insofern, als nur das Grössenverhältnis zwischen einer Mücke und einem Elefanten bildlich umgesetzt wird, nicht hingegen die Gestalt der beiden Tiere. Diese wird im Bild ersetzt durch einen Weissgardisten und eine Arbeiterfigur. Die in Bild 1 und 2 dargestellten Figuren – Riese «Weissgardist» und Zwerg «Arbeiter» – zusammen mit dem Phraseologismus ergeben die Gesamtaussage: wenn man den Feind aufbläst, überbewertet und in Panik gerät, dann wird dieser

10 Die Abbildung dieser Darstellung aus dem Jahre 1904 und einige Erläuterungen dazu finden sich in Knilli (1970: 16 ff.).

mächtig und man selbst klein und schwach. Antithetisch dazu die Bilder 3–4, in welchen sowohl die Grössenverhältnisse als auch die Wortreihenfolge des Phraseologismus vertauscht wurden: die Verharmlosung des Feindes, die diesen klein und nichtig und einen selbst gross macht, ist ebenso gefährlich, da die Aufmerksamkeit nachlässt und der Feind einem den Dolch in den Rücken stösst (Bild 4).

Nebst der Klasse der Arbeiter konnte in der Bürgerkriegszeit auch diejenige der Rotarmisten in Form eines Riesen dargestellt werden. So bspw. im Plakat *Спеши пана покрепче вздуть!* eines unbekannten Künstlers, in dem ein hünenhafter Rotarmist mit den viel kleineren Figuren des polnischen Pans und des Barons Vrangel' abrechnet (vgl. German 1977: Abb. 30).

Wie oben angedeutet, waren die Prinzipien der verallgemeinernden Typisierung von Personen und der generischen Verwendung eines Einzelnen zur Darstellung der Klasse in den Zeitungskarikaturen angelegt.[11] Durch die Kenntnis der Zeitungs- und Zeitschriftenkarikaturen waren die Fensterbetrachter schon mit gewissen Bildzeichen vertraut. Gillen (1978: 58) spricht in diesem Zusammenhang vom politisch gebildeten Beobachter, für den «die sinnlich wahrnehmbaren Bildzeichen (analog dem Wort im Kontext eines Satzes) als Einheit von Signifikant und Signifikat» unmittelbar einsichtig sind. Die Illustration eines dicken schwarz gekleideten Mannes mit Zylinder und Diamantring bedeutet nicht einfach «dicker Mann», sondern habgieriger Kapitalist: «die politische Karikatur [beginnt] bereits auf einer den Bildgegenständen Bedeutungen zuordnenden Ebene» (ebd.). Frack und Zylinder stehen nicht einfach für repräsentative Festkleidung, sondern für eine bestimmte Figur im propagandistischen Universum, den Kapitalisten. Mit anderen Worten: Es kommt nicht zu einer naiven, ikonischen Lesung, sondern zu einer ikonografischen Interpretation der Figuren (zur Problematisierung dieses Ansatzes vgl. Kapitel I.2.1.6). Die Fensterproduzenten konnten sich aber nicht nur auf bereits bekannte ikonografische Elemente im Bildcode abstützen. Wie bereits erwähnt, war der Grossteil der Bevölkerung (politisch) ungebildet. Zudem forderte die aktuelle politische Situation die

11 Zu den Darstellungsprinzipien in den ROSTA-Fenstern vgl. Kapitel II.2.

Einführung weiterer ikonografischer Elemente. Deshalb wurden Figuren piktoral eingeführt (Men'ševik, Kadette, Sozialrevolutionär, Anarchist in ROSTA-Fenster Nr. 4 [GS: 3]) und textuell beschrieben bzw. verunglimpft, ab und zu auch etikettiert (Denikin und Vrangel' in ROSTA-Fenster Nr. 557 [GS: 44], der Ruin in ROSTA-Fenster Nr. 571 [GS: 46], um nur einige Beispiele zu nennen).

Die Erscheinungsform der Ironie in satirischen Darstellungen muss in einem propagandistischen Kommunikat wie den ROSTA-Fenstern deutlich als solche erkennbar sein. Es darf für die Fensterrezipienten nicht zu einem Fehl- bzw. Missverständnis kommen, d. h. sie müssen die ironische Äusserung als nicht-wörtliche, als indirekte erkennen. Nebst dem Verfahren der paradoxen Beziehung zwischen Bild und Text, kommt auch das karikierende Darstellungsverfahren zum Tragen. Während die Vertreter des eigenen Lagers standardisiert, kraftvoll, kantig und dynamisch daherkommen, wird der Feind vorzugsweise animalisiert oder lächerlich gemacht (vgl. dazu auch II.2.2), dies bspw. indem männliche Figuren mit weiblichen Attributen ausgestattet werden (Feminisierung von Männern, vgl. dazu Kummer 2002: 89): «Wo es um die Anklage der Konterrevolutionäre ging, wurde [...] die vergröbernde, verzerrende Darstellungsweise der Satire gewählt.» (Zelinsky 1988: 472) Ironisieren – so Grice – ist unmittelbar an den Ausdruck eines Gefühls, einer Haltung oder einer Wertung geknüpft und hat auch mit Disqualifizieren zu tun: "I cannot say something ironically unless what I say is intended to reflect a hostile or derogatory judgement or a feeling such as indignation or contempt." (Grice 1989: 53 f.) Diese Reflexion passt in den Gesamtkontext der propagandistischen Gut-Böse-Dichotomie, wobei die satirisch-ironische als «negative» Intonation der agitatorisch-expressiven als «positive» Intonation in den ROSTA-Fenster gegenüber steht (vgl. Duwakin 1967: 74).

1.1.2 Die ROSTA-Fenster als Sowjet-Comic?

Da in dieser Untersuchung keine ROSTA-Fenster berücksichtigt werden, die aus nur einem Einzelbild (ev. mit dazugehörigem Text) bestehen, bewegen wir uns bezüglich der Textsortenzugehörigkeit in einem Feld zwischen Bildgeschichte und Comic. Die Abgrenzung zwischen Comicstrip und Bildgeschichte fällt in der Theorie nicht einheitlich aus, oft wird aber bei Definitionen, wie sie in allgemeinen Lexika zu finden sind, als Kriterium das Vorhandensein bzw. Fehlen von Sprechblasen als entscheidendes Distinktionsmerkmal angeführt:

> Comics [...], schwarz-weisse oder farbige, gezeichnete Bildergeschichten in Fortsetzungen, die als kurze Bildstreifen (c. strips) in der Presse oder als mehrseitige C.-Hefte (c. books) mit fast nie alternden Helden-Figuren erscheinen, deren Dialogtexte in typischen «Sprechblasen» eingeschlossen sind. Ihre Stoffe sind spannende oder lustige Liebes-, Familien-, Detektiv-, Reise-, Kriegs- oder utopisch-phantast. Abenteuer, unheimliche Vorgänge (Horror), seltener auch Themen der Weltlit. (Bibel, Odyssee), der Natur- oder Geisteswiss. (Physik, Gesch., Psychologie) oder der polit. Aufklärung oder Propaganda (underground c.). Die C. sind Nachfolger der volkstüml. Bilderbogen, der satirisch-polit. Karikaturen und der amerikan. Groschenromane ("Pulps") des 19. Jh.
> (dtv-Lexikon in 20 Bänden 1992: 300)

Verschiedene dieser Kriterien haben auch für die ROSTA-Fenster ihre Gültigkeit. Sowohl in ihrer Erscheinung (als kurze Bildstreifen in der Presse[12]), in ihrem Stoff (politische Aufklärung oder Propaganda)[13] als auch in ihrem Ursprung, welcher in den russischen Volksbilderbögen *(lubki)* und den satirisch-politischen Karikaturen wurzelt, entsprechen sie dieser Definition. Einzig das Kriterium der Sprechblasen scheinen sie nicht zu erfüllen. Das Vorhandensein von Sprechblasen bzw. von Text überhaupt ist jedoch für den Comicspezialisten McCloud in Anlehnung an Will Eisner kein zwingendes Kriterium:[14]

12 Ich arbeite hier mit einem erweiterten Pressebegriff, unter welchen auch Wandzeitungen (dazugehörig die ROSTA-Fenster) subsumiert werden.

13 Einzig das in Klammern gesetzte "underground" trifft hier nicht zu, da die ROSTA-Fenster von offizieller staatlicher Seite produziert wurden und keinen subversiven Charakter besitzen.

14 Vgl. dazu McCloud (1993: 21). In der Comictheorie werden Comic ohne Sprechblasen auch Pantomimencomic genannt.

comics [...] 1. Juxtaposed pictorial and other images in deliberate sequence[15], intended to convey information and/or to produce an aesthetic response in the viewer.
(McCloud 1993: 20)

McCloud legt seine Definitionsgrenze nicht zwischen Comic und Bildgeschichte, für welche hauptsächlich die sequenzielle Bildfolge als Definitionskriterium gilt,[16] sondern zwischen Comics und Cartoon:

[...] there is a long-standing relationship between comics and cartoons. – But they are not the same thing! One is an approach to picture-making – a style, if you like – while the other is a medium which often employs that approach.
(McCloud 1993: 21)

Cartoons sind im Gegensatz zum Comicstrip keine narrativen Bildsequenzen, sondern sie bestehen aus Einzelbildern (vgl. Platthaus 2000: 71, Nöth 2000: 491).

Je nach Quelle der Definition werden die ROSTA-Fenster als Bildgeschichte oder als Comic bezeichnet.[17] Im Unterschied zu vielen Comicserien, in denen die Akteure in einem ahistorischen Hier und Jetzt agieren,[18] reflektieren die ROSTA-Fenster jedoch ihren historischen Hintergrund. Dies wirkt sich auf die thematischen Schwerpunkte im

15 Im Unterschied zum Film gründet die Sequentialität beim Comic im Raum und nicht in der Zeit.

16 Diesen Punkt zur Definition des Mediums Comic zieht wiederum Platthaus (2000: 71f.) in Zweifel; ihm erscheinen Abgrenzungskriterien wie die Beachtung von Erzählcharakter, Bewegungslinien, Sprechblasen und Lautmalerei sinnvoller zu sein. Er muss aber diese Aufzählung selbst wieder relativieren, da der Comic «Prinz Eisenherz» (von Harald R. Foster), der in den 60er Jahren erschienen ist, nur hinsichtlich seines Erzählcharakters die Kriterienliste für das Medium Comic erfüllt. Platthaus spricht sich daher für eine sehr liberale Definition und die Unmöglichkeit einer klaren Abtrennung zwischen Bildgeschichte und Comic aus.

17 Pehlke (1970: 55) verwendet den Begriff «Bildgeschichte» oder «Bilderplakate» zur Bezeichnung der ROSTA-Fenster, Metken (1970: 168) bezeichnet in seiner halbseitigen Abhandlung über «Comic und Sozialismus» die ROSTA-Fenster als Comicstrip, setzt sie aber gleichzeitig mit «durch Untertitel erläuterte Bildererzählungen» gleich.

18 Vgl. dazu Kunz/Sidler (1999: 16).

Verlaufe ihres Erscheinens aus: waren die ersten zwei Jahre geprägt vom Bürgerkrieg, so stand das letzte Jahr unter dem Zeichen des wirtschaftlichen Aufbaus und der Einführung der Neuen Ökonomischen Politik (NĖP). Gemein mit den Comics haben die ROSTA-Fenster vor allem die Gestaltung figurativer Elemente, deren ikonologischer Status häufig kanonisch, d.h. standardisiert ist:

> [...] diese ikonographischen Elemente [fügen sich] zu einem umfassenden Gerüst von Konventionen zusammen, das ein eigenständiges Symbolrepertoire bildet, so dass man durchaus von einer Semantik des Comic sprechen kann.
> (Eco 1994: 127)

So sind die idealtypischen Visualisierung des Helden – sprich des Arbeiters – und die stereotypen Darstellungen des militärischen und sozialen Gegners als lächerliche oder hässliche Figuren Verfahren, die oft in Comics zu finden sind: «zweifellos sind Stereotypen der Rohstoff, aus dem eine Comic-Handlung gebaut ist.» (Eco 1994: 129) Auch visualisierte Allegorien und Metaphern sind sowohl in den ROSTA-Fenstern als auch in den Comics zu finden: Personifizierungen von Kälte, Hunger oder Typhus, Speicheltropfen, die die Lüsternheit des Kapitalisten anzeigen, zu Berge stehende Haare zum Ausdruck von Schrecken usw.[19] Pforte (1978) weist aber auch auf einige Unterschiede zwischen den ROSTA-Fenstern und den Comicstrips hin: als Erstes auf die unverhohlene Sympathie-/Antipathielenkung in den Agitationsfenstern. Sie sind ein konstitutives Element der Propaganda und stehen dadurch im Gegensatz zum ideologischen Gewand westlicher Comics, welche diese Manipulation zu verschleiern suchen, «indem der Eindruck unparteiischer Darstellung zu geben versucht wird»[20] (Pforte 1978: 134). Einen weiteren Unterschied

19 Eine ausführlichere Aufzählung solcher figurativen Elemente, die ikonologischen Status besitzen, findet sich in Kapitel II.

20 Wobei m.E. die Superman-Comicgeschichten aus der Zeit des Zweiten Weltkrieges und des darauffolgenden Kalten Krieges hinsichtlich ihrer Zuordnung der Figuren in das Universum von Gut und Böse den ROSTA-Fenstern in Nichts nachstehen. So liess der Verlag Superman im 2. Weltkrieg zur Unterstützung der Truppen etliche patriotische Abenteuer bestehen. Sowohl die Japaner, als auch Hitler und Stalin fanden als politische Feinde Eingang in die Comic-Geschichten und -Filme und wurden dank Superman besiegt oder vor das Kriegsgericht gestellt. (→)

sieht Pforte in der Verwendung von Text und seiner Verbindung zum piktoralen Teil des Kommunikats. Einerseits fehlen die onomatopoetischen Geräuschwiedergaben à la *банг, бах, тук-тук*, andererseits die für den Comic typischen ins Bild integrierten Texte – oft in Form dialogischer Strukturen –, in welchen die handelnden Personen selbst zu Wort kommen. Diese Äusserungen werden meist als Sprechblaseninhalt wiedergegeben, wobei die Form und Umrandung der Sprechblase selbst auch bedeutungstragend sein kann (gesprochene Rede vs. gedachte Rede, Ausdruck von Zorn, Erregtheit usw.). Sprechblasen in dieser Ausprägung kommen in den ROSTA-Fenstern nicht vor, vereinzelt aber werden sprechenden Figuren im Bild Wörter «in den Mund gelegt» (vgl. bspw. GPP 62, 3 [GS: 86], GPP 145, 1 [GS: 94], GPP 184, 12 [GS: 100]), was eher an die aus den Mündern hängenden Schriftrollen in den Volksbilderbögen denn an herkömmliche Comicstrips erinnern mag. Zwar stimmt die Beobachtung Pfortes, dass in den ROSTA-Fenstern «in der Regel jemand Drittes über das im Bild Dargestellte [spricht] und nicht – wie bei den meisten Comics – das Dargestellte selbst» (Pforte 1978: 135), trotzdem erscheint die direkte Rede als Redeäusserung einer im Bild dargestellten Figur auch in den ROSTA-Fenstern, meist als Äusserungswiedergaben des Feindes. In der Regel aber werden die Bildfolgen durch den Text kommentiert und zusätzlich kann eine rote Figur im Bild die Funktion des Erzählers übernehmen.

Ein weiterer Unterschied zu den üblichen Comic entsteht durch das direkte Ansprechen des Rezipienten. Die direkte Leseranrede ist im Comic eher selten und wird auch als speziell wahrgenommen. Beim Lesen eines Comics soll der Leser in das Universum der erzählten Geschichte eintauchen, die Möglichkeit besitzen, sich mit dem Helden zu identifizieren und sich nicht ständig vergegenwärtigen müssen, dass er ausserhalb dieses Geschehens steht.

Die Scheidung von Gut und Böse funktioniert hier genauso wie in den ROSTA-Fenstern. Auf der einen Seite steht Superman, welcher gross, mutig, stark, gerecht und uneigennütz ist (analog zur Arbeiter- oder Rotarmistenfigur), auf der anderen Seite der feige, (hab)gierige, heimtückische und skurpellose Feind, bspw. in Form des Japaners oder Russen (analog zum Bourgeois, Spekulanten, Kapitalisten usw.).

Trotz der genannten Unterschiede zwischen den ROSTA-Fenstern und der üblicherweise unter dem Begriff Comic subsumierten Druckerzeugnisse, überwiegt m. E. doch das gemeinsame Stilprinzip der verbalvisuellen Comic-Sprache:

> [...] Stilisierung, naive Verzerrung der Realität, Reduzierung der Welt aufs konsumierbare Emblem, das Ähnlichkeit nur noch als Ahnung aufrechterhält. Comics reproduzieren nicht Wirklichkeit, sondern stilisieren sie zum graphischen Kunstprodukt. Die graphische Mimesis der Comic-Sprache impliziert so allemal ein bestimmtes – ideologisches – Verhältnis zur nachgeahmten Realität.
> (Pehlke 1970: 52)

Die Bilder im Comic oder in den ROSTA-Fenstern geben keine vorgetäuschte Realität vor, sondern legen ihren künstlichen Charakter offen zur Schau. Durch dieses Darstellungsverfahren gelangt auch die Ideologie, die eigentlich ein Element der Konnotation[21] ist (vgl. Barthes 1964: 49), in den Bereich der Denotation. Vermittlung von Ideologie erscheint demnach als gemeinsames Strukturmerkmal vieler westlicher Comics wie z. B. Wonder Woman, Superman oder Perry Rhodan und den ROSTA-Fenstern, aber in unterschiedlicher Ausprägung: Während die westlichen Comic-Helden im Alleingang gegen das Böse der Welt antreten, findet in den ROSTA-Fenstern eine Entprivatisierung und Entpersonalisierung der Geschichte statt (vgl. Pehlke 1970: 55):

> Majakovskij und seinen Mitarbeitern gelang [es], aus der Darstellung sozialer und politischer Prozesse alles nur Individuelle zu tilgen, Geschichte als kollektiv machbar darzustellen. So verwandelt sich Simplizität in konkrete Aufklärung und Agitation, sobald sie darauf verzichtet, Allgemeines zum stereotyp Privaten herunterzuspielen.
> (Pehlke 1970: 55)

Im propagandistischen Universum der ROSTA-Fenster kann zudem das Darstellungsverfahren der Privatisierung bzw. Individualisierung als Kennzeichnung des Feindes eingesetzt werden. Verschiedene weissgardistische Generäle und Vertreter der Entente werden namentlich

21 «Connotative Bedeutung erhält das abgebildete Zeichen, sobald es im Kontext als Zeichen zweiten Grades – symbolisch, allegorisch, ideologisch – konstituiert wird.» (Pehlke 1970: 51 f.) Zum Begriff *Konnotation* vgl. Kapitel I.2.1.6.

genannt und als Individuen abgebildet. Dadurch agieren sie als Vertreter einer westlichen, bürgerlichen, auf dem Individuum aufbauenden Welt im Gegensatz zum Rotarmisten, Arbeiter oder Bauern, der stellvertretend für seine ganze Klasse handelt (vgl. dazu auch Kapitel II.2.2).

Eine klare Aussprache für oder gegen die Zuordnung der ROSTA-Fenster zur Gattung des Comics erscheint mir wenig sinnvoll, da die Definitionskriterien für den Comic selbst in der Literatur unklar bleiben. Krempel (1988: 192 ff.) bspw. spricht sich gegen eine Subsumierung der Fenster unter der Textsorte Comic aus, wobei er m. E. eine sehr restriktive Definition von Comic als Zuordnungsgrundlage wählt. Festzuhalten bleibt, dass die Fenster einige Gemeinsamkeiten mit dem gängigen Begriff von Comic aufweisen und bei einer weit gefassten Definition von Comic auch darunter subsumiert werden können.

Das typische ROSTA-Fenster besteht – wie bereits erwähnt – aus einer Sequenz von Bildern mit dazugehörigen nummerierten kurzen reimförmigen Texten. Diese Bilder sind – ausser in den frühesten Arbeiten – erkennbar voneinander getrennt, d. h. sie gehen nicht ineinander über, sondern bilden ein Nebeneinander:

> Так выработалась структура плаката, ставшая типичной для «Окон РОСТА»: несколько рисунков, последовательно расположенных в два или несколько рядов и подчиненных одной теме. Тема эта могла быть агитационной, сатирической или информационной, но это обязательно была *одна* тема.
> (Majakovskij 1938: VI)

Auf dem ersten ROSTA-Fenster stand sozusagen programmatisch geschrieben *Текст и рисунки женятся еженедельно.* In den ROSTA-Fenstern spielt das Miteinander von Text und Bild eine zentrale Rolle; die beiden Medien bedingen einander: «Es ist unmöglich, in einem Fenster die Verse von den Zeichnungen zu trennen, ohne die künstlerische Ausdruckskraft sowohl der einen [Verse] wie der andern [Zeichnungen] ärmer zu machen. In den ROSTA-Fenstern waltet gleichsam die wechselseitige Durchdringung von Zeichenbild und Dichterwort.» (Duwakin 1967: 67) Diese Tatsache legitimiert auch die Abgrenzung der ROSTA-Fenster von der Textsorte Bildgeschichte, in welcher eine Handlung vorwiegend durch Bilder erzählt wird und der Text entweder ganz weggelassen werden kann oder nur eine untergeordnete Rolle spielt. Den agitatorischen Intentionen der ROSTA-Fenster stehen gleichzeitig zwei semiotische Systeme zur Verfügung, welche sich nicht einfach addieren, sondern eine Vielfalt möglicher Wechselwirkungen erlauben (vgl. dazu Kapitel II.3.1).

Wie im Comic, so haben die Bilder auch in den ROSTA-Fenstern das Laufen gelernt, Bewegung wird dargestellt, Handlung wird vorangetrieben und manchmal werden sogar Bewegungsabläufe in einem Einzelbild dargestellt:

(17) Победа в труде.
Смотри –
без *труда* не раздавим и муху.
Трудись! –
И победим разруху.
(ROSTA 868) [GS: 68]

In Bsp. (17) wird das Prozessuale, das der Semantik von *труд* bzw. *трудиться* inhärent ist, durch Bewegungsabläufe dargestellt. In Panel 2 wird *труд* am Beispiel des Fliegenzerklatschens *раздавить муху* illustriert, in Panel 3 der Aufruf *трудись!* prototypisch durch einen Arbeiter mit Hammer exemplifiziert. In beiden Panels wird die Bewegung durch multiple Bilder (multiple images)[22] des bewegten Gegenstandes bzw. Körperteils ausgedrückt.

Aber im Gegensatz zum Film, der vorgibt,[23] einen kontinuierlichen Bilderstrom hervorzubringen, findet die Geschichte im Comic auch zwischen den einzelnen Panels statt. Diese Zwischenräume müssen vom Betrachter selbst ergänzt werden, manchmal wird ihm vom Text Hilfe geleistet. Die Sprünge zwischen den Bildern können laut McCloud (1993: 70 ff.) folgender Art sein:

22 "Other artists tried additional effects such as multiple images of the subject, attempting to involve the reader more deeply in the action." (McCloud 1993: 112)

23 Auch im Film besteht durch den Schnitt die Notwendigkeit, zwischen den Bildern Sprünge (temporal, lokal, kausal usw.) einzubauen.

ПОБЕДА В ТРУДЕ.
1. СМОТРИ-
2. БЕЗ ТРУДА НЕ РАЗ-
ДАВИМ И МУХУ
3. ТРУДИСЬ!-
4. И ПОБЕДИМ РАЗРУХУ.
НАРКОМПРОС РОСТА N 868

Abb. zu Bsp. (17)

1) moment-to-moment: derselbe Sachverhalt wird in der zeitlichen Progression wiedergegeben, wobei im Einzelbild keine Bewegung dargestellt ist, sondern die Bewegung durch die Bildabfolge entsteht (vgl. auch Trickfilmtechnik). Bspw. eine Spinne, welche über die Bettdecke kriecht, das Zwinkern mit den Augen, das Schaukeln eines Schiffes auf dem See.
2) action-to-action: eine Handlung wird in zeitlicher Progression abgebildet. Im Unterschied zum Verfahren "moment-to-moment" ist hier den Einzelbildern schon Bewegung inhärent, bspw. ein fahrendes Auto, das gegen einen Baum prallt, oder das Auffüllen und Austrinken eines Glases.
3) subject-to-subject: die Panels befinden sich innerhalb eines Scripts, der Betrachter muss aber die Sprünge durch das eigene szenische Wissen ergänzen. Während in Verfahren (1) und (2) ein einheitliches Subjekt oder Objekt durch die Bildabfolge verfolgt wird, kommt es hier innerhalb des Scripts zu Szenenwechseln. Bspw. eine Prügelei in Nahaufnahme und ein durch die Luft getragener Schrei über der dunklen Stadt im nächsten Panel.
4) scene-to-scene: von einem Panel zum nächsten findet ein signifikanter Wechsel in der Zeit und/oder dem Raum statt (bspw. 10 Jahre später und/oder Bombay, Paris, New York).
5) aspect-to-aspect: verschiedene Aspekte einer Szene werden einem «wandernden Auge» gleich in verschiedenen Panels gefasst. Im Gegensatz zu (1) vollzieht sich hier keine Progression in der Zeit, dafür ein Wechsel des Point of View des dargestellten Sachverhalts, bspw. werden über mehrere Panels hinweg Ausschnitte aus einem Zimmer gezeigt wie Bett, Tisch, Teppich, Fenster usw.
6) non-sequitur: es besteht keine logische Beziehung zwischen den Panels.[24]

24 McCloud selbst wirft die Frage auf, ob eine solche vollständige Zusammenhangslosigkeit zwischen Panels innerhalb einer Geschichte überhaupt möglich ist. Als Rezipienten sind wir bestrebt (analog zur Rezeption eines Textes), ein kohärentes Ganzes zu entwerfen. Deshalb versuchen wir, den Raum zwischen den Bildern derart zu füllen, dass die Bild-Sequenz als Gesamtheit einen Sinn bekommt.

McCloud (1993: 75 f.) analysiert bekannte westliche Comics wie X-Men, Tintin, Donald Duck usw. und stellt fest, dass die *action-to-action* Sprünge überwiegen, gefolgt von den Übergängen *subject-to-subject* und den *scene-to-scene.*[25] Die Typen (2)–(4) sind dazu geeignet, Handlung voranzutreiben (2), auch in Raum und Zeit (4), sowie verschiedene Aspekte – bspw. kausale Zusammenhänge – einer Geschichte zu zeigen (3). Auch Typ (1) kann eine Handlung fortschreiten lassen, aber viel weniger effizient, da eine Bewegung, die auch in einem Panel dargestellt werden kann, der Zeitlupe gleich in einzelne Standbilder aufgesplittet wird. Auch in Typ (5) schreitet die Handlung nicht voran, da das Schweifenlassen des Blicks eine Momentaufnahme ergibt und in der Literatur einer Szenen- oder Landschaftsbeschreibung entsprechen würde.

In den ROSTA-Fenstern sind die Bildsprünge nicht so elaboriert, die Bilder hängen untereinander oft viel loser zusammen als in den Comicstrips. Gemeinsam mit den westlichen Comics ist die Präferenz der Bildübergänge des Typs (2)–(4). Die kurze prägnante Erzählweise in den ROSTA-Fenstern bietet weder Platz, einen Bewegungsablauf in mehrere Einzelbilder aufzusplitten, noch eine statische Szene ausführlich über mehrere Bilder hinweg zu beschreiben. Übergänge ohne logischen Zusammenhang (non-sequitur) machen keinen Sinn in einem Universum der Agitation und Didaktik, die Kohärenz der Bildfolgen gründet v. a. auf den textuellen Erläuterungen. Ein Erzähler kommentiert den piktoralen Teil der Fenster, erklärt das Einzelbild und stellt Beziehungen unter den Bildern her. Diese Erzählinstanz kann unsichtbar bleiben oder in Gestalt einer roten Arbeiterfigur im piktoralen Teil des Fensters erscheinen:

> Маяковский часто изображает фигуру рабочего, который как бы обращается от лица автора к зрителю. Строил он эту фигуру обычно в виде силуэта, ограниченного прямыми линиями, со сплошной заливкой одним, чаще всего красным цветом.
> (Čistjakova 1961: 160)

25 In den japanischen Mangas sieht die Verteilung wieder anders aus (vgl. dazu McCloud 1993: 77 f.).

Die Bildsprünge in den ROSTA-Fenstern sind gegenüber den meisten Comics abrupter und der Kommentar ein wichtiges Element, um die notwendige Kohärenz herzustellen. Die Bilder in einer Bildfolge sind normalerweise «asyndetisch» miteinander verknüpft. Anders als in der verbalen Sprache fehlen Konnektoren, die die Bilder in ein parataktisches oder hypotaktisches Verhältnis zueinander stellen können. Entweder muss der Bildbetrachter die Art der Bildverknüpfung aus seinem Weltwissen und dem entsprechenden Scriptwissen selber vollziehen oder der verbale Teil des Bild-Text-Kommunikats expliziert die Zusammenhänge. Im Comic handelt es sich meistens um temporale und lokale Explikationen oder Konjunktionen: *на следующий день..., тем временем..., вечером в цирке..., но...*[26]. Diese Erläuterungen werden von einer neutralen Erzählinstanz zwischen die Panels geschaltet und sind deutlich abgehoben von den Sprechblasen, die die Aussagen der handelnden Figuren wiedergeben.

In den ROSTA-Fenstern sind, wie bereits erläutert, solche direkten Redewiedergaben äusserst selten, der Text stammt von einer Erzählinstanz, welche zu den dargestellten Sachverhalten klar Stellung bezieht und die einzelnen Bilder untereinander auf der textuellen Ebene mit Konnektoren wie *если, чтоб, пока, и, а* usw. verknüpfen kann:

(18) *Если* белогвардейщину не добьем совсем,
белогвардейщина снова встанет на ноги
Если пана добьем *и* сложим руки
руку к рабочему протянет Врангель.
Пока не укрепится красное знамя, –
винтовка не может быть нами брошена.
(ROSTA 149) [GS: 23], siehe Abb. auf S. 194

(19) Америка и Япония лихорадочно готовятся к войне
Коммунисты ведут войны для того –
чтоб был мир.
Империалисты же для того заключают мир –
чтоб загорелась новая война.
(ROSTA 873) [GS: 71]

26 Die Beispiele stammen aus den russ. Comics «Tintin», «Tom und Jerry» und «Micky Mouse».

АМЕРИКА И ЯПОНИЯ
ЛИХОРАДОЧНО ГОТОВЯТСЯ
К ВОЙНЕ
1. КОММУНИСТЫ ВЕДУТ ВОЙНЫ ДЛЯ ТОГО-
2. ЧТОБ БЫЛ МИР.
МИР
3. ИМПЕРИАЛИСТЫ ЖЕ ДЛЯ ТОГО ЗАКЛЮЧАЮТ МИР-
4. ЧТОБ ЗАГОРЕЛАСЬ НОВАЯ ВОЙНА.
РОСТА N 873

Abb. zu Bsp. (19)

(20) Холод идет.
Что делать?
Вот что делают обыватели: самосогреваются.
Согреваются огнем знания.
А в случае надобности и занимаются заготовкой
и налаживают транспорт.
Но холод плевать хотел на таких противников.
(ROSTA 304, 1–7) [GS: 26]

Dieses Verfahren hat den Vorteil, dass der Rezipient nicht asyndetische Bildsprünge mit seinem Weltwissen und den jeweiligen Scripts ergänzen muss, sondern durch den Text entschlüsselt bekommt. So wird in Bsp. (18) ersichtlich, dass zwischen Panel 1 und 2 sowie 3 und 4 jeweils ein konditionaler Zusammenhang besteht, wobei erst der Text zu Bild 1 die zusätzliche Information «не добить *совсем*» gibt. Auf piktoraler Ebene ist nur der Sachverhalt «x добьет y-a» (X zerschlägt Y) zu sehen (zur Negation vgl. Kapitel II.2.1.5). Zusätzlich steht innerhalb des Textes von Panel 3 der koordinative Konnektor *и*, welcher sowohl auf textueller als auch auf piktoraler Ebene ikonisch eine temporale Abfolge anzeigt (was zeitlich vorangeht, geht auch syntaktisch voraus). D. h. in diesem Falle ist die Links-Rechts-Ausrichtung im Bild temporal zu lesen. Die letzten beiden Panels sind textuell durch die subordinierende Konjunktion *пока* verbunden, welche das temporale Verhältnis der Gleichzeitigkeit ausdrückt.

In Bsp. (19) wird zwischen Panel 1 und 2 sowie 3 und 4 jeweils ein finales Verhältnis ausgedrückt. Durch die verbalen Konnektoren werden die jeweiligen Bilder in einen engeren Zusammenhang zueinander gesetzt und die Zäsur in der Bildabfolge vollzieht sich zwischen Panel 2 und 3. Dieser asyndetische Übergang könnte mit einem adversativen *а* ergänzt werden. Auch in Bsp. (20) dienen die Konnektoren dazu, die Bilderabfolge in zusammengehörige Sinneinheiten zu gruppieren: adversativ vergleichendes *а* (4–5) und koordinatives *и* (5–6) vs. adversativ gegenüberstellendes *но* (6–7).

Neben den textuellen Verknüpfungen werden manchmal auch so genannte Schaltbilder in die Bildfolge eingefügt. Der Inhalt dieser Schaltbilder besteht im Verweis auf vorangehende oder nachfolgende Panels, oft umgesetzt durch den Zeigegestus der roten Erzählfigur:

ОКНО САТИРЫ РОСТА №304.
1.) Холод идет.
2) Что делать?
3) Вот что делают обыватели: самосогреваются.
4) Согреваются огнем знания.
5) А в случае надобности и занимаются заготовкой
6) И налаживают транспорт
7) Но холод плевать хотел на таких противников
8) Как же должен бороться с холодом каждый сознательный гражданин? Отнять у врага уголь.
9) Победить в войне – победить в разрухе.
10) Броситься на холод забронированным сталью
11) Побежит холод
12) И живите себе в двойном тепле-работе и отоплении.

Abb. zu Bsp. (20)

Abb. zu Bsp. (21)

(21) *Вывод ясен:*
чтоб враги уходили во-свояси
чтоб с нотами к нам не совались даже
стой стойко у республики на-страже
(GPP 363, 9–12) [GS: 116]

(22) Не подымай за этих рук ты.
Смотри:
Легче всего кооперации почва такие рождает фрукты.
(GPP 224, 10–12) [GS: 106]

(23) *об этом* всякому думать надо,
чье сердце октябрьской революции радо.
(GPP 367, 12) [GS: 118]

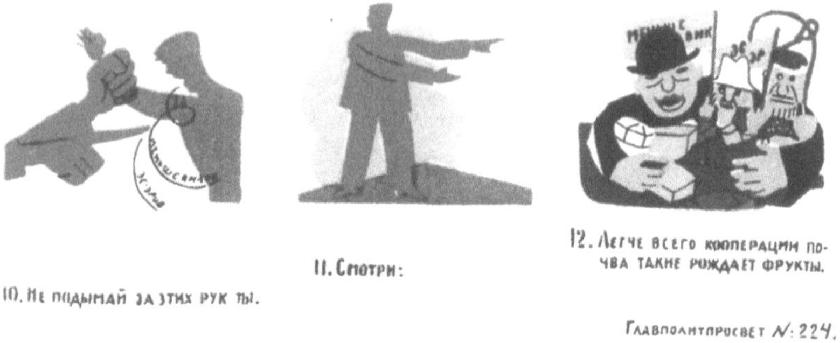

Abb. zu Bsp. (22)

Abb. zu Bsp. (23)

Abb. zu Bsp. (24)

(24) *А так как такой же кризис во всем мире, –*
революция близка,
ясно как дважды два четыре.
(GPP 221, 11–12) [GS: 104]

In den Bsp. (21) und (22) wird deiktisch auf die nächsten Panels verwiesen; dadurch wird die Geschichte vorangetrieben, die Aufmerksamkeit des Rezipienten gesteuert und eine gewisse Spannung erzeugt. In Bsp. (23) wird in einem abschliessenden Rückverweis nochmals auf die Gesamtaussage des Fensters verwiesen und somit auf die Dringlichkeit des Appells aufmerksam gemacht. Und in Bsp. (24) schliesslich umfasst der Zeigegestus sowohl den Rückverweis auf das bisher dargestellte als auch den Vorverweis auf das abschliessende Panel, wobei gleichzeitig ein kausaler Zusammenhang zwischen den vorangehenden Erläuterungen und der Schlussfolgerung in Panel 12 gezogen wird.

Neben der roten Erzählfigur gibt es auch Schaltpanels, in denen metonymisch ein roter Zeigefinger auf andere Panels verweist, manchmal zusätzlich unterstützt von einem dynamischen Pfeil:

(25) *Помните красноармейцы!*
Приклады для этого у винтовок имеются.
(GPP 64, 3–4) [GS: 87]

Abb. zu Bsp. (25)

(26) Что-б не умереть от холеры
заранее принимай такие меры:
не пей сырой воды
воду оную пей только кипяченую.
Так же не пей на улице кваса
(GPP 183, 3–7) [GS: 99], siehe Abb. auf S. 195

(27) Кое где поджигатели орудуют.
А чаще всего – поджигаешь сам.
У костра посидели,
не залили, не загасили.
А через час пожар во всем[27] [всей] своей силе
(GPP 187, 3–7) [GS: 101], siehe Abb. auf S. 196

Der deiktische Zeigegestus setzt innerhalb der Bildreihe eine Zäsur, treibt die Erzählung aber auch voran und lenkt die Aufmerksamkeit des Lesers; einerseits auf das nachfolgende Bild (Bsp. 25) oder die Bildfolge (Bsp. 26), andererseits bekommt der Text in einem Schaltpanel mehr Gewicht – der Erzähler meldet sich ganz explizit auch auf der visuellen Ebene, die Dringlichkeit des Appells wird durch diesen «didaktischen» Zeigefinger unterstrichen.

Die ROSTA-Fenster profitieren als gemischt semiotisches System – vergleichbar mit dem Comicstrip oder der Bildgeschichte – von den spezifischen Darstellungsmöglichkeiten, die das Bild und der Text sowie ihre Verflechtung bieten. Die Fensterbetrachter können bei der Rezeption der Fenster einerseits auf die Tradition der *lubki* und Zeitschriftenkarikaturen zurückgreifen, andererseits auf das Kommunikat selbst, das in seiner agitatorisch-didaktischen Vermittlungsweise um Eindeutigkeit bemüht ist.

27 Fehler im Original.

1.2 Die ROSTA-Fenster als edukative Propagandaplakate

> Avec les Rosta, Maïakovski crée un nouveau type d'affiche de propagande: l'information transformée en images, les décrets diffusés par les paroles des refrains populaires, affiches, dont le style révolutionnaire réside essentiellement dans l'unité organique entre le texte et l'image, entre le mot d'ordre incisif et percutant, et l'imagerie schématique et caricaturale, aisément reconnaissable pour les illettrés.
> (Antelme 1975: 72)

Die ROSTA-Fenster haben zwei Funktionen zu erfüllen: Sie sollen der Bevölkerung das propagandistische Universum der bol'ševistischen Partei und gleichzeitig eine ganze Palette von (Verhaltens-)regeln, die den Alltag bestimmen, vermitteln. In Letzterem unterscheiden sie sich von reinen Propagandaplakaten, die nurmehr politische Inhalte propagieren oder ein ideal-utopisches Bild der sozialistischen Gesellschaft aufzeigen. Im Gegensatz zu den statischen Einzelbild-Plakaten, die den propagandistischen Alltag später prägen, können die ROSTA-Fenster mit ihren Bildfolgen ganze Geschichten erzählen. Gleich bleibt sich die Aufteilung zwischen Produzent und Rezipient: Ersterer vertritt den Staat und besitzt somit das Wissens- und Macht-Monopol, ermöglicht durch die Vermittlung seines Wissens aber dem Rezipienten auch, ein vollwertiges Mitglied der sozialistischen Gesellschaft zu sein, sofern er die vermittelten Regeln einhält. Dieses Statusgefälle zwischen Sender und Empfänger eröffnet dem Sender somit die Möglichkeit, sowohl Befehle zu erteilen und Versprechungen zu tätigen als auch Wissen zu vermitteln. Bei den für den propagandasprachlichen Diskurs relevanten Texttypen handelt es sich um informationsbetonte, meinungsbetonte und auffordernde Texte. Während Letztere beiden – so Weiss (1995: 350 f.) – bei der Charakterisierung propagandistischer Textsorten eine zentrale Rolle spielen, ist die informationsbetonte Komponente eher am Rande zu verzeichnen. In den ROSTA-Fenstern erscheinen alle drei Texttypen, wobei die Verflechtung von Information und Meinungsbildung ein beliebtes Verfahren der Produzenten ist.

1.2.1 Agitatorische Aufklärung und Belehrung

Betrachtet man die ROSTA-Fenster unter dem Aspekt der Adressatengerichtetheit, so kann gesagt werden, dass sie – ausgestellt in leeren Schaufenstern Moskaus und später auch anderer Städte, an zentralen Orten «mit dem dichtesten Menschengewühl» (Majakovskij: Das revolutionäre Plakat 1923) – mehrfachadressiert sind, gerichtet an ein disperses Publikum. Produziert wurden sie von einem Künstlerkollektiv, das die offizielle Doktrin der bol'ševistischen Partei vertrat, angesprochen wurden die Massen, alle Vorübergehenden, die diese öffentlichen Orte passierten.

Zwischen dem Eintreffen der Depesche in der Nachrichtenagentur ROSTA, der Verarbeitung durch das Kollektiv zu den fertigen ROSTA-Fenstern und dem Aushang in den Schaufenstern verstrichen weniger als 24 Stunden,[28] d.h. die Fenster griffen aktuelle Themen auf, und die Aushänge wurden auch täglich erneuert, dies im Gegensatz zu gängigen Propagandaplakaten, die normalerweise über eine längere Lebensdauer verfügten. Die Komposition der ROSTA-Fenster als Bild-Text-Kommunikate, die meist aus Bildserien und dazugehörigen Bildunterschriften bzw. -texten zusammengesetzt sind, macht diese zu «Verweilplakaten»[29], d.h. das schnelle Vorübergehen an den Plakaten verunmöglicht deren Rezeption. Anders als bei Druckerzeugnissen wie Zeitung oder Zeitschrift findet die Rezeption primär nicht isoliert durch den Einzelnen, sondern in Gruppen statt. Diese Art der Aufnahme begünstigt die Möglichkeit der gegenseitigen Hilfe beim Verstehen der Plakate[30] (bspw. durch das Vorlesen der Texte, so dass auch die vielen Analphabeten in der Lage

28 «[...] бывало, телеграфное известие о фронтовой победе через сорок минут – час уже висело по улице красочным плакатом.» (Majakovskij 1930: Prošu slova. In: Majakovskij 1938: XII)

29 Vgl. dazu Kämpfer, welcher narrative Plakate, die zur genaueren Betrachtung und damit zum Stehenbleiben auffordern, als Verweilplakate bezeichnet. (Kämpfer 1985: 71ff.)

30 Durch die bestehende Möglichkeit des Vorlesens der textuellen Komponenten der ROSTA-Fenster enthält diese primär schriftliche Textsorte auch Komponenten einer mündlichen Textsorte. Die kurzen, meist in Reimen gehaltenen Verse, die an die *častuški*-Tradition anknüpfen, tragen diesem Umstand Rechnung.

waren, das Abgehandelte zu verstehen), aber auch die Gelegenheit, das Gesehene an Ort und Stelle zu besprechen. Da die Absicht der ROSTA-Fenster agitatorischer Art war, mussten die Bilder und Texte so verfasst sein, dass der Bildbetrachter danach handeln konnte, d. h. es durfte keine allzu grosse Informationsdichte vorhanden sein.

Angesprochen wurde entweder ganz allgemein der Bürger (Гражданин!) oder Genosse (Товарищ!), je nach Kampagne aber auch spezifischer der Rotarmist (Красноармеец!), der Arbeiter (Рабочий!) oder der Bauer (Крестьянин!). Frauen finden äusserst selten Eingang in die Fenster und werden noch seltener direkt angesprochen (vgl. dazu Kummer 2002: 84 ff.). Die agitatorische Intention der Fenster beinhaltet eine aufklärerische Funktion (didaktisch-instruierende Funktion), indem mittels vorgegebener Verhaltensmuster der Betrachter richtigen Handelns befähigt, und dadurch zu einem vollwertigen Mitglied der sozialistischen Gesellschaft werden soll. So wurde eine grosse Aufklärungs-Kampagne in Zusammenhang mit der Demobilisation gestartet, wobei die Organisation der «Polit-Trojka»[31] den entlassenen Rotarmisten als Orientierungshilfe zur Verfügung stand:

(28) Отпускные красноармейцы, внимание!
Поползла по платью вошь
живо в «*тройку*» мчись ты!
Скажут – баню где найдешь
и уедешь чистым!
(GPP 54) [GS: 83], siehe Abb. auf S. 197

(29) Посадкой заведует полит-тройка.
Если надо уезжать не толпитесь стадом
Полит-тройка, не спеша всех в вагон рассадит.
Чем висеть иль ехать так
лучше – всем свои места.
(GPP 56) [GS: 85]

31 « ‹Политтройка› были организованы для культурного, санитарного и организационного обслуживания демобилизуемых из армии.» (GS: Kommentarii 83)

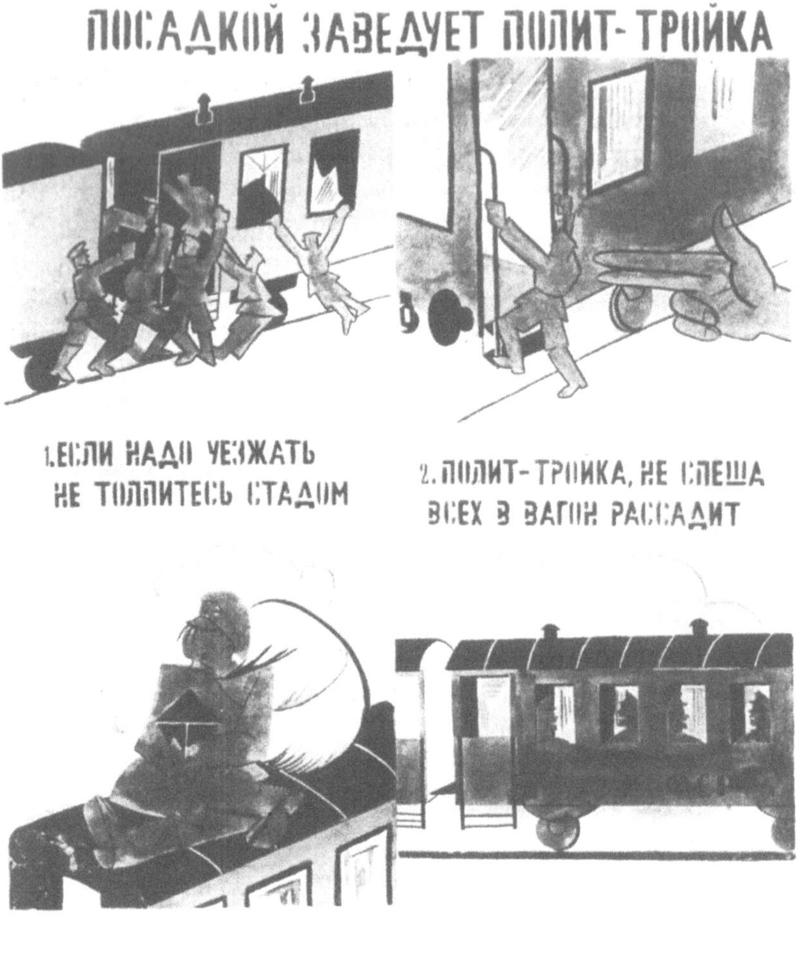
ПОСАДКОЙ ЗАВЕДУЕТ ПОЛИТ-ТРОЙКА
1. ЕСЛИ НАДО УЕЗЖАТЬ
НЕ ТОЛПИТЕСЬ СТАДОМ
2. ПОЛИТ-ТРОЙКА, НЕ СПЕША
ВСЕХ В ВАГОН РАССАДИТ
3. ЧЕМ ВИСЕТЬ-ИЛЬ ЕХАТЬ ТАК
4. ЛУЧШЕ-ВСЕМ СВОИ МЕСТА

Abb. zu Bsp. (29)

Sowohl die Ungezieferplage (Bsp. 28) als auch der Andrang auf die öffentlichen Verkehrsmittel (Bsp. 29) im Zuge der Demobilisation machten es notwendig, das richtige hygienische Verhalten bzw. den richtigen Umgang mit dem benötigten Transportmittel aufzuzeigen. In Bsp. (28) steht der unbefriedigende (und gesundheitsgefährdende) Lausbefall (vgl. auch Kapitel II.2.2.1.5) am Anfang der Bildfolge; dank der Hilfe der Polit-Trojka kann sich der Rotarmist aber dieser Läuse entledigen und strahlend, zufrieden nach Hause marschieren. In Bsp. (29) wird vom Fehlverhalten, das Unordnung, Chaos und Zerstörung mit sich bringt (Panel 1), ausgegangen. Wenn sich aber jeder an die aufgezeigten Regeln hält und sich von der Polit-Trojka einen Platz zuweisen lässt, resultiert daraus (Panel 4) Ordnung und Zufriedenheit (lächelnde Rotarmisten, die alle einen Sitzplatz haben).

Durch das Aufzeigen möglichen Fehlverhaltens werden die durchwegs negativen Konsequenzen dieses Handelns drastisch vor Augen geführt:

(30) Не увлекайся победой
не успокаивайся, осторожно!
Оружие сложить нельзя его только переменить можно.
Держи востро ухо, а то смотри – *задавит разруха*!
(ROSTA 570) [GS: 45]

Bsp. (30) beginnt mit der Warnung, sich nicht vom errungenen Sieg über Vrangel' blenden zu lassen und die Hände in den Schoss zu legen *сложить руки*, sondern weiterhin tätig zu bleiben. Einzig das Betätigungsfeld hat sich durch die veränderten Umstände verlagert (Panel 3). Die negativen Folgen des «sich auf den eigenen Lorbeeren Ausruhens» sind im abschliessenden Panel 4 zu sehen: *задавит разруха*, wobei der textuell elliptische 2. Aktant *рабочий* in der bildlichen Umsetzung erscheinen muss. Diese anschauliche Szene, in welcher der Ruin den abgebildeten Arbeiter erwürgt – kann auch mehr an Drastik vermitteln als die textuelle Warnung. Die einfache Botschaft lautet: Strenge dich weiter an, sonst beisst du ins Gras!

Aber nicht nur seines eigenen Handelns bzw. Fehlverhaltens soll sich der Fensterbetrachter bewusst werden, sondern er soll daneben auch die Möglichkeit haben, anhand der Aufteilung in die Lager von Freund

1) НЕ УВЛЕКАЙСЯ ПОБЕДОЙ
2) НЕ УСПОКАИВАЙСЯ, ОСТОРОЖНО!
3) ОРУЖИЕ СЛОЖИТЬ НЕЛЬЗЯ ЕГО ТОЛЬКО ПЕРЕМЕНИТЬ МОЖНО.
4) ДЕРЖИ ВОСТРО УХО, А ТО СМОТРИ – ЗАДАВИТ РАЗРУХА!
РоСТА н 570

Abb. zu Bsp. (30)

und Feind seine eigene (kommunistische) Position zu festigen und die feindlichen Elemente zu orten:

(31) *Хороша коммуна*
и сад здоров!
Пройти бы туда,
да глубок ров.
Колчаком бы его заполнить –
тощий,
не заполнишь рва,
сухой, как мощи.
Попробуем что ли
Деникина выкинем,
может быть, ров
заполним Деникиным.
Заполнили,
да не очень.
Вот *Юденич* толст:
из него
хороший получится мост.
Мельче,
но все еще не заполнился ров.
Сыпьте туда,
товарищи,
панов!
Теперь
посыпем мелкую челядь,
Врангелем забьем хорошенько щели.
Чтоб путь был совсем ровным,
надо этим щебнем посыпать ров нам.
Ров заполните –
и открыты пути,
можете
свободно
к коммуне итти.
(ROSTA 182) [GS: 24]

Der tiefe Graben, der sich zwischen dem Arbeiter und der von ihm ersehnten Kommune auftut, wird mit Feinden zugeschüttet, und so wird der Weg frei für ein ungehindertes Erreichen der Kommune. Die textuelle Graben-Metaphorik wird auf der Bildebene wörtlich umgesetzt,

ОКНО САТИРЫ РОСТА № 182
ХОРОША КОММУНА! И САД ЗДОРОВ
ПРОЙТИ БЫ ТУДА ДА ГЛУБОК РОВ
МЕЛЬЧЕ, НО ВСЕ ЕЩЕ НЕ ЗАПОЛНИЛСЯ РОВ,
СЫПЬТЕ ТУДА ТОВАРИЩИ, ПАНОВ
ЧТОБ ПУТЬ БЫЛ СОВСЕМ РОВНЫМ
НАДО ЭТИМ ЩЕБНЕМ ПОСЫПАТЬ РОВ НАМ
РОВ ЗАПОЛНИТЕ — И ОТКРЫТЫ ПУТИ. МОЖЕТЕ СВОБОДНО К КОММУНЕ ИТТИ.

Abb. zu Bsp. (31)

aber auch auf der Textebene wird mit der wörtlichen Bedeutung gespielt, indem der Graben als Ort dargestellt wird, in den die Feinde versenkt werden können. Die Feinde (Kolčak, Denikin, Judenič, der Pan, Vrangel') werden explizit genannt und auch bildlich stereotyp dargestellt. Ist der Graben einmal zugeschüttet, so kann *über Leichen gegangen werden* (Panel 8); der Weg zur Kommune ist frei.

Die Fensterproduzenten mussten davon ausgehen, dass die Angesprochenen über ein inhomogenes Vorwissen verfügen, das sicherlich unterhalb des Wissensbestandes des Produzenten einzustufen ist. Die Übermittlung der Information musste deshalb genügend einfach und klar sein, um mögliche Missverständnisse auszuschliessen. Der agitatorischen Verbreitung von Ansichten und Ideen ist deshalb eine didaktisch-instruierende Funktion inhärent. Der Code in didaktisch-instruierenden Texten zeichnet sich durch einen geringen Grad «an Fach(sprach)lichkeit, hohen Anteil metasprachlicher Elemente (z.B. Definitionen, Einführung neuer Termini, [...] und konventionalisierten Darstellungsformen, (Synonyme, Beispielgebung, Überblick über Begriffshierarchien)» aus. (Aderkas 2000: 34)

Definitionen im eigentlichen Sinne sind in den Fenstern nicht zu finden, es werden aber – v.a. zu Beginn der Fensterproduktion – feindliche Personen und Parteien qua diffamierender Verhöhnung eingeführt und karikiert. So werden im November 1919 (ROSTA 4 [GS: 3]) in Zusammenhang mit der anstehenden Allrussischen Konferenz (Всероссийской конференции РКПб) die politischen Parteien Russlands «vorgestellt», d.h. lächerlich gemacht. Der Rezipient erfährt, dass es Men'ševiki, Kadetten, Sozialrevolutionäre und Anarchisten gibt und all diese dem feindlichen Lager zuzuordnen sind. Nicht nur unliebsame Parteien, auch gegnerische Personen wie Kolčak, Denikin und Judenič und Personengruppen (Bourgeoisie) finden Eingang in dieses Fenster. Zweck dieser Diffamierungskampagne ist es, das propagandistische Universum mit der alleinigen Herrschaft der bol'ševistischen Partei zu konsolidieren. Neben der Einführung von Personen und Personengruppen werden in späteren Fenstern v.a. neue Dekrete eingeführt und erläutert. Nicht ein neuer Terminus im engeren Sinne steht im Zentrum der Erläuterungen, sondern der Inhalt und die richtige Interpretation einer neuen Verordnung oder Instruktion:

(32) А вот, а вот, подходи народ!
Ты не знаешь о *взаимопомощи декрета*?
Подходи и обмозгуй это.
(GPP 102, Headline/1) [GS: 89]

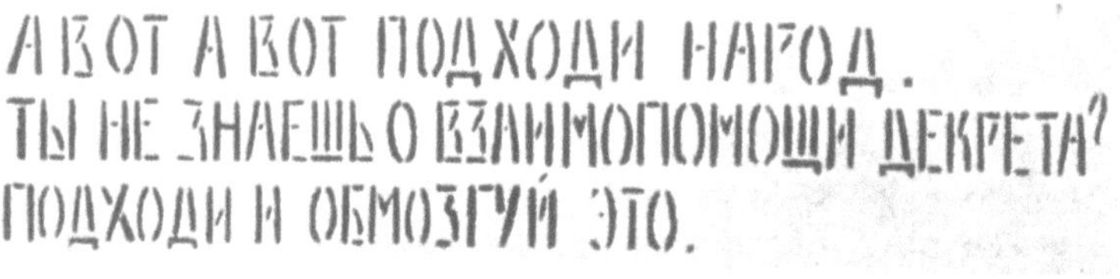

Abb. zu Bsp. (32)

In der Folge wird die am 22. März 1921 in der *Izvestija* publizierte Instruktion

Инструкция о правильном использовании живого и мертвого инвентаря путем трудовой взаимопомощи в целях обработки и обсеменения маломощных и красноармейских хозяйств
[GS: Kommentarii 89]

im Fenster Punkt für Punkt erläutert und veranschaulicht, wobei dem Bauern sein unbefriedigender Ist-Zustand aufgezeigt wird und danach die positiven Folgen, die die Befolgung des neuen Dekrets mit sich ziehen. Dank den Bildern ist die Geschichte gut nachvollziehbar und der Betrachter sieht auf den ersten Blick, dass ihn Glück und Zufriedenheit in Form einer reichen Ernte (Panel 12) sowie wohlgenährter Pferde (Panel 13) erwarten.

Die möglichst einfache und eingängige Illustration von Sachverhalten ist ein allgemeines Strukturmerkmal der ROSTA-Fenster. Aus einem simplen kausalen Zusammenhang ($p \Rightarrow q$) (wenn man im Sommer Holz schlägt, dann hat man im Winter ein warmes Zuhause) wird eine sechs Panel umfassende Geschichte erstellt, die antithetisch aufgebaut ist:

(33) Если ты все лето пела
так зимою попляши.
Надо летом делать дело
чтоб зимой сидеть в тиши

чтоб в тепле зимою быть
надо летом лес рубить.
(ROSTA 109, 1–6) [GS: 18]

Abb. zu Bsp. (33)

Ausgegangen wird in Panel 1–2 von einer nicht exemplarischen, falschen Verhaltensweise[32] und deren negativen Folgen ($\neg p \Rightarrow \neg q$). In Panel 3–4 dann wird das richtige Verhalten in Form eines Kausalsatzes ($p \Rightarrow q$) entgegengehalten und in Panel 5–6 als Finalsatz ($q \Leftarrow p$) paraphrasiert. D. h. einerseits wird das richtige Verhalten vom Allgemeineren zum Konkreten geführt, gleichzeitig aber auch aufgezeigt, welche Konsequenzen ein Fehlverhalten nach sich zieht. Die explizite Nennung der Kontraposition ($\neg p \Rightarrow \neg q$) ergibt den Bikonditional «Genau-dann-wenn», der viel stärker bindet als ein einfaches «Wenn-dann». Auf piktoraler Ebene wird der Schlendrian karikiert, der Arbeitswillige durch die rote Arbeiterfigur dargestellt. Die Umkehrung des Kausalsatzes zu einem Finalsatz hat den Vorteil, im abschliessenden Bild einen werktätigen und nicht einen statisch ruhenden Arbeiter zu zeigen. Betrachtet man den als Grundlage dienenden *Pravda*-Artikel vom 23. Juni 1920, so wird ersichtlich, dass es sich beim Fehlverhalten in den ersten zwei Panels nicht nur um ein potenzielles, sondern auch um ein reales handelt (Holzmangel im vergangenen Winter):

> Помните о зиме!
> Люди, пригретые солнцем, легко позабывают о зимних морозах. Но то, что было прошлой зимой, у всех на памяти. Поэтому мы должны приложить все усилия не пожалеть сил, чтобы навезти в Москву дров, которые будут согревать наши квартиры, наши мастерские, наши фабрики и заводы, школы и больницы.
> Товарищи! Помните о зиме!
> (Pravda, 23 ijunja 1920г.) [GS: Kommentarii 33]

Zudem soll dem Bildbetrachter im abschliessenden Panel sein Ist-Zustand (der Sommer und die damit verbundene Arbeit) veranschaulicht werden. In diesem Fenster überwiegt die didaktische Komponente, das

32 Bei *Если ты все лето пела, так зимою попляши* handelt es sich um ein geflügeltes Wort bzw. ein sprichwortartiges Phrasem, welches auf einer bekannten Fabel von J. de la Fontaine (Text F. von Hagedorn) basiert: die Geschichte von der Grille (die den ganzen Sommer durch nur Musik macht und sich nicht um die Wintervorräte kümmert) und der (fleissigen) Ameise aus dem Jahre 1738. «Du hast damals gesungen. Wohlan so tanze nun!» (F. von Hagedorn (o. J.): Sämtliche poetische Werke. Leipzig, 191).

propagandistische Moment erscheint am Rande auf grafischer Ebene, durch die unterschiedliche Figurenzeichnung; der Schlendrian wird im Gegensatz zum Pflichtbewussten karikiert dargestellt (vgl. dazu Kapitel II.2.2.1.1).

Neben wiederholenden Strukturen und der Einbettung konkreter Sachverhalte in allgemeinere Prinzipien kann auch die Beispielgebung eine didaktisch-instruierende Funktion übernehmen:

(34) Долой волокиту!
Да здравствует революционная инициатива!
Рабочие голодают,
рабочие раздеты.
И все же для счастья коммуны работают до одури.
Учитесь у них канцелярские лодыри.
Скажем, пишут с завода отношение:
«Такие-то части изготовили для паровозов на заводе».
Возьмут отношение –
канцелярия волокиту и заводит.
То ставят один,
то другой номер,
а там, глядишь, делопроизводитель помер.
И стоит паровоз неремонтированный, –
зря проливали столько пота.
Отчего?
Оттого, что канцелярщиной тормозится работа.
Канцелярщина – царского чиновинчества кит[33].
Да не будет в коммуне никаких волокит!
(ROSTA 494) [GS: 36]

Durch das Verb *скажем* wird ein Wechsel vollzogen von den generischen Aussagen der ersten vier Panels zur Illustration bürokratischen Verschleppens anhand eines Beispiels (Panel 5–10). Die Rückführung zur allgemeinen Aussage des Fensters wird in Panel 10 durch eine rhetorische Kontrollfrage an den Fensterbetrachter eingeleitet. Die letzten beiden Panels dienen einer Generalisierung des Feindes, oder anders gesagt, der Zuweisung des bürokratischen Schlendrians zum zaristischen System und enden mit einer zwischen kommissivem und direktiven Sprechakt

33 $Кит_1$ = Walfisch, $кит_2$ (umgangssprachlich) = Stütze, Pfeiler.

Abb. zu Bsp. (34)

oszillierenden Parole,[34] die vorhersagt, dass solches im neuen System nicht mehr stattfinden werde.

Ebenfalls wichtig bei der Vermittlung der Inhalte ist die Tatsache, dass ein Grossteil der Bevölkerung über ein geringes Bildungsniveau verfügte.

34 In der Levinschen Klassifikation befindet sich die Parole zwischen einem Aufruf (призыв) und einer Feststellung (констатация), da sie sowohl eine prognostische als auch eine zur Handlung aufrufende Komponente enthält (vgl. Levin 1988: 70 ff).

Die ROSTA-Fenster sind – analog zur Wandzeitung ROSTA – nicht «для интеллигентских слоев», sondern «для рабочих и крестьянских масс, нуждающихся в теперешний переходный момент в живом коммунистическом слове» (Instrukcija dlja volostnych korrespondentov ROSTA) verfasst worden. Nicht nur ein geringer Grad an Fachsprachlichkeit, sondern ganz allgemein ein einfach zu rezipierender Code entsprach den Bedürfnissen der durch die Plakate Angesprochenen.

Gemäss Bernsteins (1972: 239 ff.) Terminologie treffen die Produzenten auf Rezipienten, welche über einen restringierten Code verfügen. Dieser zeichnet sich im Unterschied zum elaborierten Code durch ein Ausweichen auf para-linguistische bzw. extra-verbale Mittel aus. Bilder können in diese Bresche springen und Sachverhalte darstellen oder verbale Begriffe mit Assoziationen füllen, ohne auf explizite verbale Mittel zurückgreifen zu müssen. Dabei wird in den Bildern auch oft mit der Bedeutung von Mimik und Gestik gearbeitet und somit eine mögliche Kommunikationssituation des Rezipienten nachvollzogen. In ROSTA-Fenster Nr. 70 (vgl. Bsp. 16, siehe Text auf S. 126 und Abb. S. 193) werden beispielsweise die Folgen des Aufblasens bzw. Verniedlichens des Feindes nicht explizit genannt, sondern durch den deiktischen Verweis *вот* auf das Bild visualisiert. Der Fusstritt (Panel 2) und die Gestik des *показать кукиш/фигу* (Panel 4) sind expressive Ausdrucksmittel, die den Bildbetrachtern bestens vertraut waren.

1.2.2 Sprechaktspezifik und die Rolle der Referenz in den ROSTA-Fenstern

Die Sprechaktspezifik der ROSTA-Fenster ist geprägt durch ihre Funktion als didaktisch-instruierende Propagandatexte oder genauer gesagt: Agitationstexte. Wie eingangs bereits erwähnt, umfassen sie ein Spektrum von informationsbetonten, meinungsbetonten und auffordernden Texten. Die Textfunktionen sind oft untrennbar miteinander verflochten:

(35) Отпускные красноармейцы, внимание!
Поползла по платью вошь.
Живо в «тройку» мчись ты!

Скажут – баню где найдешь,
и уедешь чистым!
(GPP, 54) [GS: 83], siehe Abb. auf S. 197

(36) (Помогай добровольно!)
Товарищи! Идите так на оборону,
если так не хотите помогать барону!
Ты хочешь работать
а не драться?
Хочешь?! Значит надо
белогвардейцев разбить стараться.
(ROSTA 535) [GS: 41]

Abb. zu Bsp. (36)

Während in Bsp. (35) die auffordernde mit der informationsbetonten Dominante einhergeht, so findet in Bsp. (36) eine Verflechtung zwischen auffordernder und meinungsbetonter Dominante statt. Information wird v.a. dort geboten, wo es um die Erläuterung von Sachzusammenhängen geht, wie etwa Aufklärung im hygienischen oder arbeitstechnischen Bereich oder Erklärung von neuen Dekreten. Eine meinungsbetonte Dominante hingegen erscheint v.a. in Zusammenhang mit der Ortung und Besiegung des politischen Feindes.

Der Textproduzent als Organ der bol'ševistischen Partei kann u.a. assertive, kommissive und direktive Sprechakte tätigen, d.h. gegebene Sachverhalte feststellen, Versprechen tätigen oder Aufforderungen (Befehle), aber auch Warnungen aussprechen.

Der Produzent kann als Erzähler vollständig anonym bleiben, die Abhandlungen im Bild von einer Erzählerfigur (in Gestalt einer roten Arbeitersilhouette) kommentieren lassen, sich hinter einem referentiell nicht eindeutig bestimmbaren *мы* (vgl. Schwendimann 2000: 30f.) verbergen oder ein Lenin-Zitat[35] an den Anfang des Fensters stellen und sich dadurch als Illustrator der Aussage Lenins ausgeben.

Oft wendet sich die Erzählinstanz direkt an die Fensterbetrachter; dies sowohl in der Headline als auch im bildbegleitenden Text. Die deiktische Zuwendung zum Rezipienten wird häufig in Form eines Aufrufs in der Headline oder dem ersten Panel vollzogen. Der Appell in der Headline kann direkt zum Handeln auffordern (Bsp. 37) oder kann – in Form eines kataphorischen Verweises – dazu auffordern, sich den nachfolgenden Ausführungen zu widmen (Bsp. 38):

(37) *Делайте лопаты!*
(ROSTA 851), [GS: 65]

(38) *Смотри, рабочий!*
вот о чем сегодня речь
(GPP 167) [GS: 97]

35 «Характерно, что почти все появившиеся между июлем 1919 г. и январем 1922 г. в периодике статьи В. И. Ленина, стенограммы и газетные отчеты о ленинских выступлениях, а также партийные резолюции очень полно использованы в ‹окнах›». (Duvakin 1952: 348)

ДЕЛАЙТЕ ЛОПАТЫ!
1) Для очистки железных дорог требуется 3,000,000 лопат.
2) А имеется всего 600,000.
3) В феврале и марте снег остановит дороги, что надо делать что-б не поддаться ему.
4) Надо делать лопаты самому.
РОСТА № 851.

Abb. zu Bsp. (37)

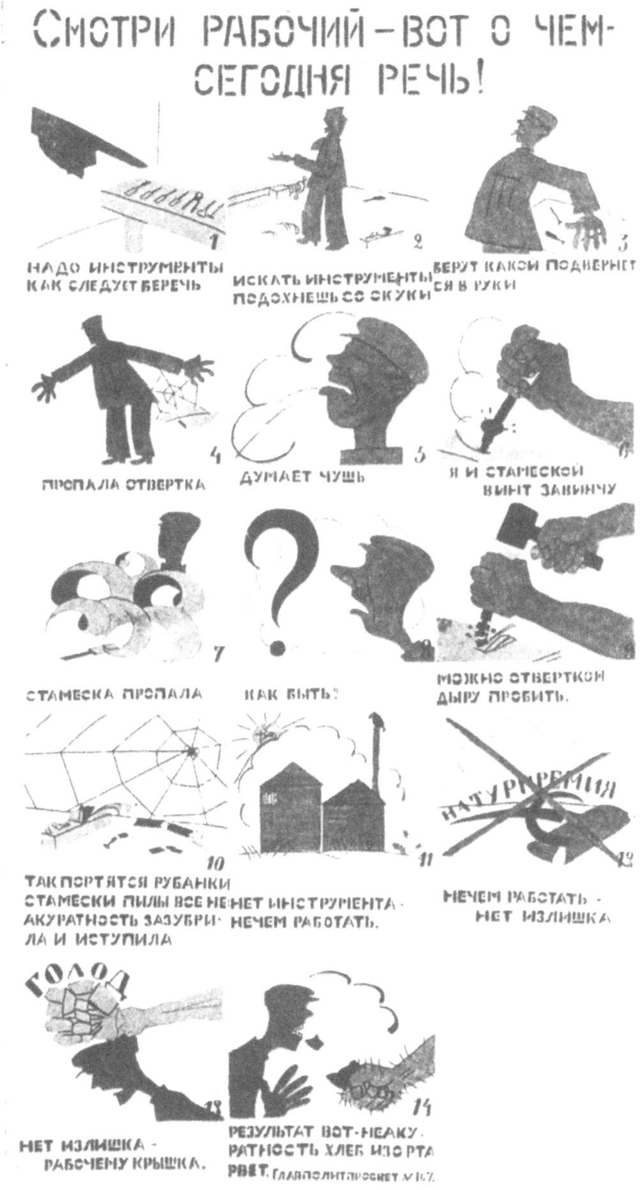
СМОТРИ РАБОЧИЙ – ВОТ О ЧЕМ-
СЕГОДНЯ РЕЧЬ!
НАДО ИНСТРУМЕНТЫ КАК СЛЕДУЕТ БЕРЕЧЬ
ИСКАТЬ ИНСТРУМЕНТЫ ПОДОХНЕШЬ СО СКУКИ
БЕРУТ КАКОЙ ПОДВЕРНЕТ СЯ В РУКИ
ПРОПАЛА ОТВЕРТКА
ДУМАЕТ ЧУШЬ
Я И СТАМЕСКОЙ ВИНТ ЗАВИНЧУ
СТАМЕСКА ПРОПАЛА
КАК БЫТЬ?
МОЖНО ОТВЕРТКОЙ ДЫРУ ПРОБИТЬ.
НАТУРПРЕМИЯ
ТАК ПОРТЯТСЯ РУБАНКИ СТАМЕСКИ ПИЛЫ ВСЕ НЕ АКУРАТНОСТЬ ЗАЗУБРИ- ЛА И ИСТУПИЛА
НЕТ ИНСТРУМЕНТА - НЕЧЕМ РАБОТАТЬ.
НЕЧЕМ РАБОТАТЬ - НЕТ ИЗЛИШКА
ГОЛОД
НЕТ ИЗЛИШКА - РАБОЧЕМУ КРЫШКА.
РЕЗУЛЬТАТ ВОТ-НЕАКУ- РАТНОСТЬ ХЛЕБ ИЗО РТА РВЕТ.
ГЛАВПОЛИТПРОСВЕТ

Abb. zu Bsp. (38)

Oft erfüllt die direkte Ansprache an den Fensterbetrachter auch eine phatische Funktion, dergestalt, dass ein erster Kontakt hergestellt und der Rezipientenkreis eingeschränkt wird:

(39) *Товарищи*! тернист
к коммуне путь.
надо авангард коммуны хорошо обуть.
Обломает тернии красноармейца нога,
и *тогда*
без задержек
к коммуне шагай.
(ROSTA 409) [GS: 31]

Abb. zu Bsp. (39)

(40) *Гражданин*!
У красноармейца, защищающего тебя,
рука примерзает к винтовке.
Если у тебя есть лишние рукавицы,
отдай фронту!
И *панов прикончит красная рука.*
(ROSTA 363) [GS: 30]

Abb. zu Bsp. (40)

Durch die direkte Anrede als Bürger oder Genosse wird der Rezipient stärker in das Geschehen eingebunden, indem genau er (oder sie) sich vom Inhalt angesprochen und dadurch betroffen fühlen sollte. Es ist demnach nicht eine Geschichte über Dritte, die teilnahmslos rezipiert werden kann. In beiden Beispielen wird der Kontakt zum Angesprochenen im weiteren Text pronominal oder in Form eines Imperativs aufrecht erhalten. In Bsp. (39) wird der Bürger direkt dazu aufgefordert, Hilfe für die Front zu leisten, im Gegenzug wird ihm der Sieg der Roten Armee über die unliebsamen Gutsbesitzer vorhergesagt[36]/ versprochen, d.h. der Erfolg der Roten Armee wird von der Mithilfe des Angesprochenen abhängig gemacht, das Versprechen ist an eine Bedingung geknüpft. M.E. oszilliert der Sprechakt in den Bsp. (39) und (40) zwischen Vorhersagen und einem bedingten Versprechen. Der Produzent gibt sich den Anschein zu wissen, was zur Zeit$_t$ passiert, was stärker bindet als ein einfaches "I think". Zudem soll der Rezipient einen Anreiz haben, die von ihm geforderte Handlung auszuführen. Auf der Bildebene erscheint der Sachverhalt in Panel 4 als «gegeben», dies eine Folge davon, dass Bilder normalerweise keine Modalität[37] ausdrücken können, d.h. Realis und Irrealis sind auf piktoraler Ebene

36 Wierzbicka (1987: 268) definiert *forecast* folgendermassen:
forecast: I say: I think that X will be happening at time t, after this time, in that part of the world (p)
I can say this because of what I know about what is happening at this time (now)
I assume people want to know what I think about it because they know that I am someone who knows much about these things.
I say this because I think people want to hear what I think will be happening.

37 Eine Ausnahme bildet die Darstellung von (Wunsch-)Träumen oder Vorstellungen innerhalb eines Panels wie bspw. in GPP143, 5 [GS: 92]. Hier wird auf eine auch im Comic konventionalisierte Darstellungsmethode zurückgegriffen, indem der erwünschte oder ersehnte Zustand bzw. Sachverhalt in einer wolkenförmigen Blase dargestellt wird. Der Ausdruck des Wunsches wird zusätzlich noch verstärkt durch das (pulsierende) Herz in der Brust des Arbeiters. Solche Wunschdarstellungen sind schon in den Volksbilderbögen zu finden, u.a. in *мысли ветреныя* (Sytova 1984: Abb.37), hier ohne Umrandung einfach «in den Himmel» gesetzt oder in *Сонникъ* (Sytova 1984: Abb.175), in welchem die Traumebene von den Schlafenden durch eine Wolke abgegrenzt ist.

nicht zu unterscheiden. Dadurch ergibt sich eine einfache kausale Abfolge (wenn $p \Rightarrow q$).

Die Vorhersage bzw. das Versprechen, dass die Roten über den Feind siegen werden, kann der Textproduzent abgeben, da er als Sprecher der bol'ševistischen Partei und deren Position als Befehlshaberin der Roten Armee dieser gegenüber eine Garantenstellung und damit verknüpft eine hierarchisch höhere Position inne hat. In Bsp. (39) steht im direktiven Sprechakt das modalprädikative *надо*. Die abschliessende Aufforderung, ohne Hindernisse zur Kommune zu schreiten, ist weniger ein Befehl als vielmehr ein Versprechen/eine Vorhersage (и *тогда*), welche(s) erst erfüllt werden kann, wenn der Weg durch den Rotarmisten geebnet worden ist. Die beiden Fenster sind also strukturell gleich aufgebaut, vorgelegt wird eine Art «Erfolgsstory». Auch auf der Bildebene werden «Erfolgsstorys», d. h. Handlungsabläufe, die ein geglücktes, erfolgreiches Ende versprechen, mit einem positiven Sachverhalt in der Schlusssequenz besetzt. Sei dies der glückstrahlende, zufriedene Arbeiter, sei dies die Sonne, die über der Kolchose aufgeht oder der besiegte Feind.

Die deiktische Hinwendung an den Bildbetrachter kann demnach primär den Kontakt herstellen oder zu einer Handlung auffordern. Die Hinwendung zum Bildbetrachter wird aber nicht nur im Imperativ vollzogen, sondern kann auch in Form einer Frage geschehen. In Bsp. (41) wird der Rezipient gleichsam mit rhetorischen Fragen[38] bombardiert, bevor der Weg zur Lösung all seiner Probleme in Form einer Parole propagiert wird (der Titel nimmt dieses Frage-Antwort-Spiel in einer verkürzten Formel schon vorweg):

(41) Хочешь? Вступи
Хочешь побороть холод?
Хочешь побороть голод?
Хочешь есть?
Хочешь пить?
Спеши в ударную группу
образцоваго труда вступить.
(ROSTA 867) [GS: 67]

38 Rhetorische Frage deshalb, weil der Produzent davon ausgehen kann, dass der Rezipient weder frieren noch hungern will.

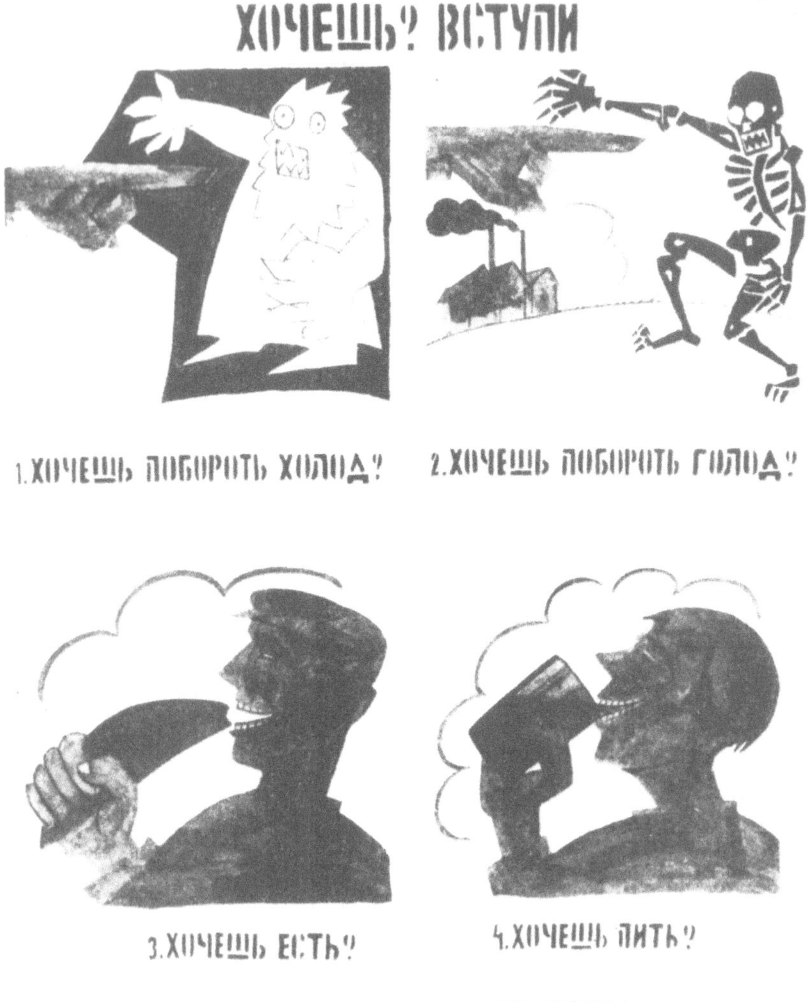
ХОЧЕШЬ? ВСТУПИ
1. ХОЧЕШЬ ПОБОРОТЬ ХОЛОД?
2. ХОЧЕШЬ ПОБОРОТЬ ГОЛОД?
3. ХОЧЕШЬ ЕСТЬ?
4. ХОЧЕШЬ ПИТЬ?
СПЕШИ В УДАРНУЮ ГРУППУ
ОБРАЗЦОВАГО ТРУДА ВСТУПИТЬ.

Abb. zu Bsp. (41)

Das direkte persönliche Ansprechen des Plakat-Betrachters in der 2. Pers. Sg. ist ein beliebtes Verfahren, das nicht nur in den ROSTA-Fenstern, sondern in der gesamten Propagandaplakatproduktion zu beobachten ist:

> [...] считается мысленное обращение на *ты* по отношению к любому человеку, которого *призывают* к чему-либо в порядке выполнения его долга, *предупреждают* о грозящей ему в некоторых ситуациях опасности и т.п. [Hervorhebung RK]
> (Apresjan 1997: 291)

Die russische Standardsprache besitzt demnach die Möglichkeit, für einen Aufruf oder eine Aufforderung an einen beliebigen Menschen (sprecherinklusiv) das Personalpronomen *ты*$_2$ zu verwenden. Darüber hinaus gerät der Rezipient auch in die persönliche Sphäre des Sprechers:

> Личная сфера говорящего подвижна – она может включать большее или меньшее число объектов в зависимости от ситуации. В частности, в некоторых ситуациях она расширяется настолько, что в нее входят и незнакомые говорящему люди, его «ближние». В своих единицах и правилах русский язык кодирует ту моральную истину, что все люди братья [...].
> (Apresjan 1997: 293)

Diese Ausweitung der persönlichen Sphäre auf alle Fensterbetrachter stärkt das «wir»-Gefühl und erlaubt es, soziale und andere Unterschiede zwischen den Angesprochenen vergessen zu machen (ibd.), bzw. das Gefühl zu vermitteln, dass für die Mitglieder der neuen sozialistischen Gesellschaft keine solchen Unterschiede mehr bestehen. Manchmal wird auch zwischen den beiden deiktischen Anredeformen hin und her gewechselt, wie in Bsp. (42):

> (42) Товарищи *у нас* газет мало!
> [...]
> Отчего газет нету?
> Оттого, что *ты* украл газету эту.
> *Берегите* газеты их у нас мало.
> *Возвращайте* ее в учреждение,
> если она *к тебе* из учреждения попала.
> (GPP 178, 1 und 11–14) [GS: 98], siehe Abb. auf S. 198

Auf die Frage nach dem Grund des Zeitungsmangels wird in Panel 12 der Schuldige direkt angesprochen (anklagendes *ты*), indem der rote Zeigefinger auf ihn zeigt und sich dieser wie ein kleiner Schuljunge ertappt fühlt. In Panel 13/14 wird innerhalb eines Satzes von der 2. Pers. Pl.[39] zur 2. Pers. Sg. gewechselt, was grammatikalisch keinen Sinn macht, aber die Möglichkeit eröffnet, eine an alle gerichtete Aussage – durch einen Rückverweis auf Panel 12 (*ты* украл газету эту)– erneut auf den Einzelnen zu fokussieren und damit den Bildbetrachter direkter anzusprechen und an Eindringlichkeit zu gewinnen.

Neben der direkten deiktischen Anrede der Fensterbetrachter wird in den Texten aber auch häufig die 1. Pers. Pl. verwendet, d. h. der Fensterproduzent kann in einem kollektiven *wir* verschwinden:

(43) *Используем* все!
Завоевания октябрьские сохраним до тех пор,
пока во всем мире
не разрешится *наш* с буржуазией спор.
В этой борьбе
каждая ниточка должна применяться с пользой.
Страсть буржуев к наживе
и ту для революции *используем.*
Мы раздаем аренды –
заводы, мол, строй!
Этот завод поможет расправиться
и с голодом и с разрухой-сестрой.
И когда фундамент промышленности крупной
будет под Октябрь подведен,
и *наша* буржуазия
и заграничная купно
постепенно выкинется вон.
(GPP 402) [GS: 124], siehe Abb. auf S. 199

39 In diesem Fall handelt es sich nicht um die Höflichkeitsform, sondern um eine pluralische Referenz.

(44) *Мы* голодаем.
Чтоб *мы* могли есть,
надо шептунов по шапке.
Транспорт работой восстановить и хлеб привесть.
(GPP 62) [GS: 86]

Abb. zu Bsp. (44)

(45) *Мы* подбили капиталу одну щеку
но ручки сложа нельзя сесть
будем на чеку
еще живет капитал
еще может попробовать лезть.
(ROSTA 740) [GS: 56]

Abb. zu Bsp. (45)

Während in Bsp. (43) dazu aufgerufen wird, den Kapitalisten für die eigene Sache auszunutzen, um ihm anschliessend einen Tritt zu versetzen, weist Bsp. (44) auf die prekäre Situation im Land hin, und in Bsp. (45) wird eine Aussage Lenins («Мы должны быть на чеку. Мы ни в коем случае не можем считать что от войны мы уже застрахованы.» Lenin iz reči 8 c"ezda), welche als Headline im Fenster erscheint, paraphrasiert und konkretisiert.[40]

«Die Referenz von *мы* ist in Propagandatexten oft nicht entscheidbar» (Schwendimann 2000: 30) und kann von *ich + noch jemand* bis *ich + die ganze Menschheit* reichen. Im Unterschied zu rein verbalen Propagandakommunikaten haben die ROSTA-Fenster jedoch den Vorteil, die Referenz von *мы* im Bild klären zu können. In Bsp. (43) wird in Panel 1 die Referenz durch das Emblem des Arbeiter- und Bauernstaats sowie die rote Arbeiterfigur als *мы = Obrigkeit/Staat + Arbeiter* festgelegt. Dieses *мы* steht im Gegensatz zu *они*, welches Kapitalisten und Bourgeoise umfasst, dadurch wird die – für das propagandistische Universum – typische Freund-Feind-Struktur zu Beginn des Fensters etabliert. Bei der folgenden Zusammenarbeit mit dem «Bösen» muss die Frontzuweisung von Anbeginn an klar sein, damit es nicht zu einer ideologischen Verunsicherung und Verwischung der Grenzen kommen kann. Das GPP-Fenster Nr. 402 kann hierbei auf die vereinheitlichte Darstellungstradition der Fenster zurückgreifen. Jeder (er)kannte den Kapitalisten und hatte ihn durch die erzählten Geschichten verachten und hassen gelernt. Auch bei den übrigen in diesem Fenster auftretenden Feinden handelt es sich um alte Bekannte – wie die personifizierten Geschwister Ruin und Hunger, die durch den Rauch der funktionierenden Fabriken vertrieben werden. Auf dieser Basis nun kann das Fenster seine Geschichte erzählen. Dabei führt eine Erzählfigur in Form eines Roten Proletariers einem Demiurgen gleich alles überblickend und verstehend den Betrachter durch die Bildreihen. Der Text erzählt von den eigenen Zielen, die in der Festigung der Grossen Sozialistischen Oktoberrevolution durch den

40 Die Veranschaulichung der textuellen Aussagen in Bsp. (45) wird sowohl mit der dirketen (wörtlichen) Umsetzung einer Metapher *подбили капиталу одну щеку* bzw. eines Phraseologismus *руки/ручки сложа сесть* im Bild erreicht, als auch mit der Konkretisierung von *будем на чеку.*

Aufbau der Schwerindustrie (Panel 9) und – wie im letzten Bild zu sehen ist – der alleinigen Herrschaft des Kommunismus durch die Vertreibung des Kapitalismus bestehen. Doch um dieses Ziel zu erreichen, braucht es die «Mithilfe» des feindlichen Lagers, dessen mit leidenschaftlichen Gefühlen verbundene Geldgier (4) es auszunutzen gilt. Dabei täuscht das Bild von Panel 2 einen Zustand vor, den es erst noch zu erreichen gilt; das im Text geäusserte Ziel der Besiegung des Kapitalismus ist auf Bildebene schon realisiert. Wichtig ist die klare Machtverteilung der Lager: die riesige rote Erzählfigur führt den Kapitalisten einer Marionette gleich seinen Aufgaben zu (Panel 6/7). Haben er (Panel 11) und sein Kumpan Kulak (Panel 10) ihre Aufgabe erfüllt und drohen dabei fett und mächtig zu werden, so fegt die nunmehr erstarkte Sowjetmacht sie einfach mit einem Fusstritt von der Erde weg. Dem Sieg der kommunistischen Weltrevolution steht nichts mehr im Wege.

In Bsp. (44) wird das hungernde *мы* als Ist-Zustand auf der Bildebene durch eine generisch referentialisierende, ausgemergelte Arbeiterfigur (Panel 1), der Soll-Zustand (Panel 2) durch eine essende Arbeiterfigur dargestellt, d. h. metonymisch durch einen Vertreter seiner Klasse; das *мы* umfasst aber auch die Fensterbetrachter, die sich mit dem Fensterinhalt auseinander setzen und den Anweisungen folgen sollen. Der Übergang zum Modalprädikativ *надо* in Panel 3–4 wird auf der Bildebene durch die zuschlagende rote Faust sowie den tätigen Arbeiter referentialisiert, d. h. es wird eine bildliche Analogie zwischen schlagen_1 (jmd. schlagen) und schlagen_2 (tätig sein) hergestellt. Die Modalität (Realis – Irrealis) ist auf der Textebene durch die Modalitätspartikel (что)*б* (Panel 2) ersichtlich, dem Bild hingegen ist der Ausdruck von Modalität fremd.

In Bsp. (45) schliesslich erscheint das Personalpronomen *мы* zuerst in der Headline als Lenin-Zitat, d. h. als reiner Text ohne dazugehöriges Bild. Die Aussage paraphrasierend steht als 1. Aktant im Text zu Panel 1 ebenfalls das Personalpronomen in der 1. Pers. Pl., wird aber bildlich nicht umgesetzt. Im Bild ist lediglich der lädierte Kapitalist als Personifizierung von *капитал* zu sehen. Die Referenz von *мы* wird also nicht eindeutig festgelegt, sondern bleibt vage und umfasst am ehesten die Gesamtheit der Angehörigen des eigenen Systems und somit auch des Bildbetrachters im Gegensatz zum *они* des/der feindlichen Systeme(s). In Panel 3 dann wird der 1. Aktant von *будем* на чеку auf der piktoralen

Ebene durch einen an der Grenze stehenden, bewaffneten Rotarmisten dargestellt. Hierbei wird das Problem der visuellen Realisierung von *мы* sichtbar: Die Exemplifizierung im Bild mittels Rotarmisten soll nicht die wir-Gruppe darstellen, sondern die Eigenschaft der Wachsamkeit, d.h. der Rotarmist ist nicht koreferent[41] mit dem textuellen 1. Aktanten, sondern illustriert den Sachverhalt *быть на чеку*. Das textuelle *wir* kann sich dadurch koreferent weiterhin auf alle Angesprochenen und Angehörigen des eigenen Lagers beziehen. Auch die Arbeiterfigur in Panel 2 denotiert nicht primär die Klasse der Arbeiter, sondern den Begriff «untätig sein», d.h. eine Eigenschaft und nicht eine Person oder Personengruppe (zu den Darstellungsverfahren in den ROSTA-Fenstern vgl. Kapitel II.2). In dieser Interpretation bleibt die Vagheit der Referenz trotz visueller Darstellung des Sachverhalts bestehen. Am Ende der Bildfolge steht der lädierte Kapitalist, welcher nichtsdestotrotz noch seine Zähne zeigt, eine Faust macht und einen Dolch in der Hand hält, d.h. eine Bedrohung für das System verkörpert. Im Unterschied zur «Erfolgsstory» (Bsp. 39 und 40, siehe Texte und Abb. auf S.166 bzw. S.167) ist in Bsp. (45) ein negativer Sachverhalt im letzten Panel dargestellt.

Die Methoden der ROSTA-Fensterproduzenten erinnern an eine Kindererziehung, die auf «Zuckerbrot und Peitsche» aufbaut. Hält sich der Rezipient an die vorgegebenen Verhaltensmuster, so winkt ihm eine «Belohnung», d.h. eine Verbesserung seines Zustandes, weicht der Rezipient jedoch von den vorgeschlagenen oder angebotenen Verhaltensmustern ab, muss er mit negativen Konsequenzen rechnen:

(46) Товарищи, ну!
Призывов не надо многих.
Или этот путь должны протянуть –
Или-же протянуть ноги.
(ROSTA 624) [SGS], siehe Abb. auf S.200

41 Voraussetzung für Koreferenz wäre natürlich, dass der Rotarmist metonymisch für seine Klasse steht und somit ein pluralisches Subjekt vertreten könnte. In diesem Falle wären auch nur diejenigen Bildbetrachter in das *мы* eingeschlossen, welche der Roten Armee angehören.

(47) Соли нет – так крышка нам.
Если мы не с солью –
будет лишь одна цынга
шляться по раздолью.
(Fev. 1921, 7–8) [GS: 75]

Abb. zu Bsp. (47)

In Bsp. (46) wird von einem negativen Sachverhalt ausgegangen, den es zu beheben gilt. Die verbale Hinwendung zum Rezipienten mit der nachfolgenden Interjektion *ну* als Ausdruck der Aufforderung wird im Bild durch die auf zerstörte Schienen hinweisende Hand aufgenommen. Im nächsten Panel wird an die Affichen erinnert, die zur Freiwilligenarbeit aufrufen, d. h. es wird intertextuell auf andere – bereits bekannte – Kommunikate verwiesen. In den abschliessenden zwei Panels werden die Konsequenzen des Befolgens bzw. Nicht-Befolgens des Aufrufs als Alternative mit der mehrteiligen Konjunktion *или – или* dargestellt: entweder die Transportwege werden erneuert oder der Ruin packt zu. Oszillierte bei der «Erfolgsstory», d. h. bei einer sich zum Positiven wendenden Bildabfolge, die Illokution zwischen Vorhersage und Versprechen, so sieht sich der Bildbetrachter hier mit einer Warnung, genauer gesagt mit einer Warnung vor der Bedrohung[42] konfrontiert.

Das Bild von Panel 4 in Bsp. (46) zeigt die Bedrohung (den Ruin) und löst Angst aus, der Text warnt vor der tödlichen Bedrohung. Auch in Bsp. (47) wird ein Handlungsmuster vorgegeben und die Konsequenzen bei Nichtbefolgen aufgezeigt. Die Bedrohung wird in den letzten beiden Panels (7–8) visualisiert, wobei der personifizierte Skorbut sowohl die gefesselten Arbeiter in Panel 7 als auch den Bildbetrachter zu packen scheint. Die Partei kann sich hierbei hinter der «natürlichen» Konsequenz verbergen, die den Betrachtern bei Nicht-Wohlverhalten droht, so dass diese das Gefühl der Motivation durch den Sachverhalt selbst bekommen.

Ins erzieherisch-didaktische Repertoire gehört auch das Stellen von Fragen. Bei didaktischen Fragen verfügt der Produzent schon über das notwendige Wissen; seine Aufgabe ist es zu kontrollieren, ob auch der Rezipient im Besitz dieses Wissens ist. Da der Rezipient eines Plakates – im Gegensatz zu einer face-to-face-Kommunikation – nicht direkt mit dem Fragesteller in Kontakt treten kann, muss die Beantwortung entweder völlig klar sein (rhetorische Frage, vgl. Bsp. 41, siehe Text und Abb. auf S. 169 f.), oder es muss sich im Fenster selbst eine Antwort finden:

(48) *Какие средства против цынги?*
Грибы
и ягоды
(GPP 284, 6–8) [GS: 110]

Die Frage in Bsp. (48) wird im Bild durch die rote Erzählfigur mit erhobenem Zeigefinger und ein grosses Fragezeichen unterstrichen. Diese Darstellung lässt die didaktische Intention des Plakates unverblümt erkennen.

Im Gegensatz zum autoritativen Zeigegestus der Erzählerfigur in Bsp. (48) ist es in Bsp. (49) und (50) auf der Bildebene der Akteur der Geschichte selbst, der sich die Frage stellt:

(49) В феврале и марте снег остановит дороги,
что надо делать что-б не поддаться ему?
Надо делать лопаты самому.
(ROSTA 851, 3–4) [GS: 65]

42 Zum Sprechakt *Warnen* in Abgrenzung zu *Drohen* vgl. Nicoloff (1987: 505 ff.).

ПОМОГИТЕ ЦЫНГОТНЫМ ДЕТЯМ
ЭЙ РАБОТНИЦЫ!
ЭЙ РАБОТНИКИ!
ТОРОПИТЕСЬ НА СУББОТНИКИ
1922
1921
НАДО ПЕРЕЖИТЬ ГОЛОДНЫЙ ГОД НАМ
В ПЕРВУЮ ОЧЕРЕДЬ ПОМОЖЕМ ДЕТЯМ ЦЫНГОТНЫМ
КАКИЕ СРЕДСТВА ПРОТИВ ЦЫНГИ
ГРИБЫ
СОБИРАТЬ ЖЕ ИХ - ОДНО ВЕСЕЛЬЕ
И НИКАКОЙ ТЯГОТЫ
И ЯГОДЫ
ЗА РАБОТУ-Ж!
ЧЕМ МОЖЕМ -
ГОЛОДНЫМ ДЕТЯМ ПОМОЖЕМ!

Abb. zu Bsp. (48)

Abb. zu Bsp. (49)

(50) *Что-же делать*
Поджигателей – наказывать строжно.
А самому обращаться с огнем осторожно.
(GPP 187, 10–12) [GS: 101], siehe Abb. auf S. 201 oben

Der Frage *что (же/надо) делать* entspricht auf der piktoralen Ebene das Bildsymbol des ratlos dreinschauenden Arbeiters mit dem Fragezeichen. Das Bild zeigt keinen eigentlichen Sachverhalt, sondern steht als Schaltpanel analog zur textuell geäusserten Frage. Dadurch wird eine Zäsur im Kommunikat erreicht, der Fensterbetrachter hat gleichsam Zeit innezuhalten und sich die Frage zu überlegen, gleichzeitig gewinnt die anschliessende Antwort an Prägnanz. Auf piktoraler Ebene ist das Fragezeichen ein zentrales Element bei der Kontrollfrage. Es gibt dem Bildbetrachter zu erkennen, dass ihm ein Sachverhalt erläutert oder in Erinnerung gerufen wird, wobei das Fragezeichen entweder direkt in eine Szene der Geschichte platziert wird, oder – was häufiger der Fall ist – in Form eines Schaltpanels als Frage eines Akteurs der Bildgeschichte oder einer Erzählfigur erscheint.

Nicht nur didaktische Fragen finden in den ROSTA-Fenstern ihre Anwendung, auch suggestive Entscheidungsfragen[43] finden Eingang in die Fenster:

(51) Ты не пошел на фронт бить барона?
Ты не живешь в окопном стуже?
(ROSTA 452, 1–2) [GS: 34]

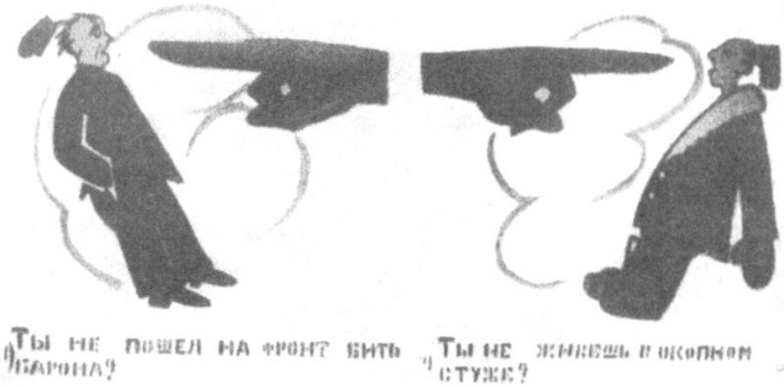

Abb. zu Bsp. (51)

In Panel 1 und 2 des Bsp. (51) weist ein roter Zeigefinger auf die jeweils abgebildeten Figuren, wodurch diese in Rücklage geraten und ihre Mützen verlieren. Diese Darstellung unterstreicht die Komponente des Vorwurfs in der gestellten Frage. Angesprochen werden die Daheimgebliebenen, diejenigen, die nicht an die Front gingen. Die Frage kann als Appell an das schlechte Gewissen interpretiert werden und soll dem abschliessenden Aufruf zum Subbotnik Nachdruck verleihen.

Die Sprechakte in den ROSTA-Fenstern sind abhängig von den sie begleitenden Bildern. So entstehen indirekte Sprechakte oft aus der Diskrepanz zwischen der textuellen und der bildlichen Darstellung bzw. Aussage. Dies gilt insbesondere für das Verfahren der Ironie und der im feindlichen Lager geäusserten Lügen. Sowohl bei der Ironie als auch bei der Lüge handelt es sich um "intentional communication of insincerity [...] relative to some illocutionary act" (Brown 1980: 117), aber während die Lüge diesen Widerspruch zu kaschieren sucht, will die Ironie

43 Vgl. dazu auch Kämpfer (1985: 95 ff.).

ihn offen darlegen. Betrachtet man Ironie vor dem Hintergrund der Sprechakttheorie, so wird bei ironischen Äusserungen u. a. gegen die Grice'schen Maximen der Qualität und Modalität verstossen, d. h. die Äusserung kann semantisch unwahr[44] sein und als missverständlich formuliert aufgefasst werden. In den ROSTA-Fenstern werden diese Verstösse durch die Diskrepanz von textueller und Bildaussage erzeugt. In ROSTA 508 wird das Märchen über die Liebkosungen des Gutsbesitzers *(Сказка про барскую ласку)* (Bsp. 13, siehe Text und Abb. auf S. 118 f.) in der Art einer Schlagwortaneinanderreihung präsentiert. Allein schon diese Umsetzung eines Märchens mittels Stichworten erzeugt einen komischen Effekt, da die Erwartungen, die mit dieser Textsorte in Zusammenhang gebracht werden, nicht erfüllt werden.

Der Text *возьмет, посадит, по головке погладит* ruft beim Rezipienten das Script *erwachsene Person liebkost Kind* hervor. Dieses Script wird auf der Bildebene demontiert, indem a) das Objekt der Liebkosung ein erwachsener Bauer ist und b) die Liebkosungen sich als rohe Übergriffe des Herren auf seinen Untertanen herausstellen. Das dem Bauern zugewiesene Land schliesslich erweist sich als seine Grabstätte. Der ironische Effekt wird vor allem durch die Diskrepanz zwischen den durch das positiv konnotierte Lexem *ласка* erwarteten Liebkosungen und den tatsächlichen Brutalitäten erzeugt. Diese Derbheit ist nach Groeben (1986: 183 ff.) dem Typ der arroganten, feindseligen Ironie zuzuordnen. Das Opfer in Gestalt des naiv dummen Bauern kann sein Gesicht nicht wahren, sondern wird der Lächerlichkeit preisgegeben und der Täter – metonymisch durch den brilliantringbesetzten Finger dargestellt – ist gesichtslos und verkörpert den niederträchtigen Aggressor. Das ironische Verfahren wird auch im abschliessenden Panel, welches die Vernichtung Vrangel's propagiert, weitergeführt. Das Thema der gegenseitigen Gefühlszuwendung wird textuell durch den Imperativ *порадуй*, die Brutalität im Bild durch die Vrangel' niederstechende

44 Lapp (1992: 71 ff.) zeigt auf, dass nicht alle ironischen Äusserungen auf semantisch unwahren Propositionen beruhen, und dass eine Begrenzung der Ironie auf die Verletzung der Qualitätsmaxime zu eng gefasst ist. Auch können so Fälle von Ironie und metaphorischem Gebrauch nicht klar getrennt werden.

Mistgabel beibehalten. Die Ironie kommt also durch die divergierenden Isotopie-Ketten in Bild und Text zustande. Während der Text eine Isotopie-Kette der gegenseitigen Zuneigung verfolgt, wird auf piktoraler Ebene diejenige der Gewaltanwendung dargestellt.

Im Unterschied zu der von den Fensterproduzenten (eigenes Lager) verwendeten Ironie, in welcher die Sprechereinstellung durch die Diskrepanz zwischen Bild und Text offen zu Tage gelegt wird, bedient sich das feindliche Lager der Täuschung, d. h. die gegnerischen Akteure spiegeln falsche Tatsachen vor. Diesem Umstand wird auch bei der Umsetzung solcher Lügen ins Bild Rechnung getragen. Der Wille des Lügners, «den Widerspruch zwischen wirklicher und ausgedrückter propositionaler Einstellung zu verbergen» (Lapp 1992: 92), wird auf piktoraler Ebene aufgezeigt, d. h. er muss im Bild vom Plakatproduzenten entlarvt werden. Auch auf der textuellen Ebene sind Marker zur Kennzeichnung von lügnerischen Aussagen vorhanden, wie bspw. verbi dicendi oder Modalpartikeln als Marker fremder Rede. Die fremde Rede ist in der dichotomen Welt der ROSTA-Fenster normalerweise auch die Rede des Gegners.

In ROSTA-Fenster Nr. 137 (Bsp. 52) werden die Bezeugungen der Entente-Diplomanten in der direkten Rede wiedergegeben und als Lüge entlarvt:

(52) Так *наврут* европейскому рабочему что не наврешь чище.
Мы-*де* ни Врангелю не помогаем, ни Польше,
мы, *мол*, мира желаем, – чего больше.
(ROSTA 137, 2–4) [GS: 20]

Die Unaufrichtigkeit der gegnerischen Aussage in Bsp. (52) wird schon durch das einleitende verbum dicendi *наврут* markiert, wobei auf der Bildebene die Zunge (язык$_2$) metonymisch für die Sprache (язык$_1$) als Organ steht, welches Lügen verbreitet. Die Zunge des Gegners ist lang (длинный язык=geschwätzig sein) (Panel 1) und dient als Organ, mit welchem dem Arbeiter Unwahrheiten eingeflüstert werden können (Panel 2). Auch in ROSTA-Fenster Nr. 175 (Bsp. (53)) wird der verlogene Charakter der Entente-Vertreter thematisiert:

Abb. zu Bsp. (52)

(53) Рабочий, не смотри Антанте в рот.
Ртом Антанта, наверное, только *врет*.
Вырви язык, чтоб не лила елей.
(ROSTA 175, 1–3) [Majakovskij 1957: 119]

In Panel 1 wird der Phraseologismus *смотреть в рот кому-н.* wörtlich ins Bild umgesetzt, indem der Arbeiter dem Entente-Vertreter gebannt ins geöffnete Maul schaut. In der Folge zeigt der Feind seine mit leeren Versprechungen *(переговоры, мир, снятие блокады)* beschrifteten Zungen (Panel 2) und der Arbeiter entledigt sich dieses falschen Gegenübers, indem er ihm die Zunge aus dem Mund reisst. Die Zunge dient in ihrer visualisierten Konkretisierung wiederum als Trägerin und Übermittlerin von Sprache. In der Parole hingegen, die den beiden Fenstern als Grundlage dient, bleibt die Bedeutung von *язык*$_{1+2}$ offen:

Abb. zu Bsp. (53)

Буржуазным дипломатам дан язык для лицемерной лжи и обмана народов.
Красноармейцу дана винтовка, чтоб беспощадно бить врагов рабочих и крестьян.
(Pravda, 4 ijulja 1920 г. Losungi) [GS: Kommentarii 20]

Neben dem verbum dicendi *врать* und der Metapher der falschen/lügnerischen Zunge bilden die Modalpartikeln *де* bzw. *мол* (Bsp. 52) ihrerseits eine zusätzliche Möglichkeit, die kontextbedingte negative Einstellung[45] des Fenstererzählers gegenüber der fremden Rede kenntlich zu machen (vgl. dazu Kurt 1999: 105 f.). Indem man den Feind selbst zu Wort kommen lässt, wird die Authentizität seiner Äusserungen erhöht. Die Lüge, d. h. die Diskrepanz der gegnerischen Aussagen zur Wahrheit, wird im Bild aufgedeckt. In Panel 3 steht der Entente-Vertreter vor einem riesigen, beschrifteten Geldsack *1000000 для Польши* und zeigt seine leeren Taschen, gibt also vor, kein Geld zu haben, und in Panel 4 wird die Entente personifiziert als ein Mischwesen zwischen Friedenstaube und Kriegsflugzeug, der Mund gibt vor, Frieden zu wollen (Ölbaumzweig im Mund), während auf dem Rücken der feindliche General sitzt und die Bereitschaft zum Angriff ausdrückt.

Die heuchlerische Verlogenheit als Eigenschaft des Gegners gehört zu den Konstanten des propagandistischen Diskurses der Sowjetunion (vgl. Kummer 2000: 304 f.). Plakate als semiotisch-komplexe Kommunikate bieten ideale Bedingungen, um den Betrachtern die feindlichen Charaktereigenschaften der Verlogenheit und Lüge zu vermitteln. Die Textaussage (oft in direkter Rede, was durch Modalpartikeln signalisiert wird) und «Bildaussage» divergieren, so dass der Rezipient die «Unwahrheit» der textuellen Aussage durch das Bild erkennen kann, d. h. es müssen – neben den Modalpartikeln, die die Distanz des Erzählers zur Aussage markieren – keine zusätzlichen sprachlichen Mittel mehr aufgebracht werden, um den Sprechakt der Lüge als solchen kenntlich zu machen.

45 Die Modalpartikeln selbst sind wertneutral hinsichtlich der Einstellung zur fremden Rede.

Den Redewiedergaben der gegnerischen Seite eignet keine Allgemeingültigkeit, sondern sie müssen vielmehr auf ihre Glaubwürdigkeit bzw. Verlogenheit hin überprüft werden. Deshalb werden sie durch Modalpartikeln als Marker für fremde Rede zusätzlich gekennzeichnet:

(54) Этот декрет для помощи рабочим создан.
Спекулянты его в свою сторону повернуть хотят.
вышел декрет, [46]ну, *мол*, и отлично –
поторгую единолично.
(GPP 157, 1–4) [GS: 96], siehe Abb. auf S. 202

(55) А после передает жене газету эту.
на, *мол*, газеты мои,
юбки новых фасонов крои.
(GPP 178, 5–7) [GS: 98], siehe Abb. auf S. 201 unten

(56) Много ль в поезде места
или мало
садятся как и на что попало.
Паровоз, *мол*, не лошадь, паровоз, *мол*, силен –
всякую тяжесть выдержит он.
[...]
Сломают сами
и орут в уши
транспорт *мол* в советской России разрушен.
(GPP 184, 3–4 und 12) [GS: 100], siehe Abb. auf S. 203

Sowohl die Spekulanten (Bsp. 54 und 56) als auch der faule Bürokrat (Bsp. 55) werden zitiert und damit aufgezeigt, welche verwerfliche Haltung sie gegenüber staatlichem Eigentum einnehmen oder welche Hinterlist sie anwenden, um neue Dekrete zu ihrem Vorteil auszunützen und zum Schaden des Arbeiters zu wenden. Auch in Bsp. (56) kommt mit *орут* ein negativ konnotiertes verbum dicendi zum Einsatz; diesem wird auf piktoraler Ebene durch die Wortwiederholung *транспорт разрушен*, die der Saboteur ausschreit,[47] Nachdruck verliehen.

46 Je nach Textausgabe ist der Beginn der direkten Rede durch Anführungszeichen markiert oder nicht. Im ROSTA-Fenster selbst sind keine Anführungszeichen gesetzt. Zudem ist es fraglich, ob die direkte Rede des Spekulanten nicht schon bei вышел beginnt.

47 Dasselbe Verfahren findet sich auch in ROSTA-Fenster Nr. 335 Panel 8 [GS: 27].

Die Modalpartikeln *мол* dienen nicht nur der Kennzeichnung gegnerischer Lügen und Unwahrheiten, sondern stehen ganz allgemein als lexikalische Marker für Fremdperspektive, der eine gewisse Skepsis entgegengebracht werden muss, und die keinen allgemeingültigen Status besitzt:

(57) Многие успокоились –
побиты, *мол*, белые.
В результате – некоторое разложение ослабленных сил,
притихла наша энергия ослабелая.
Видит голод работаем еле,
лезет голод во все щели.
(GPP 289, 5–8) [GS: 111], siehe Abb. auf S. 209

In Bsp. (57) markiert das Modalpartikel *мол* in ***побиты, мол, белые*** einerseits, dass die Weissen momentan zwar besiegt sind, das feindliche System aber weiterhin besteht und somit auch erneut einen Angriff gegen die bol'ševistische Regierung starten kann, was im Quellentext des Fensters expliziert wird:

Когда гражданская война в общем и целом была ликвидирована, когда буржуазные державы вынуждены были, по крайней мере, *временно* отказаться от ликвидации большевистской власти вооруженной рукой [...]
(Pravda, 14 avgusta 1921 g.) [GS: Kommentarii 111]

D. h. die Aussage besitzt keine überzeitliche, allgemeine Gültigkeit, sondern drückt einen momentanen Zustand *временно* aus. Andererseits wird durch die Partikel auch signalisiert, dass eine gewisse Vorsicht gegenüber der fremden Rede hinsichtlich möglicher Fehlschlüsse angebracht ist. Die eigene Position hingegen ist klar *для нас это ясно* und weist den richtigen Weg:

Нам еще нельзя отдыхать: хозяйственная страда не дает права воспользоваться военной передышкой. *Мы должны быть на хозяйственных позициях. Для нас это ясно.* Отсюда новый прилив сил, новое оживление в наших рядах. Товарищи, на позиции!
(Pravda, 14 avgusta 1921 g.) [GS: 1938: Kommentarii 111]

Nicht der errungene Sieg über den politischen Feind darf im Vordergrund stehen, sondern die Weiterführung des Kampfes an einer neuen Front, sprich der Arbeitsfront. Der Übergang vom Bürgerkrieg zur Neuen

Ökonomischen Politik (NĖP) – ein im letzten Fensterproduktionsjahr zentrales Thema – wird nicht als Bruch, sondern als Kontinuum dargestellt. Dies passt in den propagandasprachlichen Diskurs, welcher dem eigenen System Totalität und Kontinuität zuschreibt, im Gegensatz zum feindlichen Lager, welches sich durch Partialität und Vergänglichkeit auszeichnet (vgl. u. a. Weiss 1986: 279 ff., Weiss 2000).

Das ROSTA-Fenster Nr. 570 (Bsp. 58) arbeitet genau mit dieser Kontinuitätssemantik durch Übertragung des Begriffs *Front* vom martialischen Feld in den Produktionsbereich:

(58) Не увлекайся победой
не успокаивайся, осторожно!
Оружие сложить нельзя его только переменить можно.
Держи востро ухо, а то смотри – задавит разруха!
(ROSTA 570) [GS: 45]

Der als Quelle dienende *Pravda*-Artikel vom 19. November 1920 argumentiert ebenfalls auf dieser Linie:

> Полный разгром Врангеля и ряд поражений, нанесенных Петлюре, делают вероятным *переход всей работы организующих сил республики на трудовой фронт*, однако отсюда вовсе не следует, что мы сразу придем к облегчению нашего положения, облегчению, которое даст возможность тратить меньше энергии, сил и средств, наоборот, момент перелома, т.е. момент перехода от войны к миру, сам по себе представляется моментом, требующимй добавочных сил. (Pravda, 19 nojabrja 1920 g.) [GS: Kommentarii 46]

Diese versteckte Durchhalteparole in Form eines umständlichen Bandwurmsatzes konnte auf dem Weg der Printmedien nur einen kleinen Teil der Bevölkerung erreichen. Den ROSTA-Produzenten gelang es im ROSTA-Fenster Nr. 570, die Aussage auf das Wesentliche zu reduzieren und die Dringlichkeit des Appells zu unterstreichen. Durch die Bild-Text-Folge kann der komplexe Sachverhalt in seine einzelnen Elemente aufgesplittet sowie eine moralisch belehrende Schlusssequenz beigefügt werden, die im Quellentext nicht explizit geäussert wird. Die Kontinuitätssemantik wird durch die Isotopie *Kampf/Waffen* erzielt, die sich sowohl auf den Kampf an der Kriegs- als auch an der Arbeitsfront bezieht. Der Begriff *оружие* wird erst auf piktoraler Ebene durch einen Hammer und ein Gewehr sowie den Dynamik indizierenden *(переменить)* Blitz konkretisiert.

Abb. zu Bsp. (58)

Mit dem gleichen Verfahren arbeitet das ROSTA-Fenster Nr. 571 (Bsp. 59), das auf demselben Quellentext der *Pravda* basiert. Im Unterschied zum ROSTA-Fenster Nr. 570, in dem der negative Sachverhalt als Warnung vor der Bedrohung am Ende der Panelfolge steht, ist hier der negative Sachverhalt am Anfang der Bildfolge gesetzt und in der Folge als Mittel zur erfolgreichen Bekämpfung des Feindes dargestellt:

(59) Сломили красноармейцы шею барону.
Новые враги! –
товарищи, на оборону!
И этого врага не победишь
разом: бери его атакой
окружим его окопами,
гони удушливым газом.
(ROSTA 571) [GS 46], siehe Abb. auf S. 204

In Bsp. (59) operiert der Text ausschliesslich auf der kriegsmetaphorischen Ebene. Ohne dazugehörige Bilder wäre der Rezipient nicht in der Lage, die «neuen Feinde» zu referentialisieren. Dies leistet in diesem Falle einzig das Bild und Schriftelemente im Bild. In Panel 1 werden die neuen Feinde im Bild als *разруха* referentialisiert, in Panel 2 ist aus dem abgebildeten Transparent *на фронт труда!* ersichtlich, dass es sich bei der neuen Front um die Arbeitsfront handelt. Der Text argumentiert mit altbekannten Mustern, die Bilder vermitteln die Umsetzung von Bekanntem in einen neuen Sachverhalt.

Als propagandasprachliches Kommunikat sind die ROSTA-Fenster geprägt durch ihren didaktischen Auftrag. Der Sender, d. h. die Partei bzw. die Produzenten der ROSTA-Fenster, ist im Besitz des notwendigen Wissens; er kennt die Handlungsspielregeln, die Verhaltensmuster, die Ziele der Sowjetunion und somit jedes einzelnen Sowjetbürgers. Neben der Wissensvermittlung spielt aber auch die Entlarvung und Diffamierung des Feindes eine wichtige Rolle. Beides wird dank den Möglichkeiten, die ein semiotisch gemischtes System bietet, anschaulich, ja fast spielerisch vermittelt, wobei der Titel «Грозный смех» des hier verwendeten Korpus programmatisch für die Wirkungsweise der Fenster steht.

ОКНО САТИРЫ РОСТА №70.
1) ТОВАРИЩИ, НЕ ПОДДАВАЙ-
ТЕСЬ ПАНИКЕ. ОНА
ДЕЛАЕТ ОБЫКНОВЕННО
ИЗ МУХИ СЛОНА.
2) И ВОТ СЛЕДСТ-
ВИЕ ЭТОГО
3) НО И ВОСТРО ДЕРЖАТЬ
УХО.
ЧТОБ ИЗ СЛОНА НЕ
ПОЛУЧИЛАСЬ МУХА.
4) СЛЕДСТВИЕ
ЭТОГО ТАКОЕ
5) БЕЗ ВСЯКОЙ ПАНИКИ, НО И НЕ ЗРЯ РЕЗВО
ИДИТЕ НА ФРОНТ ХЛАДНОКРОВНО И ТРЕЗВО

Abb. zu Bsp. (16)

1) ЕСЛИ БЕЛОГВАРДЕЙЩИНУ НЕ ДОБЬЕМ СОВСЕМ
2) БЕЛОГВАРДЕЙЩИНА СНОВА ВСТАНЕТ НА НОГИ
3) ЕСЛИ ПАНА ДОБЬЕМ И СЛОЖИМ РУКИ
4) РУКУ К РАБОЧЕМУ ПРОТЯНЕТ ВРАНГЕЛЬ
Р С
ФСР
5) ПОКА НЕ УКРЕПИТСЯ КРАСНОЕ ЗНАМЯ, –
ВИНТОВКА НЕ МОЖЕТ БЫТЬ НАМИ БРОШЕНА.
НАРКОМПРОС РОСТА №149

Abb. zu Bsp. (18)

3) ЧТО-Б НЕ УМЕРЕТЬ ОТ ХОЛЕРЫ
4) ЗАРАНЕЕ ПРИНИМАЙ ТАКИЕ МЕРЫ :
КИПЯЧЕНА
5) НЕ ПЕЙ СЫРОЙ ВОДЫ
6) ВОДУ ОНУЮ ПЕЙ ТОЛЬКО КИПЯЧЕНУЮ
7) ТАК ЖЕ НЕ ПЕЙ НА УЛИЦЕ КВАСА

Abb. zu Bsp. (26)

1) Близится сушь
2) Пожары растут по нашим селам болотам лесам.
3) Кое где поджигатели орудуют
4) А чаще всего - поджигаешь сам
5) У костра посидели
6) Не залили, не загасили
7) А через час пожар во всем своей силе
8) Чья нибудь нога окурка не растоптала
9) Село и сгорело - ни много ни мало
10) Что же делать
ЧК
11) Поджигателей - наказывать строжно
12) А самому - обращаться с огнем осторожно
Главполитпросвет №187.

Abb. zu Bsp. (27)

Abb. zu Bsp. (28 und 35)

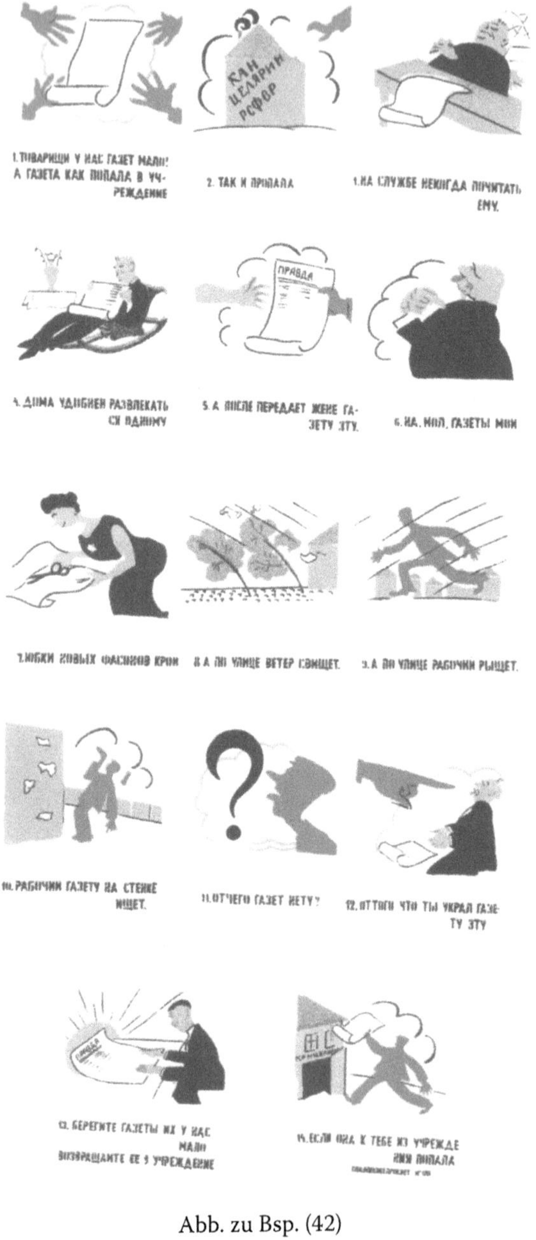
1. ТОВАРИЩИ У НАС ГАЗЕТ МАЛО! А ГАЗЕТА КАК ПОПАЛА В УЧРЕЖДЕНИЕ
2. ТАК И ПРОПАЛА
3. НА СЛУЖБЕ НЕКОГДА ПОЧИТАТЬ ЕМУ.
ПРАВДА
4. ДОМА УДОБНЕЕ РАЗВЛЕКАТЬСЯ ОДНОМУ
5. А ПОСЛЕ ПЕРЕДАЕТ ЖЕНЕ ГАЗЕТУ ЭТУ.
6. НА, МОЛ, ГАЗЕТЫ МОИ
7. ЮБКИ НОВЫХ ФАСОНОВ КРОИ
8. А ПО УЛИЦЕ ВЕТЕР СВИЩЕТ.
9. А ПО УЛИЦЕ РАБОЧИЙ РЫЩЕТ.
10. РАБОЧИЙ ГАЗЕТУ НА СТЕНКЕ ИЩЕТ.
11. ОТЧЕГО ГАЗЕТ НЕТУ?
12. ОТТОГО ЧТО ТЫ УКРАЛ ГАЗЕТУ ЭТУ
13. БЕРЕГИТЕ ГАЗЕТЫ ИХ У НАС МАЛО
ВОЗВРАЩАЙТЕ ЕЕ В УЧРЕЖДЕНИЕ
14. ЕСЛИ ОНА К ТЕБЕ ИЗ УЧРЕЖДЕНИЯ ПОПАЛА

Abb. zu Bsp. (42)

Abb. zu Bsp. (43)

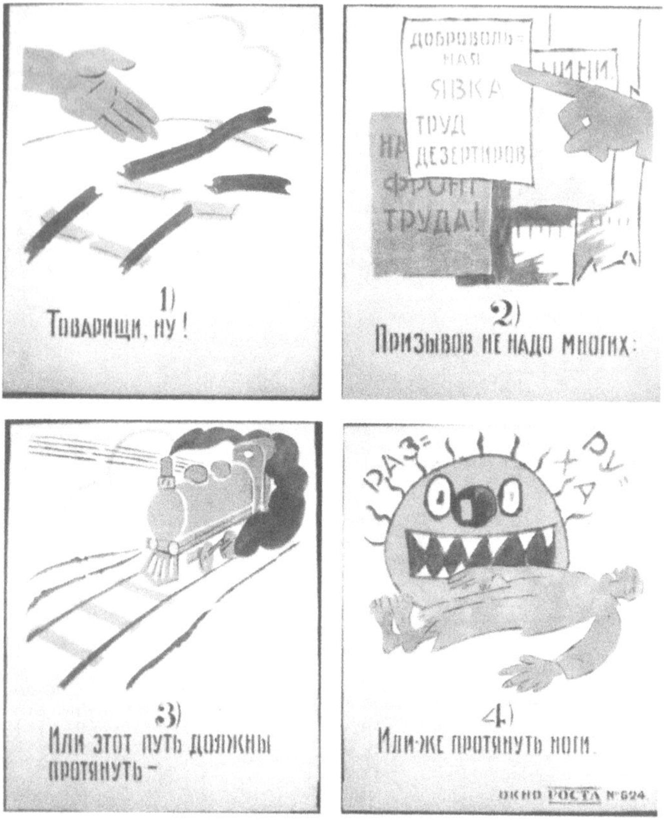
1)
Товарищи, ну!
ДОБРОВОЛЬ-
НАЯ
ЯВКА
ТРУД
ДЕЗЕРТИРОВ
ФРОНТ
ТРУДА!
2)
Призывов не надо многих:
3)
Или этот путь должны
протянуть –
РАЗ-
РУ-
ХА
4)
Или-же протянуть ноги.
ОКНО РОСТА № 624

Abb. zu Bsp. (46)

Abb. zu Bsp. (50)

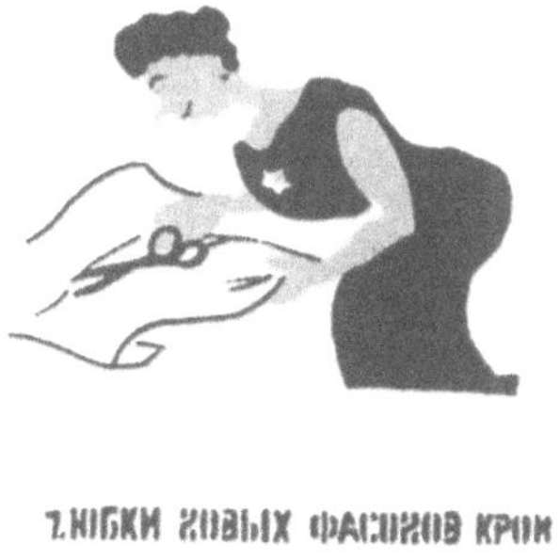

Abb. zu Bsp. (55)

ДЕКРЕТ О СВОБОД-НОМ ОБМЕНЕ
1
ЭТОТ ДЕКРЕТ ДЛЯ ПОМО-
ЩИ РАБОЧИМ СОЗДАН
2
СПЕКУЛЯНТЫ ЕГО В СВОЮ
СТОРОНУ ПОВЕРНУТЬ ХОТЯТ
3
ВЫШЕЛ ДЕКРЕТ. НУ, МОЛ
И ОТЛИЧНО
4
ПОТОРГУЮ ЕДИНОЛИЧНО
5
РАЗНЮХАЮ, У КОГО НЕ-
ДОСТАТОК ИЛИ ГОРЕ
6
СКУПЛЮ ИХ ПРЕМИЮ
РАЗБОГАТЕЮ ВСКОРЕ
ВСЕХ ОГРАБЛЮ, НЕ ЩА-
ДЯ НИ ЗВАНИЯ, НИ ЧИНА
9
И БУДУ Я ЧЕРЕЗ ГОДИК
ПЕРВОГИЛЬДЕЙСКИЙ КУП-
ЧИНА
РСФСР
10
ДА НЕ БЫВАТЬ В Р.С.Ф.С.Р
ТАКОМУ ДИВУ
КООП-ЕРА-ТИВ
11
НЕ СПЕКУЛЯНТУ ТОРГОВ-
ЛЯ РАЗРЕШЕНА, А КООПЕ-
РАТИВУ.
12
КООПЕРАТИВЫ ТОРГУТ
НЕ ДЛЯ СПЕКУЛЯНТСКОЙ
ЦЕЛИ
13
А ДЛЯ ТОГО, ЧТОБЫ РА-
БОЧИЕ СЫТНО ЕЛИ.

Abb. zu Bsp. (54)

СОВЕТ ТРУДА И ОБОРОНЫ
ИЗДАЛ ДЕКРЕТ !
ОТНЫНЕ
ЕЗДЫ НА ПАРОВОЗАХ НЕТ
ДУРАКАМ ИЗВЕСТНО, ЗАКОН НЕ ПИСАН
МНОГО-ЛЬ В ПОЕЗДЕ МЕСТА
ИЛИ МАЛО
САДЯТСЯ КАК И НА ЧТО ПОПАЛО
ПАРОВОЗ, МОЛ НЕ ЛОШАДЬ
ПАРОВОЗ МОЛ СИЛЕН
ВСЯКУЮ ТЯЖЕСТЬ ВЫДЕРЖИТ ОН
А ПАРОВОЗУ ВРЕД НЕ МАЛЫЙ
КАПЛЯ ПО КАПЛЕ ЛОМАЕТ СКАЛЫ
СЕГОДНЯ МАЛО
ЗАВТРА МАЛО
А ЧЕРЕЗ МЕСЯЦ
ПУБЛИКА ПАРОВОЗ ПОЛОМАЛА
А ГЛАВНОЕ МАШИНИСТУ ГРЕХ ЧИСТЫЙ
СТОЮТ ОТ ПОМЕХИ КОЧЕГАРЫ И
МАШИНИСТЫ
ЕСЛИБ ВАМ
ПРИ ХОДЬБЕ НА ШЕЮ НАСЕЛИ
ВЫ БЫ НЕ МНОГО ПОТ ТАК ПОХОДИЛИ
А ПОТОМ ЗАДЫШАЛИ-Б ЕЛЕ
СЛОМАЮТ САМИ
И ОРУТ В УШИ
ТРАНСПОРТ МОЛ В СОВЕТСКОЙ
РОССИИ РАЗРУШЕН
ЧК
ТЫ-ЖЕ И РАЗРУШИЛ ТРАНСПОРТ
ВЕСЬ
ЗРЯ ВЕРХОМ НА ПАРОВОЗ НЕ ЛЕЗЬ
А ПОЛЕЗЕШЬ ПОЙМАЕТ ДОРОГА
ЗА РАЗГРОМ ПАРОВОЗОВ ОТВЕТИШЬ
СТРОГО
ГЛАВПОЛИТПРОСВЕТ

Abb. zu Bsp. (56)

СЛОМИЛИ КРАСНОАРМЕЙЦЫ
ШЕЮ БАРОНУ.
РАЗ
РУХА
1) НОВЫЕ ВРАГИ! —
ТОВАРИЩИ, НА ОБОРОНУ!
НА
ФРОНТ ТРУДА!
2) И ЭТОГО ВРАГА НЕ ПОБЕДИШЬ
РАЗОМ: БЕРИ ЕГО АТАКОЙ
3) ОКРУЖИ ЕГО ОКОПАМИ,
4) ГОНИ УДУШЛИВЫМ ГАЗОМ

Abb. zu Bsp. (59)

400.300 пуд муки,
20,000 бочонков сельдей
127926 пуд. соленой рыбы,
200 пудов мыла.
135,925 пуд. различных продуктов,
3000 пальто и костюмов.
С медикаментами пароход
Вот !
А ты чего-ж дядя
сидишь на чужие жертвы глядя ?
Шарь не покладая рук ты
Собери и деньги и продукты
И все что собрать смог
беги сдавать со всех ног

Abb. zu Bsp. (64)

8 С'ЕЗД СОВЕТОВ УСТОНОВИЛ
ОРДЕН ТРУДОВОГО КРАСНАГО ЗНАМЕНИ
1
ЗАБИВАЙ ЗАБОЙЩИК
2
ПРОИЗВОДИТЕЛЬНОСТЬ
3
ЗАДАНИЕ ВЫПОЛНИШЬ

Abb. zu Bsp. (66)

Abb. zu Bsp. (71)

Abb. zu Bsp. (74)

15,500,000
4,869,590
УК-РАИНА
1. ТАМБОВСКАЯ ГУБЕРНИЯ ЗАГО-ТОВИЛА 15.500,000 ЯИЦ.
2. А УКРАИНА ВСЕГО 4.860590.
3. А ДОЛЖНА БЫ УКРАИНА ЗАГО-ТОВИТЬ МНОГО БОЛЬШЕ ДРУГИХ ГУБЕРНИЙ.
4. ОТЧЕГО МАЛО?
5. ОТТОГО ЧТО НА УКРАИНЕ ВОЙНА.
6. УКРАИНЕ ПРИШЛОСЬ НЕ ПРО-ДОВОЛЬСТВИЕ ЗАГОТОВЛЯТЬ,
7. А СНАРЯДЫ.
РОСТА №441
8. ЧТО ЖЕ ДЕЛАТЬ, ЧТОБЫ БЫТЬ СЫТЫМ?
9. ДОБИТЬ ЗАЧИН-ЩИКА ПОСЛЕДНЕЙ ВОЙНЫ БАРОНА ВРАНГЕЛЯ!

Abb. zu Bsp. (72)

НЕЧЕЛОВЕЧЕСКОЙ СИЛЫ ТРЕБОВАЛА ВОЙНА
ВОЙНА ОКОНЧИЛАСЬ
ПЕРЕДОХНУТЬ ЗАХОТЕЛОСЬ НАМ
ПРИКАЗ О ДЕМОБИЛИЗАЦИИ ВОЙНУ ПИЛ
МНОГИЕ УСПОКОИЛИСЬ-ПОБИТЫ МОЛ БЕЛЫЕ
В РЕЗУЛЬТАТЕ-НЕКОТОРОЕ РАЗЛОЖЕНИЕ ОСЛАБЛЕННЫХ СИЛ ПРИТИХЛА НАША ЭНЕРГИЯ ОСЛАБЕЛА
ВИДИТ ГОЛОД РАБОТАЕМ ЕЛЕ
ЛЕЗЕТ ГОЛОД ВО ВСЕ ЩЕЛИ
ТОЛЬКО ОРГАНИЗАЦИЯ ПОБЬЕТ ГОЛОД
НАПРАВЬТЕ-Ж НА ГОЛОД ПРОЛЕТАРСКИЙ МОЛОТ
ОТДЫХАТЬ НЕКОГДА ЧЕГО РАЗИНУЛ РОТ!!
ВПЕРЕД!
ТОВАРИЩИ—НА НОВЫЕ ПОЗИЦИИ ВПЕРЕД !!

Abb. zu Bsp. (57)

2 Die Darstellungsweisen in den ROSTA-Fenstern

> [...] «Окна сатиры РОСТА» – первый советский плакат, плакат новый, до тех пор невиданный. Яркость текста, конкретность темы, лаконичность образного языка, выразительность рисунков создали плакаты, не превзойденные до настоящего времени.
> (Denisovskij, 1940: 57)

> В «Окнах Роста» всегда слово вело изоискусство.
> (Duvakin 1952: 335)

In diesem Kapitel soll die Art und Weise der Bildgestaltung in den ROSTA-Fenstern genauer analysiert werden. Gefragt wird nach den spezifischen Darstellungsverfahren, welche die visuelle Ebene zu einer Bildsprache (vgl. Kapitel I.3) verfestigen lassen, sowie den Methoden, konkrete und abstrakte Sachverhalte darzustellen. In einem ersten Teil werden die allgemeinen Darstellungsverfahren, die in den Fenstern zum Tragen kommen, aufgezeigt. Der zweite Teil beschäftigt sich mit den Darstellungsverfahren innerhalb der für die ROSTA-Fenster zentralen Freund-Feind-Dichotomie.

Im Bezug auf die bildliche Darstellung der Freund-Feind-Opposition ist von Interesse, mit welchen Verfahren die verschiedenen Gruppen in den ROSTA-Fenstern visualisiert werden. Beginnend mit den Personen, die bis auf ganz wenige Ausnahmen in den Bildfolgen immer zugegen sind und als Akteure das Geschehen vorantreiben, stehen die Darstellungsverfahren der Karikatur und des Standards[1] im Zentrum des Interesses. In diesem Zusammenhang wird auch die Freund-Feind-Dichotomie als eine paradigmatische für die ROSTA-Fenster erläutert.

Tiere finden ihren Platz sowohl innerhalb der karikierten Feinddarstellung als auch am Rand im Themengebiet der Landwirtschaft; vereinzelt treten sie auch in allegorischer Verwendung auf. Gemeinhin gilt

1 Vgl. Kapitel II.2.2.1.1.

die These, Bilder könnten nur Konkreta – und innerhalb der Konkreta am einfachsten Individuativa – darstellen, was gegenüber der Sprache ein Handicap im Bereich der Nicht-Konkreta bedeutet. Die Analyse der Verfahren zur Visualisierung von Kontinuativa, Abstrakta und Kollektiva ist eines der Ziele dieses Kapitels. Abstrakte Sachverhalte im Bild zu konkretisieren, kommt dabei den Trägern eines naiven Weltbildes entgegen; Nicht*fass*bares, d. h. Nicht*greif*bares in den Bereich der *Fass*barkeit zu ziehen.

2.1 Allgemeine Darstellungsprinzipien in den ROSTA-Fenstern

Die ROSTA-Fenster wurden – wie bereits im Kapitel I.1 erwähnt – mit Schablonen hergestellt. Allein schon dieses Herstellungsverfahren bedingt gewisse Einschränkungen hinsichtlich der Darstellungsart. Zu grosse Detailtreue wird von Anfang an vereitelt und die Künstler sind gezwungen, sich auf das Wesentliche zu beschränken. Dabei hat jeder Künstler im Verlaufe seines Produktionsengagements einen eigenen Personalstil entwickelt, wobei die in der Folge dargelegten Grundprinzipien der Darstellung zeichnerübergreifend sind. Innerhalb eines Künstlerkollektivs wie desjenigen der Moskauer ROSTA-Produzenten herrschte durch die Zusammenarbeit und den Verzicht auf individuelle Autorenschaft ein reger Austausch sowie ein Streben nach Einheitlichkeit:

> Работали мы очень дружно, и стиль «Окон Роста» – это, конечно, стиль коллективный. Бросающиеся в глаза приемы мы друг у друга заимствовали, и нам тогда показалось бы диким, если бы кто-нибудь увидел в этом что-то зазорное. Один из нас первым решал новую задачу, а остальные потом пользовались этим решением.
> (Čeremnych, zit. nach Duvakin 1952: 335)

2.1.1 Farbgebung

Beim Betrachten dieser Bildgeschichten fällt vorab die Schlichtheit der Formgestaltung und die meist grell-leuchtende Farbgebung[2] auf. Wie schon in den russischen Volksbilderbögen *(lubki)* sind die Farben flächig gehalten. Dabei handelt es sich vorwiegend um Primärfarben; Mischtöne und Farbabstufungen fehlen weitgehend. Die Wahl dieser grellen Farben gründete auch auf den Vorlieben der Fensterbetrachter, deren Sehgewohnheiten durch die Tradition der *lubki* geprägt waren:

> К нам приехали крестьяне из Калужской губернии. Мы показали им плакаты. Они их все отклонили, так как плакаты написаны неяркими красками. Когда их спросили, почему им плакат не нравится, они нам сказали: «Это нам не годится, наши бабы любят яркие цвета».
> (Majakovskij 1921: Doklad «izobrazitel'noe iskusstvo i proizvodstvennaja propaganda» na vserossijskom soveščanij po proizvodstvennoj propagande. In: Majaskovskij 1961: 278)

Ins Auge sticht die Vorherrschaft der Farbe Rot,[3] auf die auch im Text referiert werden kann, wobei sie in textuellen Kollokationen immer für die politische Farbe der Bol'ševiki steht:

- Красная Армия / красноармейский / карсноармеец (ROSTA 5 [GS: 8], 14 [GS: 6], 147 [GS: 22], 335 [GS: 27], 337 [GS: 28], 363 [GS: 30], 409 [GS: 31], 557 [GS: 44], 729 [GS: 54], 734 [GS: 55], GPP 50 [GS: 82], 55 [GS: 84], 64 [GS: 87], 245 [GS: 107], 403 [GS: 125] und roždestvenskij nomer 1920 [GS: 14])
- красное знамя (ROSTA 147 [GS: 22])
- красная рота (ROSTA 557 [GS: 44], GPP 367 [GS: 118])
- красная доска (ROSTA 884 [GS: 72])
- Октябрь красный (GPP 401 [GS: 122])

Rot steht für das Lager der Bol'ševiki und findet sich somit auf der Seite der positiv konnotierten Sachverhalte und Figuren:

2 Zur Funktion der Farben in den ROSTA-Fenstern vgl. auch Duwakin (1975: 222 f.).

3 Zur Geschichte und Bedeutung der Farbe «Rot» in der russischen Kunst vgl. Brugger (1998).

> Rot symbolisiert die Sache der Arbeiter, ist identisch mit der Sache der Revolution. In der roten Silhouettenfigur, die jeweils den Arbeiter, Bauern oder Soldaten darstellt, verkörpert sich auch die Rote Armee, die revolutionären Arbeiter, die kämpfenden Bauern. Die Insignien der Sowjetmacht, wie Hammer und Sichel, sind ebenso in rot gehalten wie die rote Fahne. Das Zukunftsbild der Kommune ist die rote Silhouette einer Stadt oder einer Fabrik. Die Figur des Fortschritts stellt eine rote Lokomotive dar. Auch einzelne Teile[4] der roten Silhouettenfigur, etwa die Hand mit Zeigegestus, sind in rot gehalten.
> (Krempel 1988: 199)

Rot ist auch das Blut aus den eigenen Reihen, welches an den Dolchen und Säbeln des Feindes klebt.[5]

Die übrigen Grundfarben Gelb, Grün, Blau sowie Braun, Schwarz und Weiss werden für die Kolorierung des gegnerischen Lagers benutzt. So sind die Uniformen der Gegner in diesen Farben gehalten. Der personifizierte Ruin ist grün – was einen besonderen Kontrast zu Rot herstellt, da es sich um seine Komplementärfarbe handelt –, manchmal auch gelb.[6]

Die Wahl von Weiss für die Uniformjacke Vrangel's sowie für die personifizierte Kälte[7] kann auf der Symbolebene als Farbe des politischen Gegners gelesen werden (vgl. dazu bspw.: «Клином красным бей белых»).[8] Da die Farbgebung der einzelnen Figuren und Motive meist beibehalten wurde, besass sie auch leitmotivische Funktion: Sie garantierte das schnelle Wiedererkennen der Gegebenheiten und leistete eine Orientierungshilfe innerhalb der Gut-Böse-Dichotomie.

Nebst dem Symbolgehalt kann als Kriterium zur Farbgebung auch die «natürliche» Farbe eines Gegenstandes oder Sachverhaltes zum Tragen kommen. Kohle ist schwarz, Baumstämme braun, Baumkronen grün und Felder gelb koloriert; in diesem Zusammenhang haftet diesen Farben auch keine negative Konnotation an. Schliesslich gab auch der allgemeine Mangel an Produktionsmitteln, so auch an Farben, manchmal den Ausschlag zur Farbwahl: «‹Красочным› – сказано чересчур шикарно, красок почти не было; брали любую, чуть размешивая на

4 Zur Rolle der Metonymie vgl. Kapitel II.2.1.3.
5 Vgl. dazu auch Kapitel II.2.2.1.
6 Zur Farbsymbolik in den Propagandaplakaten vgl. auch Bonnell (1997: 32, 209).
7 Neben der Assoziation der Farbe Weiss mit Schnee und Eis.
8 Vgl. Kapitel II.1.1.1.1.

слюне.» (Majakovskij 1930: Prošu slova. In: Majakovskij 1938: XII) Trotz dieser äusseren Widrigkeiten spielte die Farbgestaltung – auf der Tradition der *lubki* aufbauend[9] – hinsichtlich der Freund-Feind-Verteilung als bedeutungstragende Elemente der Bildaussage in den ROSTA-Fenstern eine wichtige Rolle.

2.1.2 Vordergrund – Hintergrund und die Funktion der Grössenverhältnisse

Wie bereits in Kapitel II.1.1.1 erwähnt, wird sowohl im Text als auch im Bild auf unnötige Details und ausschmückende Attribute verzichtet. Dazu gehört auch die Gestaltung des Hintergrunds. Dieser wird nur dargestellt, sofern er von Interesse ist, d.h. insofern er im Script der Geschichte eine Rolle spielt. Dies hängt mit der Funktion des piktoralen Teils in den ROSTA-Fenstern zusammen; nicht der künstlerische Aspekt steht im Vordergrund, sondern die Vermittlung von Information. Die meisten Bildelemente sind Teile einer Bildsprache und somit bedeutungstragend. Unnütze bzw. sinnlose Bildelemente sind bei Majakovskij äusserst selten zu finden. Trägt der Hintergrund nicht zum Inhalt der Geschichte bei, so ist er inexistent oder die agierenden Figuren handeln vor einer wolkenartigen Wellenlinie, die eine gewisse Dynamik vermittelt. Diese Methode hat den Vorteil, dass der Bildbetrachter nicht zwischen bedeutungstragenden und schmückenden Elementen unterscheiden muss. Ist ein Berg, ein Acker usw. abgebildet, so kann diesen eine Funktion zugeordnet werden:

(60) Враг последний готов!
Постепенно будут отпускать призывных старших годов.
Вернутся солдаты к себе в дом,
займутся для расцвета России трудом.
Одно не забудь – жив капитализм в 3/4 света.
Готов будь!
(ROSTA 791) [GS: 62]

Im ersten Panel gibt der mit *Крым* beschriftete Berg und das ihn umgebende Meer den Ort des letzten Kampfschauplatzes an, die mit

9 Vgl. Krempel (1988: 197 ff.).

КРЫМ
ДЕМОБИЛИЗАЦИЯ
1. ВРАГ ПОСЛЕДНИЙ ГОТОВ!
2. ПОСТЕПЕННО БУДУТ ОТПУСКАТЬ ПРИЗЫВНЫХ СТАРШИХ ГОДОВ.
3. ВЕРНУТСЯ СОЛДАТЫ К СЕБЕ В ДОМ,
4. ЗАЙМУТСЯ ДЛЯ РАСЦВЕТА РОССИИ ТРУДОМ.
5. ОДНО НЕ ЗАБУДЬ – ЖИВ КАПИТАЛИЗМ В 3/4 СВЕТА.
6. ГОТОВ БУДЬ!
НАРКОМПРОС РОСТА № 791

Abb. zu Bsp. (60)

демобилизация etikettierte Wand in Panel 2 erläutert den Grund für die Rückkehr eines Teils der Rotarmisten, Panel 3 steht als Bildsymbol für die positiv konnotierte Rückkehr, das *Zuhause*, und in Panel 4 konkretisiert und exemplifiziert das Bild den Begriff *труд*, indem Fabrik und Acker die Orte der anstehenden Arbeit angeben.

Im Gegensatz zu Bsp. (60) verzichtet das Fenster Nr. 507 (Bsp. 61) auf Hintergrundsgestaltung – mit Ausnahme der wolkenförmigen Linien:

(61) Каждый чем может помогать фронту?
Один – добровольцами.
Другие – хлебом.
Третьи – штык гранят колкий,
А ты работница, помоги иголкой.
(ROSTA 507) [GS: 37]

In diesem Fenster sind einzig die angesprochenen Personengruppen durch einen jeweiligen Vertreter bzw. eine Vertreterin dargestellt sowie die von ihnen geforderte Art der Hilfe. Interessant hierbei ist die Hervorhebung des vierten Panels durch die adversative Konjunktion *а*. Während die dargestellten Sachverhalte in den ersten drei Panels durch die Aufzählung (одни – другие – третьи) bereits bekannt sein könnten, wird der Fokus auf die im letzten Panel angesprochene Arbeiterin gerichtet, welche mittels deiktischem *ты* auch explizit angesprochen wird:

Ввиду острой потребности в белье для Красной армии и трудности пошивки такового средствами государственных швейных мастерских, объявляется трудовая повинность всех гражданок республики, от 16–45 лет, для обязательной пошивки белья на нужды Красной армии.
(Presedatel' Soveta Narodnych komissarov V. Ul'janov (Lenin), Pravda, 3 nojabrja 1920 g.) [GS: Kommentarii 37]

Auf piktoraler Ebene können wichtige sprachliche Elemente, bspw. rhematische Elemente, durch eine übergrosse Darstellung hervorgehoben werden. In diesem Fall ist es die Nadel der Arbeiterin, die als Instrument der Frontunterstützung überlebensgross ins Bild gesetzt wird. Neben ihrer Fokussierung wird damit auch eine Analogie zum Gewehr des Rotarmisten (Panel 1 + 3) geschaffen, d. h. die Nadel wird zur Waffe gegen den Feind.

КАЖДЫЙ ЧЕМ МОЖЕТ ПОМОГАТЬ ФРОНТУ?
1. ОДНИ-ДОБРОВОЛЬЦАМИ,
ХЛЕБ ДЛЯ
2. ДРУГИЕ-ХЛЕБОМ,
3. ТРЕТЬИ-ШТЫК ГРАНЯТ КОЛКИЙ,
4. А ТЫ РАБОТНИЦА, ПОМОГИ ИГОЛКОЙ.
НАРКОМПРОС РОСТА № 507.

Abb. zu Bsp. (61)

In den ROSTA-Fenstern konkurrieren die Darstellungskonvention der Zentralperspektive mit derjenigen des Mittelalters, bei welcher (ge)wichtige Personen und Sachverhalte im Verhältnis zu unwichtig(er)en Objekten oder Gegebenheiten grösser dargestellt werden.

Die Zentralperspektive findet selten Anwendung und kommt hauptsächlich zum Zuge, wenn das Zurücklegen einer grossen Distanz bzw. das Aufzeigen von Distanz thematisiert wird (vgl. ROSTA 409, 1/4 [GS: 31]; ROSTA 494, 2 [GS: 36]; ROSTA 577, 4 [GS: 47]), oder wenn dem sich im Vordergrund befindlichen Sachverhalt ein Hintergrund in Form einer Landschaft beigefügt wird (vgl. ROSTA 740, 3 [GS: 56]; ROSTA 851, 1–2 [GS: 65]; ROSTA 867, 2 [GS: 67]). Hintergrund kann dabei auch im übertragenen Sinn als zeitlich vorangehend interpretiert werden, wie in ROSTA 149, 3 [GS: 23]): Если пана добьем *и* сложим руки. Die koordinative Verknüpfung durch die Konjunktion *и* verbindet die zwei Satzglieder auf ikonische Weise, d. h. die Reihenfolge des zeitlichen Ablaufs wird auf Textebene beibehalten. Auf der piktoralen Ebene sind beiden Verbalphrasen добить пана (Sachverhalt SV_1) und сложить руки (SV_2) nicht als Aktivitäten dargestellt, sondern als Zustand, d. h. nicht die Handlungen finden Eingang ins Bild, sondern deren Resultat. Übernommen wird von der textuellen Struktur die ikonische Lesart bezüglich der zeitlichen Abfolge, d. h. links steht (SV_1) und rechts (SV_2), wobei der Nachzustand der $Handlung_1$ im Hintergrund dargestellt ist, in dessen Vordergrund SV_2 eintritt:

In den meisten Fällen sind aber Grössenverhältnisse nicht der Zentralperspektive zuzuordnen, sondern sie drücken Machtverhältnisse aus oder heben wichtige (Körper-)Teile eines Panels hervor:

(62) *Рабочий при капитализме работали из под палки. –*
Был он к фабрике придаток жалкий.
(ROSTA 667, 1) [GS: 53]

Abb. zu Bsp. (62)

(63) Набросилось на Русь оголтелое пановьё.
Русь, мол, ослабела,
запугаю ее.
Русь, мол, стонет под голодным бременем.
Мы на нее и насядем тем временем.
Да Польша просчиталась.
Смотрит – сила!
Пановьё пардону и запросило.
Вывод ясен:
чтоб враги уходили во-свояси,
чтоб с нотами к нам не совались даже,
стой стойко у республики на страже!
(GPP 363) [GS: 116]

1. НАБРОСИЛОСЬ НА РУСЬ
ОГОЛТЕЛОЕ ПАНОВЬЕ
2. РУСЬ МОЯ ОСЛАБЕ-
ЛА
3. ЗАПУГАНО ЕЕ
4. РУСЬ МОЯ СТОНЕТ ПОД
ГОЛОДНЫМ БРЕМЕНЕМ
5. МЫ НА НЕЕ И НАСЯДЕМ
ТЕМ ВРЕМЕНЕМ
6. ДА - ПОЛЬША ПРО-
СЧИТАЛАСЬ
7. СМОТРИТ СИЛА!
8. ПАНОВЬЕ ПАРДОНУ
И ЗАПРОСИЛА
9. ВЫВОД ЯСЕН:
10. ЧТОБ ВРАГИ УХОДИ-
ЛИ ВОСВОЯСИ
11. ЧТОБ С НОТАМИ К НАМ
НЕ СОВАЛИСЬ ДАЖЕ
12. СТОЙ СТОЙКО У РЕС-
ПУБЛИКЕ НА СТРАЖЕ.

Abb. zu Bsp. (63)

In Bsp. (62) wird die Stellung des Arbeiters innerhalb des kapitalistischen Systems durch die unterschiedliche Grössenzeichnung (kleiner, gebückter Arbeiter und riesiger, fetter Kapitalist mit einer Peitsche in der Hand) deutlich gemacht bzw. visualisiert. In Bsp. (63) wird durch die Umkehrung der Grössenverhältnisse der Perspektivenwechsel zwischen fremder Rede (Rede des Gegners), die durch die Modalpartikel *мол* markiert ist (Panel 1–6), und der eigenen Position (Panel 7–12) verdeutlicht. Den Hintergrund für dieses Fenster bot das Ultimatum, welches Polen am 20. September 1921 der sowjetischen Regierung stellte:

> «Окно» выпущено в начале октября 1921 г. в связи с ультиматумом, предъявленным советскому правительству Польшей 20 сентября. Угрожая разрывом сношений, поляки требовали немедленного выполнения ряда пунктов Рижского договора [...], оставляя без внимания советское требование о ликвидации русских белогвардейских организаций и об удалении их главы Савинкова из Польши. Миролюбивая, но твердая позиция советского правительства способствовала улажению конфликта.
> (GS: Kommentarii 116)

Die ersten 6 Panels von Bsp. (63) stellen ein Russland dar, wie es die Polen gerne sehen würden *(мол ослабела, мол стонет под голодным бременем)* – ein geschwächtes Russland, symbolisiert durch die gebückte, ausgemergelte Bauernfigur, auf deren Rücken es sich der grosse fette Pan gemütlich gemacht hat. Die letzten 6 Panels dann stellen die Situation aus der Sicht der sowjetischen Regierung dar, verdeutlicht wird dies durch die im Bild auftretende riesige Erzählfigur und den winzig kleinen polnischen Vertreter.

Im bereits erwähnten ROSTA-Fenster Nr. 149, 4 (Bsp. 18, siehe Text auf S. 139 und Abb. S. 194) wird der den 2. Aktanten betonenden Satzstruktur *Руку* к рабочему протянет Врангель im Bild mittels Grössenverhältnisse Nachdruck verliehen. Das im Text als Rhema auftretenden Lexem *рука* erscheint im Bild als überdimensional grosse Hände des an sich schon riesigen Vrangel', die nach einem viel kleineren Arbeiter greifen. Analog auch in Panel 2 des ROSTA-Fensters 740, 2 (Bsp. 45, siehe Text und Abb. auf S. 174): но *ручки сложа* нельзя сесть, in welchem der untätige Arbeiter im Bild mit riesigen Händen versehen ist. In diesem Fall steht *ручки сложа* in der Position des Thema$_1$. Auf semantischer

Ebene «widersprechen» sich Bild und Text, indem das Lexem *рука* des Phraseologismus сложить *руки* textuell durch deren Diminutivform *ручки* ersetzt ist, aus dem Bild schliessend hingegen das Augmentativum zu erwarten wäre. Durch diese Diskrepanz wird zusätzlich ein ironischer Effekt erzeugt.

Nicht immer wird im Bild ein textuelles Element wiederaufgenommen und hervorgehoben, oft gewichtet und urteilt das Bild in seiner Konkretisierung der verbalen Aussage alleine durch seine Gestaltung wie in Panel 4 des gleichen Fensters: еще живет капитал, еще может попробовать лезть. Im piktoralen Teil dieses Panels ist der lädierte Kapitalist (Мы подбили капиталу одну щеку) zu sehen, dessen eine riesige Hand einen Dolch hält und dessen andere ebenso grosse Hand zu einer Faust geballt ist. Hier wird der Ausdruck *капитал может попробовать лезть* durch das Bild konkretisiert und die Gefahr durch die überproportionale Darstellung der bewaffneten bzw. als Waffe dienenden Hände anschaulich vermittelt. In GPP Nr. 54, Panel 1 (Bsp. 28, siehe Text auf S. 149 und Abb. S. 197) schliesslich wird das Lexem *вошь* durch seine überdimensionale Grösse hervorgehoben und somit als zentrales Element des Fensterthemas kenntlich gemacht.

Grössenverhältnisse können neben ihrer Fuktion als Zentralperspektive, Darstellung von Machtverhältnissen oder Hervorhebung wichtiger Elemente bzw. Sachverhalte auch Mengenverhältnisse ausdrücken:

(64) 400300 пуд. муки,
20000 боченков сельдей,
127926 пуд. *соленой рыбы*,
200 пудов *мыла*,
135925 пудов различных продуктов,
3000 пальто и костюмов
С медикаментами пароход.
{GPP 364, 1–7) [GS: 117], siehe Abb. auf S. 205

(65) Делайте лопаты!
Для очистки железных дорог требуется 3.500.000 лопат,
а имеется всего 765.000.
(ROSTA 851, 1–2) [GS: 65]

In Bsp. (64) kommen verschiedene Darstellungsverfahren bei der Visualisierung von Mengenangaben zum Tragen (vgl. auch Kapitel II.2.1.6).

Abb. zu Bsp. (65)

Die Kontinuativa *рыба*[10] und *мыло* treten im Bild als überdimensional grosse Einzelexemplare auf. Auch das Lexem *медикамент*, welches textuell im Plural, aber ohne Mengenspezifizierung erscheint, wird in Form einer überdimensional grossen Medikamentenflasche ins Bild gesetzt. Dabei gleicht sie einem Kapitän, der sein Schiff steuert. In ROSTA-Fenster Nr. 851 (Bsp. 65) werden Soll (3.000.000 лопат) und Haben (600.000 лопат) von Schaufeln ebenfalls durch unterschiedliche Grössen und nicht durch Anzahl Schaufeln visualisiert – dies im Gegensatz zu den Forderungen Otto Neuraths «die Anzahl abzubildender Gegenstände durch die relational entsprechende Anzahl von Zeichen wiederzugeben» (vgl. Kapitel I.3.2). Zusätzlich sitzt der Rabe als Index für Ruin und Untergang auf der kleinen Schaufel.

Eine geschickte Kombination von konkreter Darstellung bei gleichzeitiger Interpretation als statistische Grafik bietet das ROSTA-Fenster

10 Vgl. Weiss (1998: 319).

Nr. 923 in Zusammenhang mit der Einführung eines Ordens des Roten Arbeiterbanners:

(66) забивай забойщик
производительность *подымай за пудом пуд.*
Задание выполнишь
разрухе капут.
(ROSTA 923, 1–4) [Duwakin 1967, Abb. 61], siehe Abb. auf S. 206

Die Produktionssteigerung des – textuell nicht direkt erwähnten[11] – Kohleabbaus wird im Bild (Panel 2) als Kohlebergkette, die von links nach rechts immer höher wird, dargestellt, und die auch statistisch als ansteigende Kurve[12] gelesen werden kann. Mit der Berg-Metapher arbeitet auch Panel 4, in welchem der riesige Kohleberg den personifizierten Ruin erdrückt.

2.1.3 Das Verfahren der Metonymie

Das Verfahren, Mengenangaben durch Grösse und nicht durch Pluralität darzustellen, entspricht dem Anspruch der ROSTA-Fenster nach Schlichtheit und Prägnanz in der Darstellung. Metonymie bzw. die Exemplifizierung (bspw. Vertreter einer Gruppe anstelle der ganzen Gruppe) sind weitere Stilmittel, die Verwendung finden, um diesen Anforderungen gerecht zu werden.

Unter den metonymischen Verfahren kommen v. a. diejenigen des «pars pro toto», der Setzung eines Vertreters für seine Klasse, und der Ersetzung «Art für die Gattung» zum Tragen. Die Setzung eines Teils fürs Ganze ermöglicht es den Fensterproduzenten, Körperteile in den Panels agieren zu lassen und damit das relativ kleine Format des Einzelbildes

11 Einzig das Lexem *забойщик* verweist auf den Themenkreis «Kohleabbau». Ansonsten kann der Text als Aufruf zur Produktionssteigerung im Allgemeinen gelesen werden.

12 Steigende Kurven werden normalerweise als positive Entwicklung gelesen durch die zugrunde liegende Metapher "more is better, more is up" (vgl. Lakoff 1980: 22 f.). Zur Funktion von Statistiken und Zahlenbildern vgl. auch Pörksen (1997: 13 ff., 185 ff.).

besser nutzen zu können. Rote Fäuste schlagen, rote Stiefel treten, die rote Hand weist die Richtung mit dem Zeigefinger oder kann auch etwas geben bzw. verteilen, die rote Waffe schliesslich kann den Feind niederstrecken. Dieses metonymische Verfahren hängt mit der Auswahl des Bildausschnittes zusammen und hat den Vorteil, dass der Rotarmist bzw. die rote Arbeiterfigur einem Demiurgen gleich «von oben herab» handeln kann. Die Hand oder das Bein erscheinen denn auch oft im oberen Bildteil. Im ersten Bild von ROSTA-Fenster Nr. 149 (Bsp. 18, siehe Text auf S. 139 und Abb. S. 194) zerschlägt die Rotarmisten-Faust den Kopf eines weissen Generals, in demjenigen von Fenster Nr. 570 (Bsp. 30, siehe Text und Abb. auf S. 151 f.) wird Vrangel' durch den Gewehrschaft des Rotarmisten erschlagen, in ROSTA-Fenster Nr. 363 (Bsp. 21, siehe Text und Abb. auf S. 143) wird der polnische Gutsbesitzer vom Bajonett des Rotarmisten erstochen, wobei in diesem Beispiel auch der Text metonymisch arbeitet (и панов прикончит *красная рука*), und in Fenster Nr. 508 (Bsp. 13, siehe Text und Abb. auf S. 118 f.) wird Vrangel' im letzten Bild von der Heugabel des Bauern erstochen. Panel 2 von ROSTA-Fenster Nr. 337 (Bsp. 67) schliesslich bietet eines der unzähligen Beispiele für den auffordernden roten Zeigefinger (vgl. auch Kapitel II.1.1.2). Gleichzeitig arbeitet dieses Fenster mit dem Verfahren, einen Vertreter für seine Klasse abzubilden:

(67) Дело красноармейцев драться.
Наше дело красноармейцев одеть.
Наше дело красноармейцев накормить.
Наше дело за молот браться.
(ROSTA 337) [GS: 28]

Die Setzung eines Vertreters für seine Klasse ist ein Verfahren, das fast durchgängig Anwendung findet und auch mit der Darstellungsweise des Standards zusammenhängt (vgl. Kapitel II.2.2.1.1). Während in Bsp. (67) der Text von Panel 1 pluralisch auf die Rotarmisten referiert (дело *красноармейцев*), ist im Bild exemplarisch ein einzelner Rotarmist abgebildet. Auch das einen Plural ausdrückende Personalpronomen in *наше дело* wird im Bild durch jeweils einen Vertreter der Gattung – Arbeiter bzw. Bauer – illustriert und nicht durch eine ganze Gruppe von Personen. Diese Darstellungsweise dient dem propagandistischen Diskurs, in welchem das Lager der Eigenen als einheitlich, geschlossen und

ФРОНТ
1 ДЕЛО КРАСНОАРМЕЙЦЕВ
ДРАТЬСЯ
2. НАШЕ ДЕЛО КРАСНОАРМЕЙ=
ЦЕВ ОДЕТЬ
ВСЕ ДЛЯ ФРОНТА
3. НАШЕ ДЕЛО КРАСНОАРМЕЙ=
ЦЕВ НАКОРМИТЬ
4. НАШЕ ДЕЛО ЗА МОЛОТ
БРАТЬСЯ

Abb. zu Bsp. (67)

total erscheinen soll (vgl. Kummer 2000: 289, Anm. 58). Das Verfahren der Metonymie, einen Teil fürs Ganze zu setzen, passt ins ideologische Konzept der Bol'ševiki. Nicht das Individuelle des Einzelnen ist relevant, sondern seine Funktion als Teil der Gesamtheit.

Ebenfalls ein metonymisches Verfahren, das in Bsp. (67) zum Tragen kommt, ist die Abbildung einer Art für die Gattung, wie in Panel 3. In diesem Beispiel wird die Metonymie nicht direkt realisiert, sondern über das Lexem *накормить*, welches durch einen riesigen Laib Brot visualisiert wird. Brot *хлеб* als prototypisches Nahrungsmittel wird sowohl durch den Brotlaib als auch durch den Mehlsack dargestellt. Dies entspricht auch der Polysemie von хлеб ($хлеб_1$ = Brot, $хлеб_2$ = Korn). Seinen prototypischen Status als (Grund-)Nahrungsmittel besitzt es nicht nur im Deutschen («unser täglich Brot gib uns heute»), sondern auch im Russischen, wo der Plural *хлеба* auch in der Bedeutung *Ernährung, Kost* auftreten kann.[13] Auch in ROSTA-Fenster Nr. 867 (Panel 3) [GS: 67] wird das Verb *есть* durch ein Stück Brot exemplifiziert. Während das prototypische Nahrungsmittel des Vertreters aus dem eigenen Lager Brot ist, ernährt sich der Bourgeois oder der Kapitalist – ausser vom Brot des Arbeiters – vor allem von Fleisch und Kaviar:

(68) Крестьяне! несите *продовольствие*
Ваш *хлеб* в Советскую житницу пойдет,
а не буржуям *в удовольствие.*
Советская власть что-б все ели
хлеб между всеми поровну делит.
(ROSTA 294, 1–4) [GS: 25]

Während das abstrakte Hyperonym *продовольствие* (Panel 1) im Text von Panel 2 durch sein Hyponym *хлеб* paraphrasiert wird, findet diese Konkretisierung auf Bildebene bereits im ersten Panel statt. Im Gegensatz zur Arbeit der Eigenen steht das Vergnügen des Feindes, der sich, fett und mit breitem Grinsen, entblössten Zähnen sowie Messer und Gabel über das bereitliegende Essen freut. Dass Essen hier keine Lebensnotwendigkeit, sondern Lust *(удовольствие)* bedeutet, wird durch die Büchse Kaviar versinnbildlicht oder mit einem riesigen Stück Schinken

13 $Хлеб_5$, *мн. Разг.* Пища, пропитание (BAS 1998: 1444).

Abb. zu Bsp. (68)

(ROSTA Nr. 667, 2 [GS: 53]). Dieser hedonistische Genuss ist verbunden mit der Gier, als einer grundlegenden Charaktereigenschaft des Kapitalisten. Diese geht soweit, dass er – einem Kannibalen gleich – auch vor Menschenfleisch[14] nicht zurückschreckt:

14 Zum Politkannibalismus vgl. Weiss (2000b: 251, Anm. 78); Kummer (2000: 280, 286).

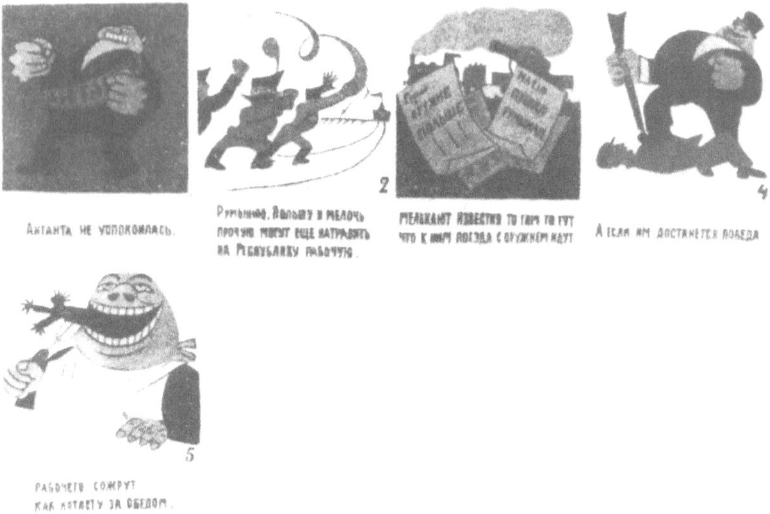

Abb. zu Bsp. (69)

(69) Антанта не успокоилась.
Румынию, Польшу и мелочь прочую
могут еще натравить на республику рабочую.
Мелькают известия то там, то тут,
что к ним поезда с оружием идут.
А если им достанется победа
рабочего сожрут
как котлету за обедом.
(GPP 317, 1–5) [GS: 112]

In Bsp. (69) wird die Entente in Panel 1 durch einen riesigen fetten Kapitalisten personifiziert; in Panel 2 werden dann weitere Vertreter der Entente aufgeführt und auch bildlich dargestellt. Die Diversifikation der gegnerischen Seite wird sowohl durch die pluralistische Darstellung des Feindes im 2. Panel als auch durch den Ausdruck *мелочь прочую* unterstrichen. Dieser Plural wird textuell durch das anaphorische *они* wiederaufgenommen,[15] wohingegen das Bild die Figur der personifizierten

15 Die Freund-Feind-Dichotomie wird in Panel 10 explizit: «Если *они*, а не *мы* победим».

Entente aufgreift. Im Gegensatz zum metonymisch verwendeten standardisierten Arbeiter dient diese Metonymie durch ihre Personifikation einzig der Veranschaulichung der Bedrohung. Der Fettwanst mit seinem riesigen Maul verschlingt den Arbeiter wie ein Kotelett. Neben dem metonymischen Verfahren, einen einzelnen Vertreter stellvertretend für seine Klasse abzubilden, kann auf der gegnerischen Seite auch ein Individuum für eine ganze Klasse stehen:

(70) *Врангель* разбит.
Крым отнят штыками красных рот
но он не придет на север сам.
Если транспорт не возстановить
то не только ничего не попадет в рот –
а даже и не потечет по усам.
(ROSTA 577) [GS: 47]

Sowohl im Bild als auch im Text wird auf Vrangel' referiert, wobei dieser als personifiziertes Feindbild und Befehlshaber weissgardistischer Truppen stellvertretend für das besiegte feindliche Lager steht.

2.1.4 Hyperonym – Hyponym

In einem engen Zusammenhang mit dem metonymischen Verfahren, das in den ROSTA-Fenstern zur Anwendung kommt, stehen die Begriffe Hyperonymie und Hyponymie. Das Verhältnis von Hyponym zu Hyperonym kann – will man bei deren Visualisierung analog zum Ansatz der lexikalischen Semantik vorgehen – durch das Vorhandensein bzw. Weglassen von Eigenschaften eines dargestellten Gegenstandes oder Sachverhaltes ausgedrückt werden (Hyponyme zeichnen sich gegenüber ihrem gemeinsamen Hyperonym durch jeweils zusätzliche distinktive Merkmale aus). Betrachtet man das Hyperonym-Hyponym-Problem im Lichte der Standardversion der Prototypensemantik und gliedert die Begriffe in drei Ebenen (übergeordnete Ebene, Basisebene, untergeordnete Ebene), so ist festzuhalten, dass sich sowohl die untergeordnete Ebene als auch die Basisebene in bildlichen Vorstellungen fassen oder umsetzen lassen, nicht hingegen die übergeordnete Ebene. Kleiber (1993: 59 f.) beschreibt dies am Beispiel *Spaniel – Hund – Tier:* Spaniel wie auch Hund können qua bildliche Darstellung sowohl ein Exemplar als auch

КРЫМ
РСФСР
1. ВРАНГЕЛЬ РАЗБИТ.
2. КРЫМ ОТНЯТ ШТЫ-
КАМИ КРАСНЫХ РОТ НО ОН
НЕ ПРИДЕТ НА СЕВЕР САМ
3. ЕСЛИ ТРАНСПОРТ НЕ
ВОЗСТАНОВИТЬ.
4. ТО НЕ ТОЛЬКО НИЧЕГО НЕ
ПОПАДЕТ В РОТ-А ДАЖЕ И
НЕ ПОТЕЧЕТ ПО УСАМ.
„РОСТА" № 577

Abb. zu Bsp. (70)

ihre Klasse darstellen. «Wenn man versucht, die gleiche Vorgehensweise auf die Kategorie der Tiere anzuwenden, erhält man immer die Vorstellung (oder die Zeichnung) eines bestimmten Typs von Tier, der entweder zur Basisebene oder zur untergeordneten Ebene gehört.» (Kleiber 1993: 60) Auch in den ROSTA-Fenstern finden Personen, Gegenstände und Sachverhalte unterschiedlicher Ebenen ihre Darstellung. Bezüglich der Personendarstellungen finden sich sowohl Individuen als auch Klassenvertreter. Nebst der Zugehörigkeit zu einer Ebene spielt aber auch der referentielle Status der Personen eine Rolle. Vrangel', Denikin und andere Vertreter der Weissgardisten können der untergeordneten Ebene zugeschrieben werden und referieren zudem auf konkrete Individuen (+ref). Figuren wie der Kapitalist, der Bourgeois, aber auch der Arbeiter, Bauer und Rotarmist sind Vertreter ihrer Klasse und referieren generisch auf jeden Angehörigen der jeweiligen Klasse. Oft kommen im Text und im Bild auch verschiedene Ebenen zum Tragen. So wird in ROSTA-Fenster Nr. 149 (Bsp. 18, siehe Text auf S. 139 und Abb. S. 194) das negativ konnotierte Kollektivum *белогвардейщина* (Если *белогвардейщину* не добьем совсем, *белогвардейщина* снова встанет на ноги) im ersten Panel durch einen in seine Einzelteile zerschlagenen weissgardistischen General, im zweiten Panel durch den Zaren repräsentiert. Im weiteren wird der Begriff auch noch mit dem polnischen Pan und General Vrangel' in Verbindung gebracht, wobei in diesen Fällen der Text mit *пан* (Verteter für Klasse) und *Врангель* (koreferent mit der Abbildung) direkt auf die Abbildung referiert und den Begriff *белогвардейщина* paraphrasiert.

Elemente der übergeordneten Ebene treten in den ROSTA-Fenstern selten auf. Finden sie aber dennoch Eingang in das Bild-Text-Kommunikat, so werden sie auf piktoraler Ebene exemplifiziert:

(71) Дайте 100.000 пуд. металла –
а мы *орудия с.-х.* дадим.
(GPP 99, 1–2) [GS: 88], siehe Abb. auf S. 207 oben

(72) Тамбовская губерния заготовила 15.000.000 яиц.
А Украина всего 4.860.590.
А должна бы Украина заготовить много больше других губерний.
Отчего мало?
Оттого что на Украине война.

Украине пришлось не *продовольствие* заготовлять,
а снаряды.
Что же делать чтобы *быть сытым*?
Добить зачинщика последней войны барона Врангеля!
(ROSTA 441) [GS: 33], siehe Abb. auf S. 208

In Bsp. (71) wird das der übergeordneten Ebene angehörende Lexem *орудие с.-х.* durch verschiedene Vertreter der Basisebene (Sichel, Sense usw.) exemplifiziert. Im Vorangehenden (Bsp. 70, Panel 3, siehe Text und Abb. auf S. 231 f.) wird das Lexem *транспорт* (если транспорт не возстановить) im Bild durch eine nicht funktionstüchtige Lokomotive dargestellt (vgl. dazu II.2.1.5). In Bsp. (72) schliesslich wird das Lexem *продовольствие* (Panel 6) durch ein übergrosses Ei visualisiert und der Begriff *быть сытым* durch einen Arbeiter, welcher ein Ei auslöffelt. Dies ist motiviert durch den exemplarischen Beginn der Geschichte: Anhand eines Beispieles (der Eierproduktion) wird der Zusammenhang zwischen Kriegsmaterialproduktion, fehlenden Nahrungsmitteln und der Notwendigkeit, den Feind zu besiegen, aufgezeigt. Während der Text vom Exemplarischen zum Allgemeinen übergeht *(яиц ⇒ продовольствие ⇒ быть сытым)*, führt das Bild das Exempel über die ganze Panelfolge hinweg weiter. Das Bild vereinigt damit gleichzeitig Anschaulichkeit und Kontinuität.

2.1.5 Negation im Bild

Die direkte Negierung von Sachverhalten auf der Bildebene stellt – wie bereits in Kapitel I.2.1.3 erörtert – ein Problem dar. Eine Möglichkeit der Negation bezieht sich auf die Metaebene des Bildes, indem das Bild oder ein Bildelement[16] durchgestrichen wird:

(73) Нет инструмента –
нечем работать.
Нечем работать, –
нет излишка.
(GPP 167, 11–12) [GS: 97]

16 *Bildelement* umfasst auch im Bild vorhandene Textelemente.

Abb. zu Bsp. (73)

(74) Не трудная вещь минуты стояния.
Постоял в очереди и место есть
и зря с кулаками *не приходится лезть.*
(GPP 210, 9–11) [SGS], siehe Abb. auf S. 207 unten

(75) В Советской России *не может быть никакого царя.*
Не может быть и царя голода.
(GPP 362, 1–2) [SGS]

Abb. zu Bsp. (75)

(76) Если даже *окончена будет война.*
(ROSTA 581, 1) [SGS]

(77) *Война окончена*
(GPP 135, 6) [SGS]

(78) Для того чтоб *не было оспы* у нас
вот какой декрет ввели сейчас.
(GPP 255, 7–8) [SGS]

Abb. zu Bsp. (76)

Abb. zu Bsp. (77)

Abb. zu Bsp. (78)

In Bsp. (73) und (74)[17] ist das ganze Bild durchgestrichen (wobei das Bild von Bsp. (73) auch ein Textelement enthält), in Bsp. (75) weist der deiktische Zeigefinger auf den durchgestrichenen Sachverhalt hin und die Bsp. (76)–(78) weisen im Bild durchgestrichene Textelemente auf.

Ein durchgestrichenes Bild oder Bildelement kann sowohl die Negierung des dargestellten Sachverhalts p bedeuten (¬p) als auch auf der illokutiven Ebene den Sprechakt des Verbotes[18] (es ist verboten, dass p) ausdrücken. Während in Bsp. (73) das Bild die verbale Negation *нет* излишка nachvollzieht und gleichzeitig den Begriff *излишка* konkretisiert und in Zusammenhang mit dem Begriff *натурпремия* stellt, wird in Bsp. (74) in antithetischer Manier aufgezeigt, wie man sich verhalten soll (Panel 9–10) und wie nicht (Panel 11). Während das Bild ein Verbot ausdrückt (es ist verboten, auf diese Art und Weise in die Strassenbahn einzusteigen), verknüpft der Text den negativen Sachverhalt des Drängelns zusätzlich mit dem politischen Feind.

In Bsp. (75) weist der rote Zeigefinger auf die durchgestrichenen Insignien des Zaren (Thron mit Doppeladler, Krone und Hermelinumhang). Durch diese Indizes wird nicht auf einen konkreten Zar (+referentiell) verwiesen, sondern auf Umstände/Inhalte und Assoziationen, die mit dem zaristischen System verbunden sind (не может быть *никакого царя*), wobei *никакого царя* den referentiellen Status -referentiell besitzt. Während in Panel 1 eine allgemeine Aussage über das sowjetische System getätigt wird, überträgt Panel 2 die negative Konnotation des zaristischen Systems auf das Phänomen *Hunger*. Beides gehört ins Feindeslager und steht in einem Zusammenhang (sowohl textuell: *царя голода* als auch in seiner bildlichen Umsetzung: Skelett mit Zarenkrone). Der personifizierte Hunger in Panel 2 ist aber im Vergleich zu den Insignien in Panel 1 nicht durchgestrichen. Während Panel 1 eine alethische Aussage macht über die Unmöglichkeit zaristischer Herrschaft innerhalb des sowjetischen Systems und darauf verweist, dass der Zarismus als politisches System besiegt wurde, folgt in Panel 2 eine deontische

17 Die behandelten Fenster stammen bis auf Bsp. (73) nicht aus meinem Korpus *Грозный смех*, da dort nur dieses eine entsprechende Beispiel vorhanden ist.
18 Vgl. dazu Verbotstafeln im Schwimmbad, bei Rolltreppen usw.

Aussage (es ist nicht erlaubt, erwünscht, dass Hunger herrscht), wobei es noch gilt, den feindlichen Hunger zu vernichten. Der Bildteil bietet so gegenüber dem verbalen Teil eine zusätzliche Information.

Nicht nur piktorale Elemente können mittels Durchstreichen negiert werden, auch Wörter können als Bildelemente durchgestrichen werden. Sei dies durch einen Akteur, wie den Rotarmisten in Bsp. (76) (~~война~~), oder den Arzt in Bsp. (78) (~~оспа~~), sei dies isoliert stehend wie in Bsp. (77) (~~война~~). Bei beiden durchgestrichenen Begriffen handelt es sich um Abstrakta[19], deren visuelle Umsetzung zwar möglich ist,[20] aber hier nicht erfolgt. Die abstrakte Setzung im Bildteil durch ein Wort verbindet die Begriffe *война* und *оспа* eher mit einem zugrunde liegenden Konzept als mit einem konkreten Einzelfall, daher erscheint die Negation durch das Durchstreichen der Worte kategorischer. ~~Война~~ kann gleichsam als «Bildzeichen» für die Aussage *война будет окончена* gelesen werden.

Das Verfahren, Bildelemente durchzustreichen, findet jedoch äusserst selten Eingang in die ROSTA-Fenster. Viel häufiger arbeiten die Produzenten der Plakate mit *Bildantonymen*[21]:

(79) Месяц другой полазят и вот
трамвай не трамвай –
сломанный урод.
Товарищи, берегите свое же достояние.
(GPP 210, 7–8) [SGS]

(80) А теперь ты стоишь!
для себя, для твоей семьи нищей.
(ROSTA 666, 3) [SGS]

19 Ein weiteres Beispiel für durchgestrichene abstrakte Begriffe im piktoralen Teil bietet ein ROSTA-Fenster unbekannten Datums und Herkunft mit den Begriffen ~~бюрократизм~~ / ~~формализм~~ / ~~карьеризм~~ [SGS].

20 In ROSTA Nr. 441, Panel 5 [GS: 33] wird der Krieg als roboterähnliche Figur personifiziert. In GPP 255, Panel 2 [SGS] wird der personifizierte Tod durch Etikettierung als (den Tod bringende) Pocken benannt.

21 Ich verwende den Begriff Bild*antonym* nicht in stricto senso, sondern als Bildzeichen, die innerhalb des dichotomen propagandistischen Weltbildes jeweils auf den gegenüberliegenden Polen liegen.

Abb. zu Bsp. (79)

Abb. zu Bsp. (80)

Durch Bildantonyme können Dichotomien wie funktionstüchtig vs. kaputt, tätig vs. untätig, materiell zufrieden gestellt vs. arm usw. ausgedrückt werden. In Bsp. (79) wird die zerstörte Strassenbahn (Panel 7) einem funktionstüchtigen Exemplar (Panel 8) gegenübergestellt. Die schablonenhafte Darstellung in den ROSTA-Fenstern eignet sich dazu, den Gegensatz von geordnet (funktionierend) und ungeordnet bzw. nicht funktionstüchtig u.a. durch die Linienführung darzustellen. Armut (Bsp. 80) und reperaturbedürftige Gebäude, sowie stillstehende Maschinen und Fortbewegungsmittel zeichnen sich durch eine schiefe, oft auch zittrige Linienführung aus. Das Geordnete, Gerade, Aufrechte[22] symbolisiert ein funktionierendes System und eine zufriedenstellende materielle Lage (Bsp. 60, siehe Text und Abb. auf S. 216 f.), das Windschiefe, Zittrige, Chaotische den Ruin und Zerfall. Diese Opposition entspricht auch dem sprachlichen Metaphernfeld von *прямой – кривой* wie etwa *хороший – плохой, здоровый – больной, полезный – вредный, истинный – ложный, добрый – злой* (vgl. bspw. Jakuškina 2002: 180).

Nicht nur die Art der Linienführung dient der Darstellung von positiven vs. negativen Sachverhalten, auch Bildzeichen wie z. B. dasjenige der Fabrik können mit Zusatzzeichen versehen werden, welche einen entsprechenden positiven oder negativen Zustand indizieren:

(81) Производство организуйте не на словах,
а *на деле.*
GPP 17, 2–3) [GS: 79]

(82) *Не работали*? Значит и премии нету.
Тем больше премия, чем больше дашь.
И так, товарищи, *на работу наляжь.*
(GPP 143, 10–12) [GS: 92], siehe Abb. auf S. 289

Während die funktionierende Fabrik (Bsp. 81) vor dem Hintergrund der strahlenden Sonne[23] (Symbol der glücklichen, sozialistischen Zukunft) dicke Rauchwolken aus ihren Kaminen stösst[24] (indiziert die Werktätigkeit im Inneren der Fabrik), sitzt auf dem Fabrikschlot der stillgelegten Fabrik (Bsp. 73) ein Rabe (als Index bzw. Zeichen für Ruin, Armut, Hunger, Tod usw.), die Sonne zieht eine Schnute und wird von einer dicken Wolke verdeckt. In anderen Fenstern sind die Tore der Fabrik

22 Vgl. dazu die sprachliche Verteilung von стоять und лежать: «[...] когда говорящий использует глагол *стоять*, он обращает внимание на *функциональность* объекта, и наоборот, в тех случаях, когда используется глагол *лежать*, объект как бы отделен от своей функции.» (Rachilina 2000: 289)

23 Zur historischen Dimension des Sonnen-Sinnbildes vgl. Krempel (1988: 262 ff.).

24 Dieses Beispiel zeigt die zeit- und kulturgebundene Syntaktik der Bildzeichen auf. Während das Bildzeichen rauchender Kaminschlot in den ROSTA-Fenstern für *Produktivität* steht und deshalb positiv ist, wird es in der heutigen westlichen Lesung üblicherweise als Bildsymbol für *Umweltverschmutzung* verwendet, und steht somit für einen negativen Sachverhalt.

НЕДЕЛЯ ПРОФДВИЖЕНИЯ
КРЕПИТЕ ПРОФСОЮЗЫ!
1. ТОВАРИЩИ, ИДИТЕ НА ЗОВ ПРОФНЕДЕЛИ!
2. ПРОИЗВОДСТВО ОРГАНИЗУЙТЕ НЕ НА СЛОВАХ,
3. А НА ДЕЛЕ.
4. ТОГДА РАБОЧИЕ ЕВРОПЫ ПОСЛЕДУЮТ НАШЕМУ ПРИМЕРУ
НА ГОДЫ ПРИБЛИЗИВ К НАМ СЧАСТЛИВОЙ МИРОВОЙ КОММУНЫ ЭРУ.
ГЛАВПОЛИТПРОСВЕТ №17.

Abb. zu Bsp. (81)

zusätzlich mit dicken Vorhängeschlössern versehen (vgl. GPP 144, 13 [GS: 93]). Das heisst, die Bildantonyme *Produktion* vs. *Stillstand (= Nicht-Produktion)* werden durch das Grundbildzeichen *Fabrik* und das Hinzufügen von entsprechenden Zusatzzeichen generiert:

Produktion: Fabrik + Rauch + Sonne
Nicht-Produktion: Fabrik + Rabe + Wolke (+ Vorhängeschlösser)

In Bsp. (81) erscheint im Vordergrund zusätzlich die Arbeiterfigur, die im Begriffe ist, mit dem Hammer ein gelb strahlendes Stahlstück auf einem Amboss zu bearbeiten, als dynamisches Element der Werktätigkeit analog zum textuellen Aufruf zur Arbeit *на деле*.

Dieselbe Arbeiterfigur erscheint auch in Bsp. (82), Panel 12 in Zusammenhang mit der Dichotomie Arbeitstätigkeit vs. Nicht-Arbeitstätigkeit bzw. Untätigkeit. Der untätige Arbeiter (Panel 10) sitzt (indiziert Bewegungslosigkeit, Stillstand, Untätigkeit, vgl. auch Rachilina 2000: 295 f.) auf seinem Amboss, der Hammer liegt am Boden und im Hintergrund spannt sich ein Spinnennetz (ebenfalls ein Index für Untätigkeit, da sich Spinnennetze nur dort bilden können, wo keine Bewegung stattfindet, wo alles stillsteht). Neben der Haltung der Arbeiterfigur (dynamisch vs. statisch) sind es wiederum die Zusatzzeichen, die den Gesamtsinn der Bildaussage generieren und die textuellen Aussagen *Не работали* vs. *на работу наляжь!* illustrieren. Negation durch Bildantonyme darzustellen, passt in das didaktisch-agitatorische Gesamtkonzept der ROSTA-Fenster, die Welt als eine dichotomische erscheinen zu lassen.

Neben den Verfahren des Durchstreichens im Bild und der Bildantonyme erscheinen metonymisch handelnde rote Fäuste und Stiefel, um die Aussage negativer Existenzsätze dynamisch ins Bild umzusetzen:

(83) Пусть с порожением Врангеля притихла
антанта!
Товарищи!
Оружие складывать не станете.
Смотрите:
кто на востоке
против России нанят, –
ставленник
японских капиталистических банд.

Немного сил потратьте на этого –
один удар –
и *нет его.*
(ROSTA 773) [GS: 60]

Abb. zu Bsp. (83)

Die Negation der Existenz des Feindes in Bsp. (83), Panel 4 wird – analog zum Text – durch dessen Vernichtung erreicht. Während der Ausdruck *один удар* sowohl wörtlich (ein Stoss, Hieb) als auch im übertragenen Sinne (ein schlagartiger Angriff, Vorstoss) gelesen werden kann, setzt das Bild die wörtliche Lesung um und lässt den Feind durch die niedersausende rote Faust zerbersten – *и нет его* bedeutet «er ist kaputt». Die Parole in Bsp. (34), Panel 12 *Да не будет в коммуне никаких волокит!* (siehe Text und Abb. auf S. 159 f.), die vorhersagt, dass besagter Schlendrian in Zukunft nicht mehr auftreten wird, benutzt zur visuellen Umsetzung die die Papierflut des Bürokratismus zertretenden Stiefel, d. h. die Negation eines genannten Phänomens ist dynamisch, der Prozess der Vernichtung und nicht das Resultat wird dargestellt.

Im Text ausgesprochene Verbote werden normalerweise nicht auf die piktorale Ebene übertragen, weder auf der Metaebene (mittels Durchstreichen) noch durch ein entsprechendes Bildantonym. In Panel 1 und 2 des ROSTA-Fensters Nr. 570 (Bsp. 30, siehe Text und Abb. auf S. 151 f.) ist die Warnung, sich nicht vom Sieg hinreissen zu lassen (*не* увлекайся победой) und anschliessend auf den eigenen Lorbeeren auszuruhen (*не* успокаивайся, *осторожно*), im Bild nicht ersichtlich. Das Bild setzt lediglich die positiven Sachverhalte des *Siegens* und des *Ausruhens* um. Erst der Text birgt den Verbotsmarker $\neg p$ *und* $\neg q$ (wobei p = увлекаться победой und q = успокаиваться) und bietet im Text von Panel 3 die Alternative richtigen Verhaltens: $\neg r$ *sondern* r' (wobei: p und q $\Rightarrow$ r, wobei r = оружие сложить), indem r' ins Bild umgesetzt wird. Die Folgen von *p und q* sind in Panel 4 dargestellt. Auch im Panel 2 des ROSTA-Fensters Nr. 773 (Bsp. 83) wird auf piktoraler Ebene die Negation des Imperativs *Товарищи! Оружие складывать не станете* nicht ersichtlich. Einzig der rote Zeigefinger fordert – dem erhobenen Mahnfinger gleich – erhöhte Aufmerksamkeit, analog zum textuellen Appell *товарищи!*

Textuelle Verbote oder Fehlverhalten werden auf der visuellen Ebene häufig nicht direkt ersichtlich, sind aber durch den propagandistischen Gesamtkontext meist schon in der piktoralen Darstellung erahnbar. Der Bildbetrachter lernt, dass dem positiven dynamischen Pol der Arbeit und des Voranschreitens der negative Pol des Stillstands und des sich auf dem Erreichten Ausruhens gegenübersteht.

2.1.6 Die Umsetzung abstrakter Sachverhalte im Bild

> ... Dann marschierten sie weiter, ohne zu singen. Es waren Bauern, denen das Wort «Revolution» [революция fem. R.K.] fremd war und die glaubten, es sei eine Frau, die den Zaren ablöste.
> (Gerhardie 1999: 91)

Neben den Schwierigkeiten des Bildes, Narrativität, Modalität und Negation unmittelbar auszudrücken,[25] besteht auch hinsichtlich der Darstellung von abstrakten Sachverhalten ein Manko gegenüber sprachlicher Ausdrucksfähigkeit. Dem Bild eignet der Zwang zur Unmittelbarkeit und Direktheit sowie zur Konkretheit und Vollständigkeit der entworfenen Welt durch lauter visuell wahrnehmbaren Elemente. Trotzdem finden sich innerhalb einer Bildsprache Möglichkeiten, nicht-konkrete Sachverhalte mittels konkreter zu illustrieren.

Der piktorale Teil der ROSTA-Fenster bietet den Rezipienten die Möglichkeit, Geschichten und Gegebenheiten auf anschauliche, be*greif*bare Art und Weise zu erfassen. Das thematische Universum der Fenster umschliesst jedoch nicht nur konkrete, sondern auch abstrakte Sachverhalte; die Produzenten mussten also Lösungen finden, solche abstrakten oder schwer darstellbaren Begriffe (bspw. Stoffbezeichnungen) ins Bild umzusetzen.

Eine Möglichkeit dazu bietet der Index, d.h. nicht der eigentliche Sachverhalt wird im Bild dargestellt, sondern ein Zeichen, welches auf diesen verweist, eben ein Index:

> Bier kann man nicht malen; was man aber malen kann, ist beispielsweise ein Gefäss, in dem Bier typischerweise hergestellt oder aufbewahrt wird: eine Amphore. Den Sumerern diente die graphische Darstellung einer bestimmten Amphore als Schriftzeichen für Bier, und die Darstellung gebogener Schilfhalme diente den Ägyptern als Schriftzeichen für Wind.
> (Keller 1995: 193 f.)

Auch in den ROSTA-Fenstern sind zahlreiche Indizes zu finden. Beispielsweise Rauch als Index für Wärme (ROSTA 109, 5 [GS: 18]) oder

25 Vgl. Kapitel I.2.1.2.

für laufende Dampfmotoren (ROSTA 304, 10–11; GS: 26), Strahlen für Licht (ROSTA 598, 1 [GS: 48], Spinnennetz für Untätigkeit (GPP 143, 10 [GS: 92]) oder Stacheldrahtzaun für Grenze (ROSTA 363, 1/3 [GS: 30]). Da Indizes an sich keine Zeichen sind, ihre Lesung als *Zeichen für etwas* von der Interpretation des Rezipienten abhängt,[26] müssen diese Anzeichen in den ROSTA-Fenstern konventionalisiert und in ihrer Bedeutung gefestigt werden. Die Betrachter und Betrachterinnen der ROSTA-Fenster können sich durch das wiederholte Auftreten derselben Indizes für einen bestimmten Sachverhalt diese konventionalisierte Bedeutung aneignen. Dies ist eines der Merkmale, die darauf hindeuten, dass es sich beim piktoralen Teil der ROSTA-Fenster um eine eigentliche Bildsprache mit festen Bedeutungselementen/-komponenten handelt.

Indizes können auch bei der Visualisierung von Mengenangaben verwendet werden:

(84) *400300 пуд. муки*
20000 боченков сельдей
135925 пуд. различных продуктов
(GPP 364, 1–2 und 5) [GS: 117], siehe Abb. auf S. 290

400300 пуд. муки (Panel 1) wird einerseits durch einen Berg aufeinandergehäufter (Mehl)säcke (Behälter für Inhalt) visualisiert, wodurch die grosse Menge ersichtlich wird, andererseits erscheint auch das prototypische Endprodukt Brot im Bild, um auf den Inhalt der Säcke zu verweisen. Zusätzlich scheint die lächelnde Sonne[27] hinter dem Sackberg hervor, welche Zufriedenheit über die angegebene Menge indiziert. Analog aufgebaut ist Panel 2 *(20000 Боченков Сельдей)*, wobei hier die Behälterbezeichnung *боченков* schon im Text erscheint. Vor einem aufgetürmten Berg Fässer ist ein Exemplar *сельдь* des Fässerinhaltes zu sehen.

In einem weiteren Schritt kann es auch zu einer Symbolisierung von Symptomen kommen. So steht Rauch normalerweise nicht einfach

26 Vgl. Kapitel I.2.1.2 und Kummer (2000: Anm. 11).

27 Mangelnde Produktionsleistung kann durch die Krähe indiziert werden wie in Bsp. (65), siehe Text und Abb. auf S. 223 f., bezüglich der ungenügenden Schaufelproduktion.

nur für Wärme (wie in ROSTA 109, 5 [GS: 18]), sondern für Produktivität, für funktionierende Fabriken, für Werktätigkeit ganz allgemein (ROSTA 494, 2 [GS: 36], ROSTA 571, 4 [GS: 46]). Die Krähe – oder Rabenkrähe (ворона) – hingegen, welche als Aasfresserin Stellen der Verwesung indizieren kann, steht für Unproduktivität, Ruin und Tod (vgl. Kapitel II.2.2.1.5). Auch der Brilliant-Ring am Finger des Kapitalisten besitzt einen geregelten Gebrauch in der kommunikativen Funktion und wird somit zum Symbol (vgl. Keller 1995: 167) nach der Formel: «x dient in der Gruppe G dazu (x hat die Funktion), erkennen zu geben, dass y», d.h. der Brilliant-Ring besitzt in der sowjetischen Gesellschaft der 20er Jahre die Funktion, den individuellen Reichtum des dargestellten Kapitalisten oder Bourgeoisen zu signalisieren, dieser Reichtum wiederum ist in der Gesellschaft negativ besetzt. «Wir sehen also, dass die Unterstellung kommunikativer Absichten, [...] zuzüglich der Entstehung kollektiven Wissens ein Symptom zu einem Symbol werden lässt.» (Keller 1995: 167)

Eine weitere Möglichkeit, abstrakte oder schwer darstellbare Sachverhalte zu visualisieren, ist durch das Verfahren der Personifikation gegeben. Dahinter verbirgt sich ein naiv-kindlich anmutendes Weltbild, in dem abstrakte Konzepte beseelt und belebt werden. In den ROSTA-Fenstern sind solche Personifikationen v.a. innerhalb der Darstellung der *Feindes-Gruppe* anzutreffen. Abstrakten Feinden wie Ruin, Krankheit, Hunger und Tod wird eine Gestalt verliehen.[28] Dadurch erscheinen sie greifbar, fassbar und somit besiegbar. Auch der Begriff *война* tritt in einem Fenster als Aktant des Geschehens auf:

(85) Тамбовская губерния заготовила 15.000.000 яиц.
А Украина всего 4.860.590.
а должна бы Украина заготовить много больше других губерний.
Отчего мало?
Оттого что на Украине *война*.
(ROSTA 441, 1–5) [GS: 33], siehe Abb. auf S. 291

In Bsp. (85) wird der 1. Aktant *война* im Bild durch eine beige, roboterähnliche Figur dargestellt, mit Augen aus Kanonenrohren und Kanonen

28 Vgl. Kapitel II.2.2.1.5.

in den Händen, die sich in Bewegung befindet.[29] Diese Personifizierung lässt offen, zwischen welchen Parteien der Krieg stattfindet. Dies im Gegensatz zum Bildsymbol für den (erfolgreich) beendeten Krieg:

(86) Война окончена.
(GPP 145, 8) [GS: 94], siehe Abb. auf S. 292

(87) Война окончилась.
(GPP 289, 2) [GS: 111]

Abb. zu Bsp. (87)

In beiden Beispielen werden semantische Aktanten des Begriffs *война* zur Darstellung des Bildsymbols verwendet. In Bsp. (86) wird der besiegte, tot am Boden liegende Gegner sowie die zur Tötung verwendete Waffe (vintovka) gezeigt. In Bsp. (87) sind beide am Krieg beteiligten Aktanten zu sehen: sowohl der tote Feind als auch der Arm des Rotarmisten, welcher dem Feind das Bajonett in den Bauch rammt.

Schliesslich dienen auch wörtliche Umsetzungen sprachlicher Wendungen bzw. Phraseologismen als Quelle bildsprachlicher Symbole. Untätigkeit bzw. Passivität wird durch die Arbeiterfigur, die mit gekreuzten

29 Schon in ROSTA-Fenster Nr. 63 (Duwakin 1967: 59) tritt dieser Kriegsroboter auf. Er marschiert von links nach rechts (West–Ost) und hält einen bluttriefenden Dolch in seiner linken Hand, der auf das Banner РСФСР gerichtet ist.

Händen dasitzt, dargestellt, was der wörtlichen Umsetzung des Phraseologismus *сложа руки* entspricht (vgl. bspw. ROSTA 740, 2 [GS: 56]). Aber auch Wendungen, die nicht unmittelbar zum phraseologischen Bestand gehören, aber bildsprachlich ad hoc verständlich sind, setzt Majakovskij visuell um:

(88) Производство организуйте не *на словах*,
(GPP 17, 2) [GS: 79]

Abb. zu Bsp. (88)

Im Panel 2 von Bsp. (88) ist eine rote Figur mit einer riesigen, sich rollenden Zunge zu sehen in der Bedeutung von «unnötigem, leerem Gerede». Der entsprechende – nicht im Text erscheinende – Ausdruck *вертит языком* gehört heute nicht mehr zum festen Bestand der Phraseologismen, ist aber bei Dal' (Poslovic i pogovorok) unter der Wendung *Вертит языком, что корова хвостом* (Dal' 1903: 447) aufgeführt, was soviel bedeutet wie «viel und schön, aber auch Unsinn reden». Auch diese Umsetzung gehört zum festen bildsprachlichen Inventar der ROSTA-Fenster (vgl. u. a. GPP 11, 2 [GS: 78]; GPP 376, 3 [GS: 120]). Die ursprüngliche Bildhaftigkeit der Sprache findet so ihren Weg ins Bild: «Konkretisierung bedeutet ein Wörtlichnehmen des bloss sprachlichen Bildes.» (Röhrich 1969: 178)

2.2 Das propagandistische Universum der ROSTA-Fenster

Dem Rezipienten präsentiert sich in den ROSTA-Fenstern ein Universum, das aus Freunden und Feinden besteht. Dank der Bildgeschichten soll er lernen, Feinde zu erkennen und zu vernichten und dank seines eigenen (richtigen) Handelns zur Verbesserung der politischen sowie wirtschaftlichen Situation beizutragen.

Feinde gab es in der Revolutionszeit sowohl konkreter als auch abstrakter Art: allen vorab Personen und Personengruppen aus dem feindlichen politischen Lager, aber auch Krankheit, Hunger, Kälte und Ruin machten der Bevölkerung das Leben schwer. In der Folge werde ich auf die einzelnen Feindesgruppen eingehen, wobei ich die Darstellung von Personen – als wichtigstem Bildelement der ROSTA-Fenster – an den Anfang stelle.

2.2.1 Freund-Feind-Dualismus auf der Bildebene und die Rolle der Tiere

> Dass der Maler und der Dichter ihre Tugendhaften schön und ihre Lasterhaften hässlich vorstellen, kommt nicht von einer durch Intuition erkannten nothwendigen Verbindung dieser Eigenschaften her, sondern weil sie alsdann Liebe und Hass mit doppelter Kraft erwecken.
> (Lichtenberg, 1778/1991: Goettinger Taschen=Calender vom Jahr 1778, 21f., zit. nach Frey 1999: 40)

Die ROSTA-Fenster, die in einer Zeit der Bürgerkriegswirren, der Entbehrungen und der Bildung eines neuen politischen Systems agitatorisch wirken sollten, mussten eindeutige Positionen und Wertvorstellungen vermitteln. Sie sollten wie ein roter Faden die grossenteils ungebildete Bevölkerung durch die schwierige Zeit führen und ihnen richtiges, d.h. revolutionäres, parteikonformes Denken und Handeln vorführen sowie Wege zeigen, die Hygiene- und Versorgungszustände zu verbessern.

Die Kontrastierung von Richtig und Falsch, von Gut und Böse ist ein probates Mittel, die eigene Position als solche kenntlich zu machen und zu stärken, indem man sie mit einer Gegenposition kontrastiert, die eindeutig negativ konnotiert ist. Dabei muss sich der Bildbetrachter und die Bildbetrachterin auf visueller Ebene schnell orientieren können und ein semiotisches Zeichensystem vorfinden, in dem die Zuteilungen zum jeweiligen Lager klar erkennbar sind. Ähnlich den Western, in denen weisse und schwarze Hüte bzw. Pferde und strahlende vs. düstere Protagonisten die Zuschauer durch den Film führen und ihnen helfen, sich in einer (neuen) Einstellung rasch zurechtzufinden und sich für die «richtige» Seite zu entscheiden, bieten die ROSTA-Fenster auf der Bildebene dem Plakatbetrachter Hilfen an, sich innerhalb der Dichotomie «gut vs. schlecht», «richtig vs. falsch» zu orientieren. Im Folgenden werden die Verfahren zur Darstellung der Gut-Böse-Dichotomie, die in den Fenstern zum Tragen kommen, aufgezeigt und analysiert.

2.2.1.1 *Standard vs. Karikatur*

Распознать буржуя –
просто
(знаем
ихнюю орду!):
толстый,
низенького роста
и с сигарою во рту.
Даже
самый молодой –
зуб вставляет
золотой.
Чудно стрижен,
гладко брит...
Омерзительнейший вид.
А из лысинных целин
подымается –
цилиндр.
[...]
(Majakovskij 1928: Lico klassovogo vraga)

Personen als eigentliche Protagonisten der ROSTA-Fenster stellen sowohl im Text als auch im Bild die zentrale Objekt-Gruppe dar und sind bis auf wenige Ausnahmen auch in den Bildfolgen immer zugegen: standardisiert als Vertreter des eigenen Lagers, karikiert als dem feindlichen Lager zugehörig. Innerhalb des eigenen Lagers sollen sie sowohl dem Bildbetrachter die Möglichkeit geben, sich mit ihnen und ihrem Verhalten zu identifizieren, als auch in Form einer Erzählfigur den Betrachter durch die Bildfolgen zu begleiten.

Der Bildbetrachter lernt – dank der Art der Darstellung – die einzelnen Figuren schnell kennen und wiedererkennen:

> Majakovskij hat [...] eine ausgeprägte Leitmotivtechnik entwickelt. Er versah jede Figur mit einem oder mehreren Hauptmerkmalen, die von Plakat zu Plakat wiederkehren und dem Betrachter bei der Identifizierung helfen.
> (Zelinsky 1988: 473)

Majakovksij versieht die jeweiligen Figuren mit gewissen ihnen zugehörigen Attributen, wie Schirmmütze und Hammer für die Arbeiterfigur,

Diamantring und Fettbäuchigkeit für den Kapitalisten, Bastschuhe und Bart für den Bauern usw. Nicht die physische Ähnlichkeit mit einem realen Arbeiter, Kapitalisten oder der Person Vrangel's ist primär Grundlage für das Abbildungsprinzip der Figuren, sondern die mit den Attributen verbundenen Assoziationen. Denn die dargestellten Figuren dienen nicht nur der Referentialisierung mit aussersprachlichen Personen, sondern auch der Charakterisierung bestimmter Eigenschaften und Zustände. Dies wird durch die Art der Visualisierung (z. B. dick vs. dünn, statisch vs. dynamisch), die Mimik und Gestik (z. B. lächelnd, betrübt, grinsend, in der Nase bohrend, Speichel triefend) sowie die auch der Wiedererkennung der Personen dienenden, beigefügten Attribute (z. B. Diamantring als Index für Reichtum und damit verbundener Gier, Hammer des Arbeiters als Index für Werktätigkeit) erreicht.

Was den ROSTA-Fensterbetrachtern aber primär ins Auge sticht, ist die Unterteilung des Bilduniversums in wenige, kantig schablonenhaft meist rot gefärbte Silhouettenfiguren und einen ganzen Zoo karikierter grafisch differenzierter negativer Typisierungen.

Wie schon der ursprüngliche Titel «Окно сатиры РОСТА»[30] der Plakate besagt, spielt das Verfahren der Satire bzw. der Karikatur in der Darstellungsweise der Fenster eine zentrale Rolle. Dabei wird die Karikatur vor allem zur Darstellung des Feindes eingesetzt. Die karikierende Veranschaulichung des Feindes evoziert Lachen, «дружный веселый смех»[31], wie es der Verfasser eines Artikels in der Zeitschrift «Год пролетарской Революции» anlässlich der Beschreibung eines satirischen Plakats aus dem Jahre 1918 nennt. Aber auch ein grausames, schreckliches, furchterregendes Lachen, «грозный смех»[32], das dem Feind Angst und Schrecken

30 «Окно Сатиры РОСТА» bildete bei den frühen Plakaten den Gesamttitel der jeweiligen Ausgaben. Da aber nicht alle Themen der Fenster in satirischer Art und Weise abgehandelt wurden und die Plakate auch hinsichtlich ihres ursprünglichen Ausstellungsorts expandierten, ging der Titel mit der Zeit verloren (vgl. Duwakin 1967: 42).

31 Vgl. Šišlo (1970: 8).

32 Gegen Ende des Jahres 1929 stellte Majakovskij eine kleine Auswahl an Texten und Fotografien von ROSTA-Fenstern zusammen unter dem Titel «Грозный смех». Der programmatische Titel wurde beim 1938 publizierten Album, welches mir als Korpus dient, beibehalten.

einjagen soll. Das Lachen über andere hat – wie bspw. beim Witze-Erzählen – sowohl eine verbindende Komponente – die daran Teilhabenden empfinden sich als eine Einheit –, als auch eine kathartische, befreiende Wirkung – durch die Blossstellung des Feindes wird dieser fassbar, ja besiegbar, und die eigene Angst kann im Lachen gelöst werden. Das Lachen kann sogar in ein Aggressions- bzw. Superioritätslachen münden. Das Verfahren, den (Klassen-)Feind auf komische bzw. burleske Art und Weise zu illustrieren, deckt zudem dessen schwache Seiten auf.

Die Gut-Böse-Dichotomie findet ihren Ausdruck auf piktoraler Ebene in der Aufteilung der Figuren in typisierte, «standardisierte» Figuren, wie den Rotarmisten, den Arbeiter, den Bauern einerseits und individualisierte, karikierte[33] «hässliche» Feindesdarstellungen andererseits. Die Hässlichkeit wird einerseits durch Attribute im Gesamterscheinungsbild (wie Dickbäuchigkeit, Wurstfinger, kurze, krumme Beine u. ä. m.) wie auch durch ihre Mimik vermittelt (Kapitalisten und Bourgeois grinsen, flennen, sabbern und fletschen die Zähne). Diese differenzierte Art der Visualisierung dient auch dazu, den genannten Feind auf den ersten Blick zu erkennen. Namhafte Gegner wie Vrangel', Wilson u. a. sind in Form von Porträtkarikaturen sofort zu identifizieren:

> Сила употребляемого плакатистами приема состояла в том, что Врангеля, как и других злостных врагов молодой Советской республики узнавали с первого взгляда, без всяких подписей, даже по самому обобщенному силуэту. (Petrogradskie «Okna ROSTA» 1964: 24)

Den karikierten Feinden stehen die Standards des eigenen Lagers gegenüber. Diese schablonenhaften, typisierten Figuren sind ohne individualisierende Züge gezeichnet. Standards sind im Unterschied zu individualisierten Typen bzw. Helden nicht heroisierte Individuen, sondern Muster, deren standardisierte Verhaltensweisen vom Rezipienten in den Alltag übernommen werden können (vgl. Gillen 1978: 68 f., Gassner 1979: 8, Kummer 2000: 288 ff.).

33 «Karikaturen stellen einen Aufruf zur Wahrnehmung besonders charakteristischer Formelemente dar. Einerseits entstehen Bilder [und somit auch Karikaturen RK] im Rückgriff auf Typisierungen der Wahrnehmung, andererseits prägen sie sie weiter aus.» (Plümacher 2000: 53)

Aufgrund der unterschiedlichen Darstellungsverfahren – Standard vs. individualisierte Referenten bzw. Referentengruppen – und der didaktischen Aufgabe der Fenster (Aufzählung d.h. Sichtbarmachung der Feinde) kommt es anzahlmässig zu einem eklatanten Unterschied hinsichtlich der Darstellung positiver und negativer Figurentypen. Wenige positive Figurenstandards stehen einer grossen Anzahl negativer Figuren gegenüber. Die Seite der Eigenen wird im Wesentlichen durch drei verschiede Akteure repräsentiert: den Arbeiter (die Arbeiterin)[34], den Bauern (die Bäuerin) und den Rotarmisten.

Schon bald nach der Revolution nahm der prototypische Arbeiter die Gestalt des Schmieds an:

> Although the party had no single visual image of the worker when it took power, a year later the representation of "the worker" had acquired a definite form. He was almost invariably depicted as a kuznets, or blacksmith. [...] The blacksmith's distinctive markers were his hammer (molot), a leather apron, and sometimes an anvil. Tipically he had a mustache (a beard was associated with the male peasant), a Russian shirt, and boots (peasants wore bast shoes). Sometimes, he was presented as bare to the waist, but more often he wore a shirt. He was neither very youthful nor particularly old; generally, he had the appearance of a mature and experienced worker.
> (Bonnell 1997: 23)

Der Schmied ist von allen Arbeitern der universellste und ursprünglich auch sehr prestigeträchtig, der sowohl in den Städten als auch auf dem Land – u.a. als Produzent landwirtschaftlicher Geräte – tätig ist, wodurch er eine Verbindung zwischen den «zwei Welten» herstellen kann. Zudem war er der Bevölkerung aus der Folklore vertraut, in der er eine wichtige Rolle einnimmt.[35]

34 Weibliche positive Figuren (weibliche Standards) sind in den ROSTA-Fenstern Majakovskijs äussert selten anzutreffen, der männliche Standard kann sowohl als Hyperonym für den Begriff «Mensch» als auch für «Mann» stehen (vgl. Kummer 2001: 87).

35 Der Schmied ist in der Mythologie vieler Kulturen Träger von Geheimnissen, so auch in der slavischen Mythologie, wo er als Held auftritt und als intelligent und schlau gilt; dies findet seinen Niederschlag auch in der Folklore: «Это деяние кузнеца – культурного героя получило отражение в народной традиции, в том числе в восточнославянском фолькклоре: в свадебных песнях Кузнец кует свадьбу ...» (Slavjanskaja mifologija 2002: 268).

Auch in den ROSTA-Fenstern findet die Figur des Schmieds häufig Eingang ins Bild und dient u.a. als Akteur des Bildsymbols für die Begriffe «arbeiten», «tätig sein»:

(89) Мы голодаем.
Чтоб мы могли есть,
надо шептунов по шапке.
Транспорт *работой* возстановить [восстановить] и хлеб привесть.
(GPP 62) [GS: 86]

In Panel 4 des Bsp. (89) besitzt der Arbeiter gleich mehrere der von Bonnell beschriebenen Attribute: Amboss und Hammer sowie eine Schürze. Selten ist bei Majakovskij[36] die Figur des Arbeiters jedoch so ausdifferenziert, dass er explizit als Schmied erkennbar ist. Normalerweise trägt der Arbeiter «eine Schirmmütze, eine Bluse mit hochgestreiften Ärmeln und meist einen Hammer» (Duwakin 1967: 74). Zudem erscheint die Arbeitersilhouette meist dermassen ungegliedert und generell, dass die Details der Kleidung vom Betrachter eher erraten denn gesehen werden.

Was den Grad der Konkretheit anbelangt, ist zu bemerken, dass Konkretheit vs. Abstraktheit nicht nur eine Frage des Stils ist, sondern auch einen Einfluss auf die Rezeption der Bildobjekte durch die Betrachter ausübt. Diesen Umstand machen sich Comiczeichner zu Nutze: Je konkreter ein Gegenstand abgebildet ist, desto prägnanter wird sein Objekt-Status[37].

Dasselbe Verfahren trifft auf Personendarstellungen zu: je konkreter eine Person gezeichnet wird, desto grösser ist ihr Subjekt-Status als

36 Andere Künstler des ROSTA-Kollektivs, wie A. M. Njurenberg (bspw. ROSTA 423 [SGS]) und M. M. Čeremnych (bspw. ROSTA 581, 4 [SGS]) greifen bei der Wiedergabe des Arbeiters viel expliziter auf die Schlüsselfigur des Schmieds zurück. Dies hängt mit den unterschiedlichen Zeichnungsstilen zusammen. Majakovskij reduziert und schematisiert seine Figuren viel stärker als andere Künstler und verzichtet fast gänzlich auf ausschmückende Details.

37 Ein Schwert bspw. wird dann nicht mehr einfach als Kampfinstrument des Protagonisten ("as an extension of my cartoon identity") gesehen, sondern der Comicleser wird aufgefordert, sich der physikalischen Beschaffenheit (Gewicht, Textur usw.) des Schwerts gewahr zu werden (vgl. McCloud 1993: 44).

ОКНО САТИРЫ №62.
1) МЫ ГОЛОДАЕМ.
2) ЧТОБ МЫ МОГЛИ ЕСТЬ,
БАСТУЙ!
3) НАДО ШЕПТУНОВ ПО ШАПКЕ.
ТРАНСПОРТ РАБОТОЙ ВОССТАНО-
ВИТЬ И ХЛЕБ ПРИВЕСТЬ.
ГЛАВПОЛИТПРОСВЕТ.

Abb. zu Bsp. (89)

der einer eigenen, vom Bildbetrachter differenten Person: "[...] other characters were drawn more realistically in order to objectivy them, emphasizing their 'otherness' from the reader" (McCloud 1993: 44). Dadurch wird es für die Betrachterin schwieriger, sich mit der abgebildeten Person zu identifizieren (vgl. McCloud 1993: 44 ff.). Auf die ROSTA-Fenster übertragen heisst dies, dass die Leseridentifikation mit den Figuren wie Arbeiter, Rotarmisten oder Bauern besser gewährleistet ist als mit dem Feind. Denn nicht nur die Stufe der realitätsnahen Darstellung (d.h. der Vergleich mit der wahrnehmbaren Welt) spielt eine Rolle, sondern auch die Anzahl der angefügten Attribute, die auf dem Bild erscheinen, tragen zur Gegenüberstellung *Vereinfachung vs. Diversifikation* bei. Wird diese Diversifikation dann noch durch Attribute, die negative Assoziationen besitzen, erreicht, so sollte dem Bildbetrachter der Weg zur Identifikation versperrt sein.

Während die positiven Gestalten – Arbeiter, Bauern, Rotarmisten – entindividualisiert, als Vertreter einer Klasse, und – genau so wie der Betrachter – einer Masse zugehörig, wiedergegeben werden, erscheinen «die negativen Gestalten dagegen als Individuen mit unterschiedlichen Masken» (Mit voller Kraft 2001: 129). Somit findet sich auf der Bildebene ein dem sprachlichen Befund entgegengesetztes Verfahren. Denn auf verbaler Ebene wird das Fremde normalerweise als uniformiert, typisiert und ohne Einzelheiten dargestellt, das Eigene hingegen konkretisiert, individualisiert (vgl. Pen'kovskij 1989: 57 ff., Weiss 2000b: X).

Die Maske[38] steht für die Verlogenheit des gegnerischen Lagers. Wer eine Maske trägt, hat darunter etwas zu verbergen:[39]

38 «Художнику предстояло свести воедино черты врага мелкого, маскирующегося двуликого, щеголяющего то левой фразой, то расплывчатыми нейтральными убеждениями, но тем более опасного в период острой ломки всех социальных устоев.» (Petrogradskie «Okna ROSTA» 1964: 17)

39 Vgl. auch das Plakat von V. Deni aus dem Jahre 1920 *Антанта под маской мира* (Piltz 1977, Abb. 58), auf welchem sich ein monsterhafter Kapitalist eine sanftmütig wirkende Maske vor sein wahres Gesicht hält. Fast zehn Jahre später (1929) tritt dasselbe Motiv wieder auf im Plakat *Международный красный день – день мобилизации мирового пролетариата против империалистических войн* (vgl. Viktor Deni 1992: Abb. 84).

(90) От мешечника вреда больше,
чем от Врангеля и Польши.
Врангель и пан сражались в бою,
а этот прячет под маску морду свою.
(ROSTA 528, 1–3) [GS: 39]

Abb. zu Bsp. (90)

In Bsp. (90), Panel 3 kommt das wahre Gesicht des Kleinhändlers in Form der hässlich verzerrten Fratze des Spekulanten zum Vorschein. Die Vorspiegelung falscher Tatsachen – die freundlich lächelnde Maske – macht den Sackspekulanten zum äusserst gefährlichen Feind, gefährlicher noch als Vrangel' oder den polnischen Pan.

Majakovskij antwortet im Februar 1930 auf die Frage, weshalb die positiven Gestalten nicht ebenfalls als historische Personen wiedergegeben sind: «Я нарочно показывал белых героев и красную массу.» (Majakovskij 1959: 419) Dieses Verfahren widerspiegelt auch die unterschiedlichen Gesellschaftsauffassungen des Kapitalismus und des Kommunismus. Während der Kapitalismus den Begriff des Individualismus als Wert propagiert, zählt im Kommunismus das Kollektiv, in dem das Individuum aufgelöst und gleichsam entpersönlicht in einer höheren Ordnung aufgehoben ist.

Die Darstellung der Masse vollzieht sich auf piktoraler Ebene durch die entindividualisierte Zeichnung der Figuren, die metonymisch für die ganze Klasse stehen. Die handelnden Figuren führen exemplarisch einen Sachverhalt oder einen Handlungsablauf vor, wobei der Bildbetrachter häufig die Position des textuellen «ты» als 1. Aktanten einnehmen kann.

Das Verfahren der seriellen, pluralistischen Abbildung positiver Gestalten ist relativ selten. Es wird eingesetzt, wenn es durch die sprachlichen Aktanten begründet ist:

(91) Агрономы, инженеры, *к нам в ряды*!
(ROSTA 741, 4) [GS: 57]

Die Aufforderung an Agronome und Ingenieure, sich in die Reihen der Arbeiter einzufügen, wird auf der Bildebene durch etikettierte Lücken dargestellt. Semantisch bedingt das Wort *ряд* eine serielle Darstellung, dieser Forderung wird auf piktoraler Ebene stattgegeben.

Der Ausdruck der Reihe muss auf textueller Ebene nicht als Lexem erscheinen, sondern kann – wie in Bsp. (92) – durch einen Imperativ in der 2. Pers. Pl. und mit der Visualisierung der Reihe realisiert werden. Der Gang an die Front erfolgt in disziplinierter Ordnung (без всякой паники) und nicht chaotisch:

Abb. zu Bsp. (91)

(92) *Без всякой паники,*
но и не зря резво
идите на фронт
хладнокровно и трезво.
(ROSTA 70, 5) [GS: 17]

Abb. zu Bsp. (92)

Abb. zu Bsp. (93)

(93) Лишь за соль муку дадут.
Все на соль походом!
(janvar' 1921, Otdel proizv. prop. CK gornorabočich, 1) [GS: 75]

Auch der Aufruf *все на соль походом!* (Bsp. 93) wird bildlich durch eine Reihe voranschreitender Bergarbeiter gezeigt. Hier dient die Reihe (die durch den Bildrahmen begrenzt wird) zur Visualisierung und Konkretisierung des Allquantors *все*.

Im Gegensatz zur seriellen, geordneten Wiedergabe eines positiven Sachverhaltes steht die chaotische[40] Massendarstellung in Zusammenhang mit einem negativen Sachverhalt bzw. eines Fehlverhaltens:

(94) Если надо уезжать,
не *толпитесь стадом*.
(GPP 56, 1) [GS: 85]

Auch die Herde verlangt auf Grund ihrer Semantik eine pluralische Darstellung, diese erfolgt aber im Unterschied zur Reihe *ряд* nicht seriell geordnet, sondern ungeordnet. In GPP Nr. 210 (Bsp. 95) hat das chaotische, ungeordnete Besteigen der Strassenbahn deren Ruin zur Folge:

40 Zur Funktion von Geordnetheit vs. Chaos auf piktoraler Ebene vgl. Kapitel II.2.1.5.

Abb. zu Bsp. (94)

(95) Ни стали не выдержать, ни железу,
если на него без конца
лезут и лезут.
Каждый трамваю подгадить рад:
лезут на буфер,
висят *как виноград.*
(GPP 210, 4–6) [SGS], siehe Abb. auf S. 293 oben

Der Mangel an Strassenbahnen wird auf die Beschädigung durch übermässigen (*без конца лезут и лезут.* Panel 4) und unsachgemässen (*висят как виноград,* Panel 6) Gebrauch zurückgeführt. In beiden Panels ist eine chaotische, ungeordnete Personenansammlung zu sehen. Darüber hinaus haftet dem Verb *лезть* in den ROSTA-Fenstern immer eine negative Konnotation an; im Vergleich zu den Vertretern des eigenen Lagers, welche gehen oder marschieren *(итди, шагать)*[41], schleicht oder stiehlt sich der Feind ein *(лезть):*

41 Vgl. dazu bspw. ROSTA 70, 5 [GS: 17]; ROSTA 182, 8 [GS: 24]; ROSTA 409, 4 [GS: 31].

Abb. zu Bsp. (96)

(96) Еще живет капитал
еще может попробовать *лезть*
(ROSTA 740, 4) [GS: 56]

(97) Ты-же и разрушил транспорт весь
Зря верхом на паровоз не *лезь*.
(GPP 184, 13) [GS: 100], siehe Abb. auf S. 293 unten

(98) *лезет* голод во все щели.
(GPP 289, 8) [GS: 111]

(99) *Поползла* по платью вошь.
(GPP 54, 1) [GS: 83], siehe Abb. auf S. 294 oben

Der Kapitalist versucht, im bol'ševistischen Russland erneut Fuss zu fassen (Bsp. 96), der Kulake klettert ohne Berechtigung auf den Zug (Bsp. 97), und auch der Hunger und die Laus schleichen sich ein (Bsp. 98 und 99). Wie aus dem Bsp. (98) ersichtlich, ist diese Fortbewegungsart nicht nur dem personalen, sondern auch dem abstrakten Feind – hier dem Hunger – eigen; der Tod tritt nicht durch die Haustür ein, sondern greift sich seine Opfer aus dem Hinterhalt.

Abb. zu Bsp. (98)

Dieser Schulterschluss zwischen unterschiedlichen Feindesgruppen dient dazu, mit einer möglichst einheitlichen Sprache – sowohl auf Bild- als auch auf Textebene – die Lagerzugehörigkeit unmittelbar erfassbar zu gestalten und gleichzeitig Querbezüge zwischen den verschiedenen Feinden herzustellen.

2.2.1.2 Welche Feinde hat das System?

Das neue bol'ševistische System sieht sich mit den verschiedenartigsten Feinden konfrontiert. Diese sind sowohl im Inneren als auch ausserhalb zu finden. Einige von ihnen können referentialisiert werden wie bspw. der letzte Zar, die Vertreter der Entente oder die Generäle der Weissgardisten (Vrangel'[42], Denikin usw.), andere haben keinen spezifischen Referenten, sondern bestehen aus einer ganzen Klasse (Kulake,

42 General Vrangel' tritt auch in metonymischer Funktion auf als Vertreter seines gesamten Heeres (vgl. Bsp. 70, siehe Text und Abb. auf S. 231 f.).

Abb. zu Bsp. (100)

Bourgeoisie, Kapitalist, Men'ševik, polnischer Pan usw.), wobei der im Bild dargestellte Vertreter generisch auf die ganze Klasse verweist.

Majakovskij differenziert die verschiedenen Feinde auf der visuellen Ebene und stattet sie mit für den Bildbetrachter leicht erkennbaren Attributen wie Kleidung, Waffen, Menschengestalt, Physiognomie, Haartracht, Farbe u. ä. m. aus. Diejenigen spezifischen Feinde, die auf textueller Ebene nicht referentialisiert sind, können auf piktoraler Ebene zusätzlich etikettiert werden:

> (100) Антанта признавала то *эту*,
> то *эту власть*.
> (ROSTA 557, 1–2) [GS: 44]

> (101) Политике сам научися и
> других научил рабочий народ.
> (ROSTA 741, 1) [GS: 57]

Der bilddeiktische Verweis *эту власть* in Bsp. (100) wird im Bild alleine schon durch die typisierte Darstellung von Denikin und Vrangel' referentialisiert, jedoch zusätzlich noch durch die benennenden Etiketten

Abb. zu Bsp. (101)

Деникин und *Врангель* verankert. Auch in Bsp. (101) bieten die Uniform und die Mütze Erkennungsmerkmal genug, um den am Boden liegenden Weissgardisten als Vrangel' zu identifizieren. Trotzdem wird er zusätzlich textuell referentialisiert. Im Gegensatz dazu ist die Beschriftung *Врангель* der Figur in Bsp. (60), (*Враг последний* готов!, siehe Text und Abb. auf S. 216 f.) motivierter, da sie nicht ohne weiteres als Vrangel' erkennbar ist. Und in Panel 4 von Bsp. (36) (Хочешь?! Значит надо *белогвардейцев* разбить стараться, siehe Text und Abb. auf S. 162) schliesslich werden zwei gegnerische Vertreter mit *Петлюра* und *Балахович* beschriftet, die seltener in den Fenstern erscheinen und deshalb dem Betrachter auch nicht so vertraut sind. Solche Etikettierungen werden meist bei der spezifischen Referentialisierung vollzogen, generisch verwendete Etiketten wie *капиталист* oder *меньшевик* erscheinen in meinem Korpus äusserst selten:

(102) Смотри:
легче всего кооперации почва *такие* рождает
фрукты.
(GPP 224, 11–12) [GS: 106], siehe Abb. auf S. 294 unten

In Bsp. (102) referiert *такие фрукты* metaphorisch auf die im Bild dargestellten Figuren des Men'ševiken, des Sozialrevolutionärs und des Kulaken. Erstere beiden sind zusätzlich etikettiert, da sie das zentrale Thema des Fensters bilden:

> [...] Кооперация, выделяя элементы хозяйственно более высокие, более высокие в экономическом отношении, тем самым в политике выделяла *меньшевиков и эс-эров*. Это химический закон, – тут ничего не поделаешь! *Меньшевики и эс-эры*, это – люди, которые сознательно или бессознательно восстанавливают капитализм и помогают Юденичам [...] Мы должны с ними воевать [...]
> (Lenin, Doklad o natural'nom naloge na X c"ezde RKP(b) 15 marta 1921 g.) [GS: Kommentarii 106]

Bonnell geht in ihrer Unterteilung der personalen Feinde zuerst von der Dichotomie «äussere vs. innere Feinde» aus und unterteilt in einem weiteren Schritt die inneren Feinde in 3 Gruppen: Elemente des alten Regimes, politische Opponenten und übrige Übeltäter:

> External enemies appearing in Civil War visual propaganda encompassed a relatively small group. Specific references can be found to capitalists, the German Kaiser, Clemenceau, Lloyd George, Wilson, Uncle Sam, the Entente, and a few others.
> By contrast, the list of internal villains was extensive and detailed. Internal enemies visualized in Civil War propaganda art can be classified in three categories:
> 1. Elements from the old regime: the tsar and his wife, tsarist official, tsarist general, tsarist policeman, priest, rabbi, mullah, landowner (pomeshchik), high nobility (boiarin), kulak, capitalist (burzhui), merchant, factory owner, banker, speculator, pogrom maker (pogromshchik)
> 2. Political opponents: Menshevik, Socialist Revolutionary, anarchist, White Guard general, Kadet, Viktor Chernov, Anton Denikin, Nikolai Iudenich, Aleksei Kaledin, Aleksandr Kerenskii, Aleksandr Kolchak, Lavr Kornilov, Petr Krasnov, Nestor Makhno, Petr Wrangel, Joseph Pilsudski, Vladimir Purishkevich, Pavel Skoropadskii
> 3. Workplace and other villains: sponger (tuneiadets), loafer (lodyr'), shirker (progul'shchik), plunderer (khishchnik), parasite (parazit), bagman (meshochnik), traitor (predatel'), deserter (dezertir), sleuth (shpik).
>
> (Bonnell 1997: 191)

Die oben genannten Gruppen besitzen einen unterschiedlichen Status, was ihre Umerziehungsmöglichkeiten anbelangt (vgl. im Folgenden

Bonnell 1997: 192 f.). Die Angehörigen der ersten Gruppe der inneren Feinde konnten als historisch definierte klassenfremde Elemente nicht ins Lager der Eigenen wechseln. Sie werden auch in den ROSTA-Fenstern als eindeutig negative Figuren wiedergegeben und dienen ausschliesslich als Sündenböcke bzw. Akteure, die es zu bekämpfen und zu vernichten gilt. Eines der ersten ROSTA-Fenster erzählt ein Märchen über ein Kamel («Читайте! Специально для Узбеков и Киргизов будет эта сказка об одном верблюде»), in welchem ein Khan, ein Kadi und ein Mullah – alles Vetreter der 1. Gruppe – als Schmarotzer dargestellt werden, deren man sich entledigen muss:

(103) Проснулся верблюд от *тяжести лишней,*
и все посыпались, *как гнилые вишни.*
(ROSTA 1, 7) [GS: 10]

Abb. zu Bsp. (103)

Der All-Quantor umfasst die niederprasselnden Vertreter des alten Regimes, welche mit verfaulten Kirschen *(гнилые вишни)* verglichen werden (Fäulnis-, Verfallsmetaphorik) und die nach ihrem Abwurf vom Kamel in Bild Nr. 8 regungslos am Boden liegen bleiben. Die Geschichte endet mit einem Aufruf an die arbeitstätige Bevölkerung, sich an diesem Kamel ein Beispiel zu nehmen, d. h. sich vom alten Joch zu befreien und zur Arbeit zu schreiten. Die Zerschlagung und Vernichtung der feindlichen Klassen ist ein zentrales Thema der ROSTA-Fenster: «Смерть буржуям» (ROSTA 132, 5) so die Erkenntnis des Kommunisten, der mit offenen Augen durchs Leben schreitet. Die Vernichtung des Klassenfeindes bleibt bis zur Beendigung des Bürgerkriegs eines der Hauptthemen der Fenster, zusammen mit der Beseitigung des politischen Feindes in Gestalt der weissen Generäle und der Entente. Diese gehören der zweiten Gruppe innerer Feinde an und setzen sich aus politischen Kontrahenten zusammen, die laut Bonnell bis 1930 noch eine Chance hatten, das Lager zu wechseln. In meinem Korpus sind auch die Vertreter dieser Gruppe im Spannungsfeld der Gut-Böse-Dichotomie klar dem Feindeslager zuzuordnen. Allfällige Umerziehung oder die Möglichkeiten, bei richtigem Verhalten ins positive Lager zu wechseln, werden in den Fenstern nicht thematisiert.

Die in der zweiten Gruppe der inneren Feinde aufgeführten Personen oder Personengruppen gehören deshalb auch nicht zum Zielpublikum der Plakate, sie werden selten direkt durch das Plakat angesprochen, d.h. ein eigentlich deiktisches *ты* bzw. *вы*, welches aus dem Plakat hinaus auf den Betrachter oder die Betrachterin verweist, kommt fast nie vor. Eine Ausnahme bildet das ROSTA-Fenster Nr. 5 vom Dezember 1919, in welchem Wilson direkt angesprochen wird:

(104) *Эй, Вильсон*, кашу заварил, а расхлебывать не желаешь?!
(ROSTA 5, Lozung) [GS: 8]

Die kumpelhafte Anrede des amerikanischen Präsidenten in der 2. Pers. sg. verweist eher auf eine implizite Drohung des Textproduzenten. Wilson wird wie ein kleiner Schuljunge gerügt, der sich etwas eingebrockt hat und dafür nicht gerade stehen will. Ziel ist nicht die direkte Anrede an Wilson, sondern seine Diffamierung bzw. Blossstellung; der Textproduzent kann sich vor aller Augen erdreisten, es mit dem amerikanischen Präsidenten aufzunehmen, d.h. Wilson wird nicht wirklich ernst genommen. Eine andere Interpretationsmöglichkeit ist die bildreferentielle Lesung der Anrede, d.h. das «Эй, Вильсон» bezieht sich nur auf den Bildaktanten Wilson. Ein analoger Fall findet sich in ROSTA-Fenster Nr. 555, in dem ein Vertreter der Entente – als Madame bezeichnet – abschliessend gefragt wird:

Abb. zu Bsp. (104)

(105) Не угодно ль вам признать советскую власть?!
(ROSTA 555, Lozung) [GS: 43]

Abb. zu Bsp. (105)

Auch hier handelt es sich bei der Frage um einen indirekten Sprechakt, dessen konversationelle Implikatur eine Drohung indiziert. Die Konsequenzen einer Nichtanerkennung der Sowjetmacht werden in Panel 9 durch die zuschlagende Rotarmistenfaust visualisiert.

Normalerweise jedoch sind Vertreter aus den ersten zwei Gruppen der inneren Feinde «die anderen» *они*, dies entspricht der zentralen referentiellen und axiologischen Opposition «мы vs. они» der sowjetischen Propagandasprache:[43]

43 Vgl. Weiss (2000a).

Abb. zu Bsp. (106)

(106) Если *они*,
а не *мы* победим, –
четверть себе,
а три четверти им.
(GPP 317, 10–12) [GS: 112]

Die Rede ist hier von der Entente und den ihr zugewandten Ländern, die ihre Arbeiterschaft ausbeuten und zu Gunsten des Kapitalismus ausbluten lassen. Auf der Bildebene verweist die Erzählfigur mit einem Zeigegestus (Ostension) auf das *они*, welches metonymisch durch einen säbelschwingenden Angreifer visualisiert ist.

Eigentliches Zielpublikum für allfällige Umerziehungsaktionen sind die Vertreter der dritten Gruppe innerer Feinde. "Until the 1930s, many of these people were considered redeemable, given proper guidance and enlightenment." (Bonnell 1997: 193) Solange die Möglichkeit zur Umerziehung besteht, handelt es sich auch nicht um Feinde im eigentlichen Sinne, sondern eher um fehlgeleitete Individuen; sei dies durch Dummheit, Unwissenheit (Ungebildetheit) oder Beeinflussbarkeit seitens des feindlichen Lagers. Sie werden gezielt angesprochen und zum Umdenken bzw. Handeln aufgefordert. Paradigmatisch dafür steht das Plakat mit dem Titel *Красная и черная:*

(107) Если ты на этой доске
умирай в тоске.
А если на красной –
улыбайся как день ясный.
(ROSTA 884) [GS: 72]

Abb. zu Bsp. (107)

In diesem Fenster (Bsp. 107) wird der Nichtstuer Ivanov (Иванов лодырь!) dem Arbeitshelden Ivanov (Иванов герой труда!) gegenübergestellt. Das kurze prägnate Plakat ruft zum Umdenken auf, und vermittelt auf der Bildebene durch den strahlenden Ivanov gleich die Befindlichkeit, die aus linientreuem Handeln resultiert (улыбайся как день ясный). Trotz der Referentialisierung mit dem Familiennamen wird der Arbeiter nicht individualisiert, sondern steht prototypisch für einen x-beliebigen Arbeiter. Dies geschieht durch die Verwendung des russischen Allerweltnamens Ivanov – analog bspw. zu Smith im Englischen –, der sowohl als Eigenname als auch als Gattungsname verwendet werden kann, und durch die Darstellung als Standard.

Auch in der 3. Gruppe gibt es jedoch Feinde, die in die *они*-Gruppe gehören und somit primär nicht umzuerziehen, sondern zu bekämpfen sind:

(108) Красноармеец узнай врагов своих –
Без всякой пощады уничтожай их.
Твой первый враг польское пановье.
Не убьешь его – петли тебе пановьет [пановьет]
Дезертир твой враг второй.
Дезертир для врагов прорывает строй.
Твой третий враг– грязь и вошь.
Тебя убьет – если ты не убьешь.
(ROSTA 140) [GS: 21]

Unter der Headline *Красноармеец узнай врагов своих – без всякой пощады уничтожай их* folgt eine Auswahl aus dem Who's-who-Katalog, in welchem drei verschiedene Feindesgruppen metonymisch – d.h. durch je einen Vertreter – dargestellt werden. Durch die textuelle und visuelle Parallelkonstruktion werden sie auf die gleiche Ebene gesetzt: der polnische Pan, der Deserteur sowie die Laus[44] zusammen mit dem Schmutz; alle wollen sie dem Rotarmisten ans Leben und sind deshalb zu vernichten. In der Zweierabfolge der Panels wird im jeweils ersten der Feind benannt bzw. im Bild gezeigt. Das zweite Panel folgt im Falle des Pans und der Laus bzw. des Schmutzes einer konditionalen

44 Vgl. zur Laus als Überträgerin von Typhus Kapitel II.2.2.1.5.

Abb. zu Bsp. (108)

«wenn-(nicht)-dann-Logik», wobei Panel 2 und 6 textuell einen Chiasmus bilden. Auf Bildebene ist die drohende Gefahr, d. h. der Angriff auf das Leben des Arbeiters bzw. des Rotarmisten zu sehen. Dabei wird auf das mittelalterliche Darstellungsprinzip «gross=mächtig» zurückgegriffen, um dem Bildbetrachter die Macht des Gegners genügend drastisch vor Augen zu führen. Die einfache Formel in Gestalt einer Warnung lautet: dies ist der Feind; vernichte ihn, sonst vernichtet er dich! Einer anderen Argumentationslogik folgt die Beschreibung des Deserteurs (Panel 3–4), eines Angehörigen der dritten Gruppe der inneren Feinde. Auch er wird in einem ersten Schritt als Feind kenntlich gemacht, das nachfolgende Panel dient jedoch der Erläuterung seines Feindstatus (Дезертир для врагов прорывает строй.) Auf visueller Ebene ist der riesige polnische Pan zu sehen, der seine blutige Peitsche über den fliehenden Vertretern des eigenen Lagers schwingt. Als Zudiener dieses bereits benannten Feindes wird auch die Position des Deserteurs in der Gut-Böse-Dichotomie eindeutig bestimmt und auch er ist als Feind des Systems vom Rotarmisten zu vernichten (Без всякой пощады *уничтожай их*).

Wie aus dem Bsp. (108) ersichtlich, sieht sich die junge Sowjetunion nebst einzelner Personen oder ganzer Personengruppen auch mit den verschiedenartigsten abstrakten inneren Feinden wie Hunger, Kälte, Ruin, Krankheit, Armut u. ä. m. konfrontiert:

> Это [период «Окон РОСТА»] было время, когда сыпняк и холера были такими же реальными и такими же опасными врагами республики, как Пилсудский или Врангель. Борьба с эпидемиями – была одновременно и борьбой за республики.
> (Gochlerner 1962: 7)

Hygiene und Gesundheit waren in diesen Jahren grundlegend für die Systemerhaltung des Staates. Auch Bernstein (1998) unterstreicht die Schlüsselfunktion der Gesundheit für das sozialistische System:

> Since a healthy population was deemed essential for the successful realization of socialism, physical health was never far removed from political well-being. Not only did disease and poor hygiene endanger the working masses; there were also categories of people (disease carriers, the morally suspect) whose very existence or actions appeared to threaten the health of the regime.
> (Bernstein: 1998: 192 f.)

Einerseits geht es den Produzenten der ROSTA-Fenster darum, die Ursachen für das Auftreten solcher Bedrohungen aufzuzeigen, andererseits muss eine Form gefunden werden, diese abstrakten Sachverhalte ins konkrete Bild umzusetzen. Die zwei Hauptverfahren, die dabei zum Tragen kommen, sind die personifizierte Darstellung der Abstrakta und der Verweis darauf durch Indizes.[45] Dabei kann es sowohl auf textueller als auch auf piktoraler Ebene zu Annäherungen zwischen den verschiedenen Feindesgruppen kommen. Gefrässigkeit bspw. ist ein Merkmal, das sowohl dem Kapitalisten (Bsp. 110) als auch dem Ruin (Bsp. 109) eigen ist; dementsprechend riesig sind die mit scharfen Zähnen bestückten Mäuler, die geschaffen sind, um zu verschlingen:

(109) *Новые враги!* –
Товарищи, на оборону!
(ROSTA 571, 1) [GS: 46]

(110) Еще живет *чудовище* мирового капитала,
(ROSTA 729, 2) [GS: 54]

Abb. zu Bsp. (109)

Abb. zu Bsp. (110)

45 Zur Darstellung von Abstrakta vgl. Kapitel II.2.1.6.

(111) *Червь-разруха* гложет!
(GPP 40, 2) [GS: 80]

Abb. zu Bsp. (111)

Textuell wird auf dasselbe Metaphernfeld (Tiermetaphorik) zurückgegriffen, indem das Weltkapital als Ungeheuer *(чудовище)* (Bsp. 110), der Ruin u. a. als Wurm *(червь)* (Bsp. 111) bezeichnet werden. Diese Verwebung der zwei Gebiete (konkrete personale sowie abstrakte Feinde) spielt von Anfang an eine wichtige Rolle in der Propaganda. Sowohl auf piktoraler wie auch auf verbaler Ebene kommt es zu Übernahmen bzw. zu Wechselwirkungen zwischen den Feindesgruppen. Diese Hybridisierung erlaubt es, Querbezüge zwischen den verschiedenen Feindesgruppen (äusserer, innerer, personaler, abstrakter Feind) herzustellen:

(112) На солнце юга *черная точка*
Товарищи, налягте во всю мочь-ка.
Если мы пойдем на попятный,
всё солнце закроют *пятна*.
(ROSTA 270) [Majakovskij 1957: 148]

Abb. zu Bsp. (112)

Abb. zu Bsp. (113)

Der Fleck bzw. Schmutzfleck *(пятно)*, welcher die Sonne verdeckt, wird auf piktoraler Ebene durch die Etikette «Vrangel'» referentialisiert (+ref). Die auf textueller Ebene verwendete Schmutzmetapher zur Bezeichnung des Feindes und dessen Konkretisierung auf der Bildebene stellt einen unmittelbaren Zusammenhang her zwischen personalem und abstraktem Feind.

Nebst der Schmutzmetaphorik wird zur Bezeichnung des Feindes auch auf Metaphern aus dem Bereich der Krankheiten zurückgegriffen:[46]

(113) Что Врангель – Небольшой *нарыв*
на необъятности советских нив.
Срежьте *нарыв*, чтоб не распространять *заразу*!
(ROSTA 201, 3 und 7) [Majakovskij 1957: 135]

(114) Кооперация – это такая среда,
на которой легче всего произ-
растают *меньшевистско-эсеровские бактерии.*
(Ленин)[47]
(GPP 224, 1) [GS: 106]

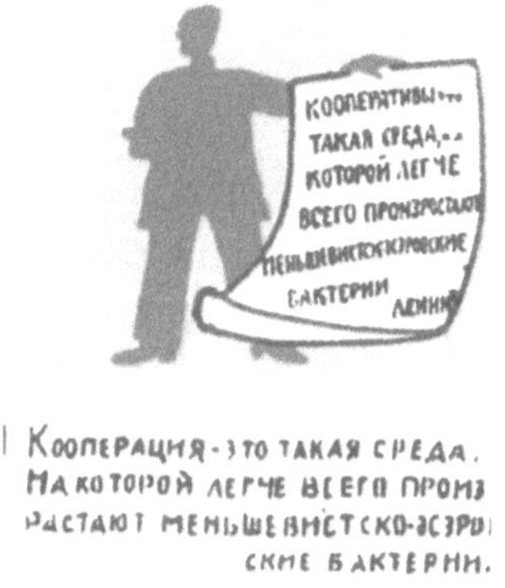

Abb. zu Bsp. (114)

46 Zur Chirurgen-Metapher in Zusammenhang mit dem Entfernen von Eiterbeulen und anderen Geschwüren (am Beispiel Chruščevs) vgl. Weiss (2000: 235 f.).

47 Im Kommentar zu Грозный смех (1938), aus welchem das Beispiel stammt, wird vermerkt, dass dieses Lenin-Zitat nicht im Gesamtwerk Lenins zu finden sei und Majakovskij wahrscheinlich aus dem Gedächtnis zitiert habe.

Als Eiterbeule wird in Bsp. (113) auf visueller Ebene die Büste Vrangel's sichtbar; eingepflanzt in ein grosses Feld. Melonen gleich vermehrt sie sich in Form von Popen, Generälen und dem Zaren. Die Krankheitsmetapher wird auch im letzten Panel wieder aufgenommen, indem die *ansteckenden* Pusteln *(зараза)* beizeiten entfernt werden müssen. In diesem Beispiel bieten die Bilder die Möglichkeit, die textuellen Metaphern zu referentialisieren. In Bsp. (114) hingegen ist auf piktoraler Ebene dasselbe Leninzitat als Textdokument zu sehen, was seine Authentizität und Eindringlichkeit steigern soll. Die Bakterien bleiben in diesem Fall auf einer abstrakten Ebene und werden nicht unmittelbar visualisiert.

Die Verknüpfung von konkretem und abstraktem Feind findet auch bezüglich der drohenden Hungerkatastrophe statt. Hunger wird dabei mit dem Zaren in Zusammenhang gebracht:

(115) Русь мол стонет под голодным бременем.
(GPP 363, 4) [GS: 116]

(116) В Советской России не может быть *никакого царя.*
Не может быть и *царя голода.*
Несись этот клич от села к селу
к городу от города.
Этот выводок *царей* уничтожен.
Царю-голоду готовьте то же.
(GPP 362, 1–5) [SGS], siehe Abb. auf S. 295

In Bsp. (115) wird die Verbindung zum Zaren nur auf visueller Ebene vollzogen, indem das Skelett eine Zarenkrone trägt. In Bsp. (116) hingegen wird die Verbindung zum alten Regime auch textuell vollzogen. Weder ein realer Zar (durchgestrichene Zareninsignien in Panel 1) noch ein metaphorischer Zar in Gestalt des Skeletts sollen im sowjetischen Russland Platz finden. Die rote Rotarmistenfigur in Panel 4 zertritt den politischen Zaren, die Arbeiterfigur in Panel 5 den Hunger-Zaren. Möglich wird diese Verbindung zwischen den beiden Gegnern durch die allgemeine Bedeutung des Lexems *царь* als «Herrscher»: «тот, кто подчиняет окружающих или окружающее своему влиянию, превосходит всех в каком-л. отношении.» (BAS 1998: 1458)

In den ROSTA-Fenstern werden die verschiedenen Feindesgruppen (innerer – äusserer Feind und konkreter – abstrakter Feind) miteinander

Abb. zu Bsp. (115)

in Verbindung gebracht: Krankheits-, Schmutz- und Tiermetaphern (vgl. auch folgendes Kapitel) sind dabei zur Bezeichnung und Diffamierung des Feindes zu finden. Diese Verfahren fanden ihre volle Entfaltung in ihrer aggressivsten Form unter Stalin in den späten 20er und 30er Jahren[48] (vgl. dazu u. a. Bonnell 1997: 211 ff., Weiss 1995: 347 f., Kummer 2000: 290 f.).

2.2.1.3 Allegorische Darstellung des Feindes

Die allegorische Darstellung des Feindes unter Rückgriffnahme auf Tiermetaphern ist ein beliebter *priëm* in der bol'ševistischen Propaganda: Schlangen, Drachen, Adler, Spinnen, Schweine und Hunde zieren die Propagandaplakate und dienen u. a. dazu, den Feind zu

48 Vgl. u. a. die Kampagne gegen das Expertentum der alten Ingenieure während des ersten Fünfjahresplanes (1928–1932). Dabei werden die Ingenieure sowohl auf visueller als auch auf verbaler Ebene mit der Bourgeoisie und den Weissgardisten als auch mit Schädlingen (вредитель, гад) in Verbindung gebracht (vgl. dazu: Schattenberg 2001).

enthumanisieren, die Legitimation zu dessen Tötung zu geben oder das Gefühl von Ekel und Widerwillen beim Bildbetrachter zu evozieren. Zudem ist die Tiermetapher in der Tradition der europäischen Karikatur stark verwurzelt und auch den russischen *lubki* ist sie nicht fremd.[49] Sie kann, muss aber nicht allegorisch gedeutet werden. In Bonnells Aufzählung der allegorischen Darstellung des Feindes (Bonnell 1997: 194 ff.) ist auch die Krähe zu finden, als ein traditionelles Symbol, welches mit der Hölle oder dem Teufel in Verbindung gebracht wird. Sie dient aber m. E. nicht einer direkten Feindesdarstellung, sondern funktioniert als Index für Tod, Verderben, Ruin; ganz allgemein um einen negativen Sachverhalt wiederzugeben oder in seiner Aussagekraft zu verstärken. Im Gegensatz zu den Hunden, Drachen und Adlern wird die Krähe sprachlich nicht referentialisiert – sie ist nie textueller (verbaler) Aktant, sondern erscheint nur auf der Bildebene (vgl. dazu Kapitel II.2.2.1.5). Im Unterschied zur Metapher, die eine eindeutige Interpretation verlangt (entweder wörtlich oder metaphorisch), gründet die Allegorie auf der Zweideutigkeit: «Die allegorische wird nicht als eine mit der initialen Bedeutung identische, sondern als eine zweite, eine zusätzliche Bedeutung rekonstruiert.» (Kurz 1988: 33)

Diese Zweideutigkeit, bzw. die Setzung einer zusätzlichen Bedeutung ist in einigen der frühesten sowjetischen Plakaten zu beobachten. So ist bspw. die Darstellung des Feindes als Drache bzw. Hydra in Russland tief verwurzelt und gerade in der Revolutionszeit wurde oft auf das Motiv des gegen den Drachen kämpfenden Heiligen Georg zurückgegriffen. Der Heilige Georg wird dabei durch die Arbeiterfigur oder das Proletariat (vgl. u. a. D. Moor, Смерть мировому империализму) ersetzt. Der Allegorie eignet grundsätzlich etwas Esoterisches, sie bedingt das Wissen der Eingeweihten, die fähig sind, die zusätzliche Bedeutung zu finden. Kurz (1988: 39) subsumiert die allegorische Anspie-

49 Vgl. bspw. den *lubok* Яга баба едетъ с крокодиломъ дратися, in welchem viele Forscher Peter den Grossen in der Gestalt des Krokodils sehen (Sytova 1984: 27); oder der äusserst beliebte *lubok* mit dem Motiv der Mäuse, die die Katze zu Grabe tragen (Sytova 1984:17, 92, 144).

lung unter die indirekten Sprechakte; sie setzt besondere pragmatische Kommunikationsbedingungen voraus. So verlangt sie ein stabiles und von Autor und Leser gemeinsam geteiltes oder erinnerbares stillschweigendes Wissen.

Auf die Hydra- und Drachendarstellungen der Propaganda-Plakate angewendet, besteht dieses stillschweigende Wissen darin, dass die Hydra und der Drache in der christlichen Kultur als Symbol für das Böse stehen. Moor kann jetzt aufgrund dieses Wissens in einem weiteren Schritt den Weltimperialismus mit dem Bösen gleichsetzen. Bonnell erwähnt im Kapitel "Allegorical and symbolic representations of women" die auffällige Frauendarstellung in Apsit's Plakat «Интернационал» (vgl. White 1988, Abb. 2.21), das im Dezember 1918 publiziert wurde: "This unusual poster features a monstrous female figure on a pedestral marked 'Capital'. She has huge bare breasts, fangs, the tsarist crown, and a serpentine tail." (Bonnell 1997: 72) Bonnell verweist auf das ungewöhnliche Verfahren, ein männliches Substantiv (Kapital) als Frau abzubilden, sowie auf die Tatsache, dass es sich bei diesem Plakat um einen der ganz wenigen Momente handelt, in denen ein weibliches Monster abgebildet ist. M.E. kann dieses Monster, das verschiedene Attribute mit der Drachendarstellung Njurnbergs (Bsp. 117–119) gemeinsam hat (die grossen Brüste, Flügel, einen Schwanz und eine Art Hörner), als Allegorie für das zaristische Russland (Россия fem.) gesehen werden (Genus-Sexus-Übereinstimmung) und nicht als Allegorie für das Kapital (es sitzt lediglich auf dessen Sockel). Eine weihrauchschwingende Hure leistet dem Monster auf seinem Sockel Gesellschaft (Prostitution und Kirche sind ebenfalls Angehörige des alten Systems). Kurz nach der Revolution musste das Abstraktum «Kapital» mit bekannten Inhalten und Assoziationen gefüllt werden, damit die Bildbetrachterin den Begriff in ihrem Universum einordnen konnte. Die Ausarbeitung von neuen Konzepten und die Erschaffung des «Neuen Menschen» war ein prozessualer Vorgang.

Auch in den ROSTA-Fenstern taucht die allegorische Drachendarstellung vereinzelt noch auf, wobei der Drache in seiner karikierten Wiedergabe einen eher erbärmlichen als furchterregenden Eindruck hinterlässt:

Abb. zu Bsp. (117)

Abb. zu Bsp. (119)

(117) Пусть засияет *Россия* от этих светов.
(ROSTA 657, 4) [SGS]

(118) Новый орел,
будет отбит набег твой,
если мы подчинимся дисциплине трудовой.
(ROSTA 753, 7–9) [SGS], siehe Abb. auf S. 296 oben

(119) Теперь *разруху* надо штурмовать.
(GPP 22, 3) [SGS]

Die grossen Brüste weisen dem Drachenadlerwesen ein weibliches Geschlecht (Sexus) zu; es kann als pervertierter Adler emblematisch mit dem alte System (Россия), welches im Russischen ein weibliches Genus besitzt, in Zusammenhang gebracht werden und steht bei Njurnberg in den Beispielen (117)–(119) für den Ruin *(разруха)*, der im Russischen ebenfalls ein weibliches Genus hat. Während in Bsp. (117) das Adlerwesen auf der textuellen Ebene keine Erwähnung findet, wird es in Bsp. (118) als *новый орел* bezeichnet. Der Ruin als *новый орел* kann hier in Beziehung zum *старый орел*, als Allegorie für das zaristische Russland stehen. In Bsp. (119) tritt dieselbe Adlerdarstellung[50] textuell als sprachlicher Aktant auf und ist im Bild zusätzlich mit *(разруха)* etikettiert.

50 Der einzige Unterschied besteht in der Farbgebung. Während das drachenähnliche Wesen in den Beispielen (117) und (118) grün gefärbt ist, ist es im Bsp. (119) gelb.

Der Vorteil der Verwendung solcher Allegorien liegt in ihrem weiten Assoziationsfeld – es sind ganze Scripts und intertextuelle Bezüge an die Figur gebunden, zudem besitzt die Allegorie durch die Setzung einer zweiten Bedeutung ein didaktisches Moment. Der Nachteil der allegorischen Wiedergabe ist die schwierigere Entschlüsselung und die mangelnde Eindeutigkeit:

> Ein besonderes Problem von Kunstwerken sind komplexe zusätzliche Zeichenfunktionen wie die von Symbol oder Allegorie. Oft wird nur aufgrund von umfangreichem kulturhistorischem Wissen erschlossen, dass die dargestellten Objekte noch eine weitere, ikonologische Bedeutungsebene haben und was genau mit ihnen gemeint ist.
> (Posner/Schmauks 1998, 21)

Die Zeichnungen der zitierten Beispiele stammen von A. M. Njurenberg; in meinem Korpus «Грозный смех» ist hingegen keine Drachendarstellung zu finden. Dies hängt mit den individuellen Präferenzen der Fensterproduzenten bei der Auswahl der bildlichen Darstellungsmittel zusammen. Majakovskij ging m. E. in seinem Bestreben nach einer verständlichen, eindeutigen Bildsprache einen Schritt weiter als Njurenberg, indem er einmal eingeführte Bildaktanten wie bspw. *разруха* (als schienefressendes Männchen[51] oder gefrässigen Wurm, vgl. auch Kapitel II.2.2.1.5) gestalterisch beibehielt und/oder textuell verankerte. So erhält bei Majakovskij jede Figur ihre Funktion; ist – wenn einmal bekannt – auf einen Blick wiedererkennbar, auch von Rezipienten, die den Text nicht lesen können.

Die allegorische Darstellung des Feindes vermittelt zudem ein mythisches Bild des Bösen:

> Die neue sowjetische Gesellschaft, die Inhalte sozialistischer Lebensweise sind noch abstrakte Idealvorstellungen. Sie können daher zunächst nur durch religiöse oder mythologische Bilder vergegenständlicht werden [...].
> (Gillen 1978: 67)

Die unstabile politische Situation der Bürgerkriegsjahre konnte aber kein solches mythisches Bild mehr gebrauchen, sondern war darauf

51 Diese Veranschaulichung des Ruins hängt mit dem zerstörten Transportwesen, einem der zentralen Probleme dieser Zeit, zusammen.

angewiesen, dem Feind ein eindeutiges Gesicht zu geben, ihn zu benennen, zu referentialisieren:

> Instead of images drawn from a mythical, classic, literary, or religious context, they devised images that spelled out in graphic terms the class content of abstract ideas and the specific class attributes of social groups. "Capital" no longer appeared as a serpentine monster but as a fat man with a top hat and cigar. (Bonnell 1997: 73)

Die Aufgabe der ROSTA-Fenster war es gerade, die sozialistische Lebensweise mit Inhalten zu füllen. Deshalb war ein Festhalten an einer allegorischen Darstellungsweise der Sachverhalte wenig sinnvoll. Bonnell weist zudem darauf hin, dass die grösstenteils analphabetische und ungebildete Bevölkerung einen beschränkten Zugang zu allegorischen Codes hatte; die Künstler mussten bei ihrer Auswahl auf aus der russischen Folklore bekannte Allegorien zurückgreifen. Die Übernahme von Allegorien und Symbolen aus der Tradition westeuropäischer politischer Kunst war nur einer kleinen gebildeten Schicht zuträglich (vgl. Bonnell 1997: 83).

Zudem waren die Feinde zu zahlreich und mussten oft auch erst als solche erkenntlich gemacht, d. h. eingeführt werden. Die ROSTA-Fenster präsentierten ein "Who's who" des Feindeslagers. Auch abstrakte Konzepte wie «Kapitalismus», «Bourgeosie» usw. mussten mit Inhalten gefüllt werden; dies geschah u. a. mit Hilfe der konkreten Visualisierung von Eigenschaften. Gefrässigkeit bzw. Habgier wird durch dicke Bäuche und raubtierartige Gebisse indiziert, Reichtum durch Diamantringe und Goldketten u. ä. m.

Nur wenn die Referenz erkennbar ist, der dargestellte Feind – bzw. die Feindesgruppe – als solcher referentialisiert werden kann, macht eine Verfremdung unter Rückgriff auf Tiermetaphern Sinn. Dies ist kein mythischer (allegorischer) Zugriff mehr auf den Feind, sondern ein karikierend diffamierender, der meist ein sprachliches Pendant in Form von Schimpflexik besitzt, welches explizit im Text erscheinen kann, aber nicht muss, wobei die Übergänge zwischen allegorischem und metaphorischem Zugriff wohl fliessend sind.

In den ROSTA-Fenstern von Majakovskij sind solche Tierdarstellungen vergleichsweise selten anzutreffen. Durch seine sehr einheitliche,

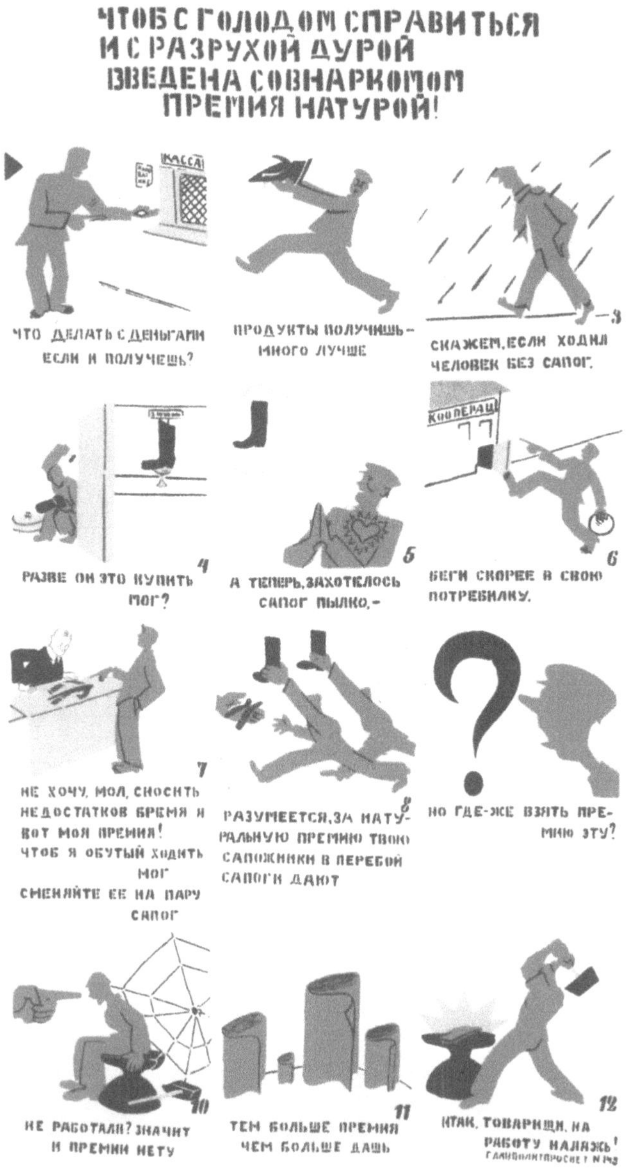
ЧТОБ С ГОЛОДОМ СПРАВИТЬСЯ
И С РАЗРУХОЙ ДУРОЙ
ВВЕДЕНА СОВНАРКОМОМ
ПРЕМИЯ НАТУРОЙ!
КАССА
ЧТО ДЕЛАТЬ С ДЕНЬГАМИ
ЕСЛИ И ПОЛУЧЕШЬ?
ПРОДУКТЫ ПОЛУЧИШЬ –
МНОГО ЛУЧШЕ
3
СКАЖЕМ, ЕСЛИ ХОДИЛ
ЧЕЛОВЕК БЕЗ САПОГ.
4
РАЗВЕ ОН ЭТО КУПИТЬ
МОГ?
5
А ТЕПЕРЬ, ЗАХОТЕЛОСЬ
САПОГ ПЫЛКО, –
КООПЕРАЦ
6
БЕГИ СКОРЕЕ В СВОЮ
ПОТРЕБИЛКУ.
7
НЕ ХОЧУ, МОЛ, СНОСИТЬ
НЕДОСТАТКОВ БРЕМЯ И
ВОТ МОЯ ПРЕМИЯ!
ЧТОБ Я ОБУТЫЙ ХОДИТЬ
МОГ
СМЕНЯЙТЕ ЕЕ НА ПАРУ
САПОГ
8
РАЗУМЕЕТСЯ, ЗА НАТУ-
РАЛЬНУЮ ПРЕМИЮ ТВОЮ
САПОЖНИКИ В ПЕРЕБОЙ
САПОГИ ДАЮТ
НО ГДЕ-ЖЕ ВЗЯТЬ ПРЕ-
МИЮ ЭТУ?
10
НЕ РАБОТАЛИ? ЗНАЧИТ
И ПРЕМИИ НЕТУ
11
ТЕМ БОЛЬШЕ ПРЕМИЯ
ЧЕМ БОЛЬШЕ ДАШЬ
12
ИТАК, ТОВАРИЩИ, НА
РАБОТУ НАЛЯЖЬ!

Abb. zu Bsp. (82)

1
400300 пуд муки,
2
20,000 боченков сельдей
135,925 пуд. различных
продуктов,

Abb. zu Bsp. (84)

15,500,000
1. ТАМБОВСКАЯ ГУБЕРНИЯ ЗАГО-ТОВИЛА 15.500,000 ЯИЦ.
4,869,590
2. А УКРАИНА ВСЕГО 4.860590.
УК-РАИНА
3. А ДОЛЖНА БЫ УКРАИНА ЗАГО-ТОВИТЬ МНОГО БОЛЬШЕ ДРУГИХ ГУБЕРНИЙ.
4. ОТЧЕГО МАЛО?
5. ОТТОГО ЧТО НА УКРАИНЕ ВОЙНА.

Abb. zu Bsp. (85)

ЭЙ!
1 ЭЙ ТОВАРИЩИ!
2. ЧТОБ ЕМУ НЕ НА КОГО
БЫЛО ОПЕРЕТЬСЯ,
ДЕКРЕТ СНК О КООПЕРАЦИИ
3. РАСШИРЕНЫ ПО ДЕКРЕТУ
ПРАВА КООПЕРАЦИИ.
МПО
4. ХОТЬ РАНЬШЕ В КООПЕРА=
ЦИИ И ШЕЛ ГРАЖДАНИН
ИНДИВИДУАЛЬНЫХ ВЫДАЧ НЕТ
5. ЧТО ДАТЬ ПРИ РАЗВЕРСТ:
НЕ МОГЛИ ОНИ?
6. АРМИЮ КОРМИЛ ВОТ ЭТОТ
ДЕКРЕТ
7. А ДЛЯ ЧАСТНЫХ ЛИЦ
ПРОДУКТОВ И НЕТ.
8. ВОЙНА ОКОНЧЕНА,
9. ЧТОБ ТОРГОВАТЬ МОГ,
НАЛОГ
СЕБЕ
10. КРЕСТЬЯНИН УПЛАЧИВА:
ЕТ ЛИШЬ ПРОДНАЛОГ.
РАЗРЕШЕНО ЗАКУПАТЬ
ПОТНЫНЕ И В КООПЕРАЦИИ С
РАСШИРЕННЫМИ ПРАВАМИ
12. МОЖЕТ ВСЕ ПОКУПАТЬ:
СЯ ВАМИ.
ГЛАВПОЛИТПРОСВЕТ. №145

Abb. zu Bsp. (86)

Abb. zu Bsp. (95)

Abb. zu Bsp. (97)

Abb. zu Bsp. (99)

Abb. zu Bsp. (102)

Abb. zu Bsp. (116)

Abb. zu Bsp. (118)

Abb. zu Bsp. (125)

Abb. zu Bsp. (131)

Abb. zu Bsp. (145)

Abb. zu Bsp. (148)

Abb. zu Bsp. (149)

Abb. zu Bsp. (156)

Abb. zu Bsp. (159)

Abb. zu Bsp. (163)

Abb. zu Bsp. (164)

Abb. zu Bsp. (165)

Abb. zu Bsp. (166)

kontinuierliche Bildsprache, in welcher einzelne Bildelemente immer wiederkehren, behielten die meisten Figuren ihre einmal etablierte Gestalt in den Grundzügen bei. Trotzdem sind auch bei Majakovskij Beispiele für Tiermetaphern zu finden:

(120) А что в это время
делают кадеты,
меньшевики и эсеры?
Подрывало корни *белогвардейское рыло.*
(GPP 245, 4–5) [GS: 107]

Die jeweiligen Vertreter der Kadetten, Men'ševiki und Sozialrevolutionäre sitzen einer Spinne gleich im Spinnennetz. Hier wird der Bezug zur Tiermetapher nur auf der Bildebene indiziert. Im nächsten Panel hingegen ist der Bezug sowohl auf piktoraler als auch auf verbaler Ebene expliziter. Der Weissgardist ist ein Schwein mit Zylinder (Attribut, welches zum Kapitalisten gehört), im Text wird das Lexem *рыло* verwendet, welches einerseits auf die Schnauze des Schweins im Bild referiert, andererseits in seiner Bedeutung als Schimpflexem (Рыло$_2$: Грубо. Лицо) auf die Physiognomie des Feindes verweist. Auf textueller Ebene werden die Kadetten, Men'ševiki und Sozialrevolutionäre (Panel 4) anaphorisch durch den metaphorischen und gleichzeitig metonymischen Ausdruck белогвардейское рыло (Panel 5) wieder aufgenommen. Dies lässt Letztere als periphrastischen Ausdruck für Erstere erscheinen; die Feinde, welche versuchen, die Wurzeln der RSFSR zu untergraben, werden alle in einen Topf geworfen. Schon im zugrunde liegenden Text aus der *Izvestija* wird die Tatsache des gegnerischen «Eintopfs» fokussiert:

[...] Антисоветское движение последних месяцев показало, что перед нами *старый дружный хор контрреволюции* от крайних монархистов до меньшевиков включительно.
[...] Еще не раз придется железной рукой подавлять белогвардейские авантюры. *Боевой орган пролетарской диктатуры* должен быть настраже. (Из доклада Всеросийской Чрезвычайной комиссии о раскрытых и ликвидированных на территории РСФСР заговорах против советской власти в период мая–июня 1921 г. «Известия» 24 июля 1921 г.)
[GS: Kommentarii 107]

Die Vielstimmigkeit (старый дружный хор контрреволюции) des Gegners wird der Einstimmigkeit des eigenen Lagers (Боевой орган

Abb. zu Bsp. (120)

Abb. zu Bsp. (121)

пролетарской диктатуры) entgegengesetzt. In den folgenden Panels findet der Bildbetrachter dann auch Beispiele für die niederträchtigen Attacken des vielgestaltigen Feindes, im Schlussbild steht der Riese «Proletariat» mit dem Gewehr in der Hand schützend vor einer funktionierenden Fabrikanlage.

Nicht nur Spinnen und Schweine sind Mitglieder des feindlichen Zoos, auch Hunde gehören zur Familie:

(121) Расправься со всеми *буржуазными псами*,
да так, чтоб их хозяева попрятались сами.
(ROSTA 175, 9–10) [Majakovskij 1957: 119]

(122) Американцы, немцы, итальянцы и прочие со страхом смотрят как просыпаются рабочие
запираются от России на засов
натравливают *буржуазных псов*.
(ROSTA 393, 6–8) [Majakovskij 1957: 171]

In den Beispielen (121) und (122) ist die Rede von den Stiefelputzern der Entente, die schon V. Deni 1919 als sabbernde, zähnefletschende Hunde dargestellt hatte (vgl. Viktor Deni 1992: Abb. 32). Bei Deni waren es die weissen Generäle Judenič, Kolčak und Denikin (erkennbar durch die Etikettierung) – bei Majakovskij sind sie nicht so genau referentialisiert; dass es sich um Generäle der Weissen handelt, ist jedoch an ihrer Kopfbedeckung zu erkennen. Die negativ konnotierte Hundemetapher existiert auch auf sprachlicher Ebene durch das Lexem пёс:

пёс, пса; м. 1. Собака [...]. 2. О человеке, вызывающем презрение, негодование своими поступками.
(BST 1998: 826)

Sowohl im Plakat Denis als auch im obgenannten ROSTA-Fenster erscheint das Lexem *пёс*$_2$[52] als sprachlicher Aktant, d. h. der referentielle Zusammenhang zwischen Text und Bild besteht in einer visuellen Wiederholung, oder vom Bild aus gesprochen in einer textuell wörtlichen Denotation. Ohne textuelle Referentialisierung erscheinen die Hunde der Entente im Plakat «Результат ‹славного› похода юденича – снятие

52 Zur Konnotation von пёс und собака vgl. auch Apresjan (1995a: 67 f.).

Abb. zu Bsp. (122)

блокады» eines unbekannten Künstlers aus dem Jahre 1919 (Piltz 1977, Abb. 17). «Onkel Sam» hält die kläffenden, sabbernden Hundegeneräle an der Leine und jagt sie mit der Peitsche auf das rote Petrograd los. Auch hier tragen die Hunde Insignien der Weissen Generäle wie Epauletten und rote oder gelbe Mützen. Hunde werden in all diesen Darstellungen als Negativum, als konservative Kläffer wiedergegeben.

Auch *собака* kann auf textueller Ebene zur Bezeichnung eines groben, grausamen Menschen gebraucht werden: собака$_3$: Разг. О злом, жестоком, грубом человеке (BAS 1998: 1224):

(123) капитализма *собаки сторожа.*
(ROSTA 468, 4) [Majakovskij 1957: 194]

Abb. zu Bsp. (123)

Das weibliche Genus eignet sich aber weniger gut, um auf einen Feind mit männlichem Sexus zu referieren. Im ROSTA-Fenster Nr. 468 mit dem Titel *Красный и белый командир* (Bsp. 123) taucht das Lexem in der festen Verbindung *собаки сторожа*, als Bezeichnung für die weissen Kommandanten und ihrer Funktion als Wachhunde des Kapitalismus auf. Durch die Verwendung des Plurals ist die Genus-Sexus-Diskrepanz weniger offensichtlich. Interessant an Beispiel (122) ist die textuelle Opposition «белые командиры vs. красный офицер», die auf

Abb. zu Bsp. (124)

visueller Ebene nicht nachvollzogen wird (der textuelle Plural wird auf Bildebene metonymisch durch einen Vertreter der Gruppe dargestellt). Die Setzung des Plurals für das feindliche Lager kann in Opposition zur Verwendung des Singulars für das eigene Lager wiederum in der Freund-Feind-Dichotomie «Einheit vs. Diversifikation» gelesen werden. Eine allfällige Setzung um des Reimes willen ist hier nicht wahrscheinlich, da sich der Text von Panel 1–2 auch im Singular reimen würde (Pl.: Что такое белые командиры? Это хулиганы носящие мундиры. Sg.: Что такое белый командир? Это хулиган носящий мундир.) Diese Numerusopposition, welche als Einheit vs. Diversifikation aufgefasst werden kann, erscheint auf textueller Ebene auch in Bsp. (124):

(124) *Солдаты самодержавной армии* мясниками бывали.
Только и умели делать что резали и убивали.
А *красная армия* – армия труда.
Лишь защищаясь рука ея наносит удар.
(ROSTA 147, 1–4) [GS: 22]

Der diffamierende Plural von Eigennamen ist in meinem Korpus hingegen nicht anzutreffen.[53] Dieser Gebrauch wäre – laut Weiss (1986: 290) – der zentrale, da durch die Pluralsetzung der Eigenname in einen Gattungsnamen übergeht. Hingegen ist ein anderes Mittel der Feindesdiffamierung auf verbaler Ebene zu finden:

(125) Если *белогвардейщину* не добьем совсем
белогвардейщина снова встанет на ноги.
(ROSTA 149, 1–2) [GS: 23], siehe Abb. auf S. 296 unten

(126) Проучили *белогвардейщину*,
чтоб не отворачивалась капризно –
{ROSTA 532, 3) [Majakovskij 1957: 213]

Das Suffix *-щин-а* zur Bildung von Kollektiva mit negativer abfälliger Bedeutung tritt in den Bsp. (125) und (126) zur Bezeichnung der Weissgardisten *белогвардейщина* auf. Auf der Bildebene werden die feind-

53 Einzig in den Kommentaren zu Грозный смех findet er sich in einem Lenin-Zitat: «[...] люди, которые сознательно или бессознательно восстанавливают капитализм и помогают *Юденичам*... Мы должны с ними воевать...» [GS: Kommentarii 106]

Abb. zu Bsp. (126)

lichen Vertreter noch weiter differenziert: in Bsp. (125) in der Gestalt von Vrangel' und dem Zaren, in Bsp. (126) durch Vrangel' und den Kapitalisten. Dasselbe Verfahren der Suffigierung verwendete die Agentur ROSTA auch in den Texten ihrer Wandzeitung, wobei es sich beim betroffenen Substantiv sogar um einen Eigennamen handelt: «Рабочие! Кто против *деникинщины*... (Stennaja gazeta ROSTA, 10 oktjabrja 1919 g.) [GS: Kommentarii 1]

Ein weiteres Verfahren, welches in den Fenstern auf textueller Ebene zum Tragen kommt, ist die Bezeichnung des Feindes durch die aus der Folklore stammenden (vgl. Weiss 1999: 294) quasi synonymischen, substantivischen Komposita:

(127) *Капиталисты-буржуи*
и *помещики-бары* –
два сапога из одной пары.
ROSTA 197, 1–2) [Majakovskij 1957: 131]

Abb. zu Bsp. (127)

Abb. zu Bsp. (128)

(128) Если поверим *меньшевичкам-шептунам.*
(GPP 64, 1) [GS: 87]

Während die Ausdrücke *капиталисты-буржуи* und *помещики-бары* in Bsp. (127) alleine aufgrund ihrer eng verwandten Semantik als quasi synonymisch bezeichnet werden können, erhält in Bsp. (128) der Begriff *меньшевичка* im Kompositum *меньшевичкам-шептунам* durch die Apposition *шептун* die Zusatzbedeutung *Einflüsterer* bzw. *Verbreiter feindlicher Gerüchte.*[54]

Ein beliebtes Mittel in den satirischen Darstellungen der ROSTA-Fenster zur Diffamierung des Feindes ist das Spiel mit der Kongruenz von Genus und Sexus. So werden die männlichen Vertreter der Entente (Антанта fem.) mit sog. weiblichen bzw. weibischen Attributen versehen. Dergestalt ist ein Men'ševik dabei, einen Kapitalisten auf den Mund zu küssen, wobei ihm nach klassischen Grössenverhältnissen die Rolle der Frau zuteil wird (ROSTA 539 [GS: 42]), und im ROSTA-Fenster Nr. 555 (Bsp. 129) wird der feindliche Vertreter gleich im Titel als «ausschweifende Dame» *(распутной дамы)* bezeichnet, was dem Umstand

54 Vgl. Bsp. (147), siehe Text und Abb. auf S. 329, und Bsp. (148), siehe Text auf S. 330 und Abb. S. 298.

zu verdanken ist, dass das weibliche Genus von dama mit demjenigen von Antanta übereinstimmt:

(129) Близкий конец *распутной дамы*
Что призадумалась *девица красная*,
на сердце горюшко, знать?
Врангеля милым признала напрасно я.
Боже кого ж мне признать?
Савинков чуден признать мне его бы.
Сердце Петлюрой занять?
Как бы к чертям не просыпались б оба,
боже, кого ж мне признать?
Бросьте *мадам*, напризннавались всласть.
Не угодно ль вам признать советскую власть?!
(ROSTA 555) [GS: 43]

Die Beziehungen der Entente zu Vertretern der Weissgardisten wird in Bsp. (129) als Liebesbeziehung veranschaulicht, wobei die lasterhafte Dame – metonymisch durch einen Vertreter der Entente dargestellt – Liebeskummer hat. Auf visueller Ebene ist dies anhand der kullernden Tränen der «schönen Jungfrau» ersichtlich (Panel 1) und dem vom Pfeil (beschriftet mit *Врангель*) durchbohrten Herz (beschriftet mit *Антанта*) (Panel 2). Tränen sind ein Attribut, welches Frauen und Kindern zugeordnet wird; sie sind in der Ikonografie der ROSTA-Fenster immer auf der gegnerischen Seite zu finden:

(130) Из Крыма с Врангелем буржуи удрали,
да толк из этого выйдет едва ли.
Сколько ни *плакали*,
сколько ни *ныли*, –
(ROSTA 618, 1–2) [GS: 49]

Die negative Konnotation des Verbs *плакать* wird in Bsp. (130) sowohl auf der bildlichen Ebene als auch durch die syntaktische Parallelkonstruktion mit dem Verb *ныть* ersichtlich. Die Bourgeoisen und Vertreter der Entente flennen wie kleine Kinder, wenn sie nicht mehr weiter wissen oder ihr Spielzeug kaputt gegangen ist (vgl. ROSTA 623, 2 [GS: 50] und ROSTA 632, 4 [GS: 51]). Diese Ausstattung des Feindes mit weiblichen bzw. weibischen Attributen ist – neben der an und für sich stark markierten Darstellungsverwendung der Frau – ein weiteres Moment,

Abb. zu Bsp. (129)

Abb. zu Bsp. (130)

durch welches die Frau in den ROSTA-Fenstern eine negative Färbung erfährt.[55]

Auch der Vertreter der Bourgeoisie in GPP 402 (Bsp. 131) gibt sich seinen Gefühlen hin; die Leidenschaft gilt aber in diesem Falle dem Geld:

(131) *Страсть* буржуев *к наживе*,
и ту для революции используем.
(GPP 402, 4) [GS: 124], siehe Abb. auf S. 297 oben

Dem Kapitalisten in Panel 4 triefen riesige Speicheltropfen – Tränen gleich – aus dem Mund und bilden am Boden einen See.

Im Gegensatz zum gierigen Kapitalisten hält der Kommunist seine Gefühle zurück, er kann die Leidenschaft im Dienste der Revolution sublimieren. Ganz allgemein kann gesagt werden, dass die Revolutionskunst Gefühlsausdrücke, die sich auf die Befindlichkeit des Individuums beziehen, auf Bildebene ablehnt:

55 Vgl. Kummer (2002: 88 f.).

> Gesetzmässigkeit und Dokumentcharakter schliessen das Vorhandensein von Sentimentalität und Gefühl im Bild aus. Beide werden als Ausdruck des kleinbürgerlichen Individualismus verachtet. [...] Der Arbeiter fühlt kollektivistisch, d.h., gemeinschaftlich, sozial, und dieses Moment des Kollektivismus ist ganz entschieden in der bisherigen wilden Welt der Gefühlsausdrücke etwas Neueres und Höheres.
> (Gassner 1975, o.P.)

Ist die Mimik der roten Figuren in den ROSTA-Fenstern überhaupt sichtbar, so besitzt sie ein stark normiertes Moment. Die hyperbolische Darstellungsweise von Freude und Unmut dient der Aussageverstärkung positiver oder negativer Sachverhalte. Es ist ein Darstellungsverfahren, welches auch im Comic seine Anwendung findet:

> Kennzeichnend für die zeichnerische Repräsentation der nonverbalen Zeichen im Comic sind zwei entgegengesetzte Darstellungsstrategien, Reduktion, Vereinfachung und Stereotypie einerseits sowie Hyperbolik, Hypertrophie und karikierende Verzerrung andererseits.
> (Nöth 2000: 493)

Während die Hyperbolik bei der Feindesdarstellung als Stilmittel der Karikatur der Lächerlichmachung dient, wird sie auf der Seite der Eigenen nur eingesetzt, wenn der Gemütsausdruck im entsprechenden Panel eine zentrale Rolle spielt und unmissverständlich übermittelt werden soll.

2.2.1.4 *Die unterschiedlichen Tötungs- und Todesarten von Freund und Feind*

Wie schon in Kummer (2000: 280 ff.) über den Tod in den Propaganda-Plakaten beschrieben, wird im gegnerischen Lager anders getötet und auch anders gestorben als auf der eigenen Seite. Das Gewehr ist die Waffe der Rotarmisten; die Säbel, Dolche und Pistolen sind fast immer dem Feindeslager zuzuordnen. Dies hängt mit dem Umstand zusammen, dass der Feind individualisiert dargestellt wird und es sich bei diesen Individuen oft um Generäle und Admiräle wie Vrangel', Denikin, Kolčak u. a. m. handelt. Diese tragen als Vertreter ihres Standes Säbel und Pistolen. Der Vertreter des eigenen Lagers hingegen stammt als nicht-individualisierter Standard aus dem Rotarmisten-, Arbeiter- oder Bauernlager und steht metonymisch für den Sowjetstaat als Arbeiter- und Bauern-

Abb. zu Bsp. (132)

Abb. zu Bsp. (133)

staat. Die typischen «Waffen» dieses Lagers sind das Gewehr[56], der Hammer und die Heu- bzw. Mistgabel:

(132) И *панов прикончит красная рука*!
(ROSTA 363, 4) [GS: 30]

(133) И *ты его порадуй прими таким парадом*
(ROSTA 508, 9) [GS: 38]

(134) Товарищи! больше трудовой дисциплины, тогда и на хозяйственном фронте *мы Антанту добьем.*
(ROSTA 623, 4) [GS: 50]

In all diesen Schlusssequenzen wird zur Vernichtung des Feindes aufgerufen. Auf Bildebene sind jeweils der 1. Aktant (metonymisch) und 2. Aktant sowie die verwendete Waffe abgebildet, wobei Letztere abhängig ist von der Gruppenzugehörigkeit des 1. Aktanten, d.h. der

56 Vgl. dazu auch die «Kampfszene» im Film Её путь aus dem Jahre 1929 von Strižak, in welcher der Truppenführer der Weissgardisten auf denjenigen der Bol'ševiki trifft. Während der Weissgardist aus dem Hinterhalt mit einer Pistole den tödlichen Schuss auf seinen Gegner abgibt, töten Truppenangehörige des Bol'ševiken den «Mörder» mit dem aufgepflanzten Bajonett. Dies entspricht genau der Ikonografie der ROSTA- bzw. GPP- Fenster und der Propagandaplakate.

Abb. zu Bsp. (134)

polnische Pan wird durch das Bajonett erstochen (Bsp. 132), Vrangel' durch die Heugabel des Bauern (Bsp. 133) und der Vertreter der Entente schliesslich wird durch den Hammer des Arbeiters (Bsp. 134) unschädlich gemacht.

Trotzdem werden – vor allem in den frühen ROSTA-Fenstern – auch auf der Seite der Eigenen Säbel bzw. Pistolen verwendet:

Abb. zu Bsp. (135)

(135) *Срезаем мозоли*
(ROSTA 11, VII) [GS: 7]

(136) *Срежьте нарыв*, чтоб не распространять заразу.
(ROSTA 201, 7) [Majakovskij 1957: 135]

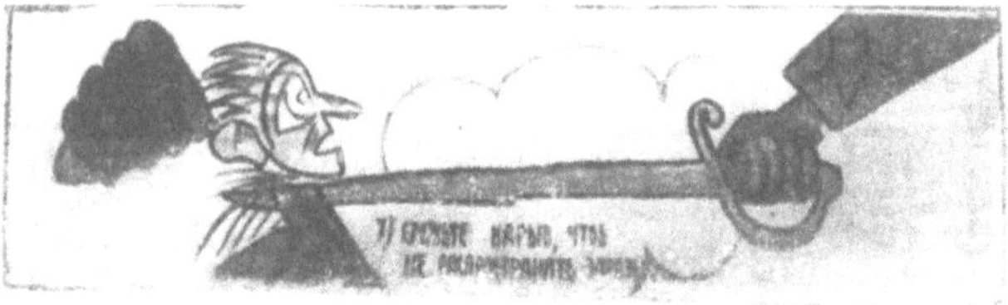

Abb. zu Bsp. (136)

In den Beispielen (135) und (136) wird textuell auf Krankheitsmetaphern zurückgegriffen, der Säbel des Rotarmisten dient auf visueller Ebene – analog zum textuellen *срезать* der Entfernung unerwünschter Krankheiten: In Bsp. (135) wird durch *Срезаем мозоли* dazu aufgerufen, den Kopf eines Weissgardisten, welcher einem Hühnerauge gleich an einem Fuss befestigt ist, zu entfernen. In Bsp. (136) «*Срежьте нарыв*, чтоб не распостранять заразу!» handelt es sich beim Geschwür um den Kopf von Vrangel', der durch einen gezielten Hieb des Rotarmisten von seinem Körper getrennt wird.

Die Pistolen dienen sowohl in ROSTA-Fenster Nr. 2, 2 (Bsp. 137) als auch in ROSTA-Fenster Nr. 741, 1 (Bsp. 138) dazu, dem auf textueller Ebene durch einen indirekten Sprechakt getarnten Drohgestus Nachdruck zu verleihen, d. h. sie dienen nicht primär der Tötung des Feindes, sondern dessen Einschüchterung:

(137) [...] и кто гуся целехонького заложит за щеку, *вежливо пригласите*: «Пожалуйте в чеку».
(ROSTA 2, 2) [GS: 11]

(138) Политике сам научился и
других научил рабочий народ.
Теперь России пальца не клади в рот.
(ROSTA 741, 1–2) [GS: 57]

Abb. zu Bsp. (137)

Die Ironie von *вежливо пригласите* in Bsp. (137) wird durch die vorgehaltene Pistole auf visueller Ebene augenfällig.

Auch in Bsp. (138) dient die auf den Kapitalisten in Panel 2 gerichtete Pistole des Rotarmisten der Visualisierung eines Drohgestus. Wenn man sich vor Russland nicht in Acht nimmt, so ergeht es einem schlecht. Hier liefert die bildliche Darstellung in Panel 1 die argumentative Grundlage für die verbale Drohung von Panel 2: *Теперь России пальца не клади в рот.*

Der Gegner wird vorzugsweise gut sichtbar versehrt, d.h. zerstochen, zerquetscht, gepfählt oder einfach weggeworfen, wobei selten Blut fliesst oder nur sehr stilisiert. Die Zerschlagung im Sinne einer völligen Vernichtung «добить, разбить, (бить)» des Feindes ist ein zentraler Topos: Dabei wird der erste Aktant des Verbes – textuell oft durch мы besetzt – gar nicht oder nur metonymisch (zuschlagende Rotarmistenfaust) ins Bild gesetzt. Notwendige Bildbestandteile sind der 2. Aktant und die Waffe, mit der der Gegner vernichtet wird. Die Waffe wiederum erscheint nicht auf textueller Ebene:

Abb. zu Bsp. (138)

Abb. zu Bsp. (139)

Abb. zu Bsp. (140)

(139) *Врангель разбит.*
(ROSTA 577, 1) [GS: 47]

(140) *Врангеля мы добили.*
(ROSTA 623, 1) [GS: 50]

(141) *Мы добили Русских Белогвардейцев.*
Этого мало:
(ROSTA 729, 1) [GS: 54]

Abb. zu Bsp. (141)

Abb. zu Bsp. (142)

Bei all diesen Beispielen (139)–(141) handelt es sich um Anfangssequenzen, in denen auf piktoraler Ebene das Resultat der Zerschlagung – in diesen Fällen der kaputte Vrangel' – präsentiert wird. In Bsp. (139) überträgt Majakovskij die Bedeutung von «zerschlagen» *(разбить)* direkt ins Bild und lässt Vrangel' in seine Einzelteile zerbersten, in Bsp. (140) wird er – einem Vampir gleich – auf der Krim aufgepfählt; in Analogie dazu steht das Bild in Bsp. (141) – anstelle des Pflocks findet hier das Bajonett Verwendung.

Gewalttaten, die sich gegen das feindliche Lager richten, wie an den Ohren ziehen, in den Hintern treten, pfählen, in Einzel(körper)teile zerschlagen oder mit dem Gewehr aufspiessen, werden alle als mögliche Mittel, sich des Feindes zu entledigen, aufgezeigt. Auf visueller Ebene entsteht das Gefühl, als bewegten sie sich auf derselben Ebene bezüglich ihrer Effizienz und Adäquatheit, als würden keine graduellen Unterschiede hinsichtlich ihrer Brutalität gemacht.

Ganz anders präsentiert sich die Situation, wenn die Versehrtheit der Eigenen, verursacht durch das gegnerische Lager, thematisiert wird.[57] Der Feind lässt das Blut fliessen, mordet aus dem Hinterhalt, schleicht

57 Vgl. auch Kummer (2000: 282).

Abb. zu Bsp. (143)

Abb. zu Bsp. (144)

sich an und schliesst nur Frieden, um sich auf den nächsten Krieg vorzubereiten. Die Feinde sind Schlächter *(мясник),* Henker *(палач)* und Menschenfresser *(рабочего сожрут),* visuell zeichnet eine Blutspur ihre Wege:

(142) Солдаты самодержавной армии *мясниками* бывали.
Только и умели делать, что *резали* и *убивали.*
(ROSTA 147, 1–2) [GS: 22]

(143) Лезет на помощь Врангелю
венгерский *палач* Хорти.
(ROSTA 444, 3) [SGS]

(144) *рабочего сожрут*, как котлету за обедом.
(GPP 317, 5) [GS: 112]

Eine zentrale Eigenschaft des gegnerischen Lagers ist seine Tücke; sie wird durch den Phraseologismus *нож в спину* illustriert – der Feind tötet im Gegensatz zum Rotarmisten aus dem Hinterhalt, stösst seinen Dolch dem Opfer hinterlistig *(предательский)* in den Rücken oder schüttet ihm insgeheim Gift ins Essen:

(145) меньшевиков оружие –
в спину нож.
(ROSTA 132, 3) [GS: 19], siehe Abb. auf S. 297 unten

Abb. zu Bsp. (146)

(146) Красноармейцев *травить*
запасались *ядом*;
(GPP 245, 9) [GS: 107]

Auf der textuellen Ebene kann der Übergang von der wörtlichen Bedeutung der Redewendung «einen Dolchstoss in den Rücken versetzen» – analog zur bildlichen Darstellung – zur abstrakteren Bedeutung «jmd. in den Rücken fallen», «jmd. verraten» vollzogen werden. Genau so hinterhältig wird der Men'ševik in Bsp. (146) präsentiert; er schüttet dem Rotarmisten, der ihm den Rücken zuwendet, Gift ins Essen. Diese negative Zuschreibung des «Hinterhältigen», «Verräterischen» haftet der feindlichen Klasse der Men'ševiki an; sie gründet in ihrer Prinzipienlosigkeit und ihrer leichten Beeinflussbarkeit:

> Крылатка, волосы до плеч, тонкие ноги, согнутые в коленях, и вот перед зрителем возникало существо, настораживающее всем своим обликом, бесконечно чуждым окружавшей его жизни. [...] решающую роль играл цвет. Колористическое решение всей фигуры в черных и лиловых тонах с огромными очками зеленого цвета вызывало ассоциацию с мухой и само собой наводило на мысль *о беспомощности, беспринципности и легкой приспособляемости этого ущербного персонажа.*
> (Petrogradskie «Okna ROSTA» 1964: 26)

Eine Folge davon ist, dass die Men'ševiki Gerüchte und falsche Informationen weiter verbreiten und somit das Lager der Eigenen gefährden: «[...] меньшевик и эсер предстают перед зрителем в характерных положениях распространителей враждебных слухов и заговорщиков.» (Petrogradskie «Okna ROSTA» 1964: 17)

Dieses Bild der Men'ševiki wird denn auch in den ROSTA-Fenstern verbreitet. Die Diffusion von Fehlinformationen als grundlegende Eigenschaft der Men'ševiki ist derart gefestigt, dass es genügt, den Men'ševiken im Bild darzustellen und ihn textuell als *шептун* zu paraphrasieren.

(147) надо *шептунов* по шапке.
(GPP 62, 3) [GS: 86]

Abb. zu Bsp. (147)

Im Bild von Panel 3 (Bsp. 147) ist die Figur des Men'ševiken zu erkennen, der zum Streik aufruft (бастуй!) und somit die Aufbauarbeit der bol'ševistischen Partei sabotieren will. Er ist dadurch mitverantwortlich für Hunger und Ruin und muss zum Schweigen gebracht werden; dies nimmt die zuschlagende Rotarmistenfaust in Panel 3 an die Hand. Die Zerschlagung des Lügen verbreitenden Feindes ist ein notwendiges Element in der kausal dargestellten Kette von der Beseitigung des Hungers hin zu einem funktionierenden Arbeiter- und Bauernstaat.

(148) Прилезли из заграницы меньшевик и эс-эр.
Ищут тех кто темен и сер
и то и другое *нашептывают в ухо*
«от коммунистов де и голод и разруха чем так мол на них работать впустую,
возьмемте, братцы, и забастуем».
(GPP 217, 1–5) [GS: 102], siehe Abb. auf S. 298

Der Feind bedient sich mit der bewussten Verkündung von Fehlinformation (от коммунистов де и голод и разруха), einer ideologischen Waffe, durch welche er die Schwächung und Zerstörung des Arbeiter- und Bauernstaates herbeiführen will; diese Methode kann v. a. bei der (politisch) ungebildeten Bevölkerungsschicht *(кто темен и сер)* greifen. Der vom Feind beeinflusste Arbeiter in Bsp. (148) trägt eine Augenbinde mit der Aufschrift *беспартийный*. Rückständigkeit, Unwissenheit und Ungebildetheit wird hier mit politischer Indifferenz gleichgesetzt. Erst der Eintritt in die Partei oder die Beschäftigung mit deren Doktrin öffnet dem Arbeiter, Bauern und Rotarmisten die Augen, lässt ihn die Wahrheit erkennen, und befähigt ihn zum richtigen Handeln:

(149) *Правда.*
Глаза открытые
и ружья – вот коммунистов оружие.
(ROSTA 132, 4–6) [GS: 19], siehe Abb. auf S. 299

Das Los des Rotarmisten hingegen, der dem Einflüsterer aus dem men'ševistischen Lager Glauben schenkt, wird dem Betrachter in GPP 64 (Bsp. 150) drastisch vor Augen geführt, und zwar im wörtlichen Sinne:

(150) Если поверим меньшевичкам-шептунам
вот ету вот участь устроят нам.
(GPP 64, 1–2) [GS: 87]

Das Bild konkretisiert *эту вот участь*, welches auf rein textueller Ebene sowohl die Interpretation счастливая участь als auch горькая участь zulassen würde. Erst durch das Bild werden die negativen Folgen

Abb. zu Bsp. (150)

des Glaubenschenkens deutlich, die in der Unterjochung des Arbeiters durch den Kapitalisten münden. Die Zuordnung des Men'ševiken zum negativen Lager wird aber schon durch die Apposition меньшевичка-*шептун* deutlich.

Hinterlist ist nicht nur eine gemeine Waffe der Men'ševiki, sondern auch der kapitalistischen Welt. Sowohl Vertreter der Entente als auch die Amerikaner bereiten unter dem Banner des Friedens die nächste Aggression vor:

(151) Мы *мол мира желаем*– чего больше
[...]
Попробуйте – повертьте, доверуетесь до смерти.
(ROSTA 137, 4/6) [GS: 20]

(152) Империалисты же *для того заключают мир–*
чтоб загорелась новая война.
(ROSTA 873, 3–4) [GS: 71]

Die Friedenstaube in Bsp. (151) trägt das Antlitz des Entente-Vertreters Lloyd George und ist einem Kampfflugzeug gleich mit einem polnischen Pan bemannt/bestückt, d.h. auf die Verlogenheit des Angebots wird

Abb. zu Bsp. (151)

Abb. zu Bsp. (152)

schon auf piktoraler Ebene hingewiesen. Auf textueller Ebene markiert die Modalpartikel *мол* die Fremdperspektive, d. h. in diesem Falle diejenige des Gegners, womit die Unredlichkeit des Friedensangebots motiviert ist (vgl. dazu Kapitel II.1.1.2). Der gutgläubige Proletarier büsst seine Leichtgläubigkeit und Vertrauensseligkeit mit dem Leben: die Bildsprache zeigt diesen Sachverhalt durch das in die Erde gesteckte Bajonett, welchem der Rotarmist den Rücken zuwendet,[58] und den metonymisch dargestellten Dolchstoss in den Rücken der roten Figur durch den Feind. Auch in Bsp. (152) wird die Arglist des Feindes, der Frieden schliesst, nur um gleichzeitig zu einem neuen Krieg zu rüstet, durch den Dolch wiedergegeben. Der imperialistische Feind (Panel 4) bewegt sich dabei von links nach rechts, was topografisch als West-Ost-Richtung gelesen werden kann.[59] Hier – wie in vielen anderen Fenstern – wird die Blutrünstigkeit des Feindes durch das an den Dolchen klebende, triefende Blut versinnbildlicht.

Nicht nur der konkrete, auch der abstrakte Feind greift normalerweise von hinten an:

(153) Держи востро ухо.
А то смотри – задавит разруха!
(ROSTA 570, 4) [GS: 45]

(154) Червь-разруха гложет.
(GPP 40, 2) [GS: 80]

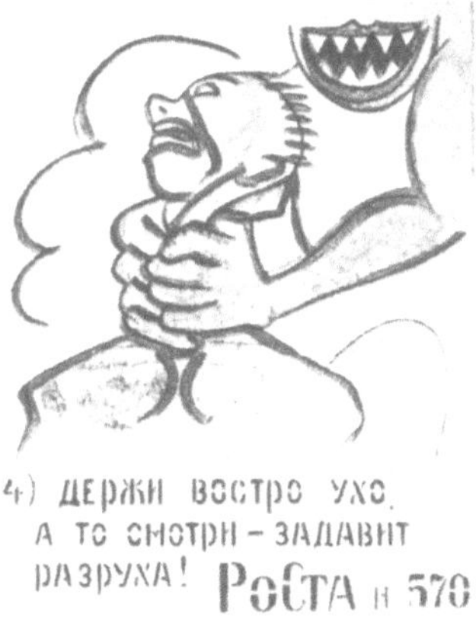

Abb. zu Bsp. (153)

Abb. zu Bsp. (154)

58 Diese Visualisierung kann als Bildantonym zum wachsamen, kampfbereiten Rotarmisten, welcher sein Gewehr im Anschlag hält, gelesen werden.

59 Dem entspricht die Abwehrhaltung des Rotarmisten in Panel 1, welcher sein Gewehr gegen Westen, d.h. dem Feind entgegen hält.

Abb. zu Bsp. (155)

(155) Видит голод работаем еле
лезет голод во все щели.
Только организация побьет голод.
Направьте–ж на голод пролетарский молот.
(GPP 289, 7–8) [GS: 111]

Der mit scharfen Zähnen bestückte, personifizierte Ruin in Bsp. (153) erwürgt den entblössten Arbeiter von hinten, der alles verschlingende Ruinwurm in Bsp. (154) bewegt sich ebenfalls vom Bildhintergrund nach vorne, so dass der verschlungene Arbeiter das Untier in seinem Rücken hat, und auch der personifizierte Hunger in Bsp. (155) schleicht sich von hinten an und ergreift die rote Figur aus dem Hinterhalt (Panel 7–8). Dies im Gegensatz zur roten Arbeiterfigur in Panel 10, die sich dem Hunger stellt und ihm mit seinem Hammer die Stirn einschlägt.

Brutalität ist in den Bildern der ROSTA-Fenster allgegenwärtig und viel direkter ausgedrückt als im verbalen Teil der Fenster. Während der Gegner hinterlistig und mit bluttriefenden Waffen agiert, töten die Vertreter des eigenen Lagers zur Systemerhaltung; der Feind wird zerschlagen, gepfählt, erstochen, zertreten u. ä. m. Während der Akt des Tötens durch den Feind als Aggression empfunden wird, eignet dem Tod des Feindes etwas Spielerisches und Leichtes. Durch dieses Darstellungsverfahren erscheint die Vernichtung des Feindes legitim.

2.2.1.5 Krankheit, Hunger, Ruin und Tod – И с голодом и с разрухой-сестрой

Nach der Beendigung des Bürgerkrieges stand nicht mehr die Bekämpfung weissgardistischer Generäle und ihrer Alliierter im Zentrum des Interesses, sondern der Kampf gegen Hunger, Krankheit und Ruin. Diese abstrakten Gegner waren genau so lebensbedrohend wie die politischen; sie glichen – oft personifiziert auftretend – den alten Aggressoren und wurden auch mit diesen in Verbindung gebracht (vgl. Kapitel II.2.2.1.2). Dank der bestehenden Ähnlichkeiten konnten die Fensterrezipienten im Kampf gegen den neuen Feind aber auch auf bekannte Muster zurückgreifen. Zentral in diesem Kampf war das übergreifende Prinzip der Kontinuität im Aufbau des sozialistischen Systems.

Sucht man in den ROSTA-Fenstern nach Darstellungen, in denen die Kälte, der Hunger, der Tod sowie verschiedene Krankheiten Thema sind, so scheint man in ein Monsterkabinett samt dazugehöriger Haustiere versetzt zu sein. Der Hunger (голод) tritt als Skelett (ROSTA 867, 2 [GS: 67]) bzw. Sensemann auf (GPP 321, 3 [SGS]), wodurch gleichzeitig der Endzustand des Hungers, d. h. der Tod, auf der visuellen Ebene indiziert ist. Die Kälte (холод) erscheint als weisses (ROSTA 867, 2 [GS: 67]), der Ruin (разруха) als grünes Monster (ROSTA Nr. 923, 4; [Duwakin 1967: Abb. 61]) oder als gefrässiger Wurm (GPP 40, 2 [GS: 80]), Typhus (тиф) als grüner Riese mit blauen Haaren, Tuberkolose (чахотка) als weissbehaartes Ungeheuer (beide in: G, 6; [SGS]) und Skorbut schliesslich als ausgemergeltes Männchen, welchem die Zähne aus dem Mund fallen (fev. 1921, 8 [GS: 75]). Oft können diese Vertreter aus dem negativen Lager rein schon durch ihre Farbwahl – Gelb, Grün, Blau und Weiss dem Feindeslager zugeordnet werden und sind eindeutig negativ besetzt.

Diese anthropomorphen Monster können untereinander auch verbrüdert bzw. verschwistert sein:

(156) «От коммунистов-де
и голод
и разруха.
Чем так, мол
на них
роаботать вступую,
(GPP 217, 4) [GS: 102], siehe Abb. auf S. 300 oben

(157) *И с голодом и с разрухой-сестрой.*
(GPP 402, 8) [GS: 124]

Abb. zu Bsp. (157)

In Bsp. (156) schreitet der Hunger in Form eines weissen Skeletts voran, ihm folgt der Ruin in Gestalt eines blauen Ungeheuers mit einem Schienenstück zwischen seinen spitzigen Zähnen, wobei er seine Hände stützend auf Hüfte und Schulter des Hungers legt. Die Zusammengehörigkeit der beiden wird in Bsp. (157) noch deutlicher, in welchem der Ruin textuell als Schwester des Hungers bezeichnet wird. Motiviert ist diese Verwandtschaftsbezeichnung durch das weibliche Genus von *разруха*. Mit der Blutsverwandtschaft einher geht auch eine freundschaftliche Verbundenheit:

(158) *Разруха помогает голоду*
(GPP 245, 2) [GS: 107]

Abb. zu Bsp. (158)

(159) Пока на фронте дралась красная рать,
приходилось со всех по крохам собирать.
Сил для строительства
осталось мало.
Разруха и война последнее доломала.
Победив,
возвратились красные взводы.
(GPP 367, 1–6) [GS: 118], siehe Abb. auf S. 300 unten

Der Ruin ist der Wegbereiter des Hungers und des damit verbundenen Todes; er hilft diesem, den ausgemergelten Arbeiter zu erwürgen (Bsp. 158). Auf textueller Ebene steht *разруха* in der Position des 1. Aktanten, *голод* in derjenigen des 2. Aktanten. Dadurch, dass die abstrakten Feinde personifiziert auftreten, können a und б in *a помогает б-у* auf der visuellen Ebene wie konkrete Personen eingesetzt werden. Die Personifikation abstrakter Widersacher begünstigt die visuelle Umsetzung von textuellen Aktanten.

Im Panel 4 von Bsp. (159) spannen der Ruin und der Krieg zusammen. Sie marschieren gemeinsam über Fabrikanlagen hinweg und zerstören diese dabei. *Война* wird durch einen feisten weissgardistischen General personifiziert, der einen bluttriefenden Säbel in der Hand hält, *разруха* durch das ebenso dicke, grinsende und zähnefletschende Ungeheuer, welches einen abgebrochenen Fabrikschlot in der Hand hält. Durch die personifizierte Darstellung des Begriffs *война* erscheint im Bild ein konkreter Gegner, der im anschliessenden Panel (5) durch das Bajonett des Rotarmistenarms erstochen wird. Die visuelle Ähnlichkeit der beiden Figuren lässt den abstrakten Begriff *разруха* greifbar erscheinen, und die erfolgreiche Besiegung des einen der beiden Weggefährten bildet die Grundlage zur Lösung des noch anstehenden Problems.

Neben personifizierten Wiedergaben arbeiten die ROSTA-Fensterproduzenten auch mit Indizes, um abstrakte Feinde zu visualisieren. Die Laus indiziert Typhus, die Fliege Cholera und die (Raben-)Krähe den Ruin: «Я как-то придумал *посадить на трубу разрушенного паровоза ворону*. Потом все, изображая разруху, стали рисовать таких ворон.» (Čeremnych 1940: 41) Zentral ist hierbei nicht die Art der Entstehung, sondern die konsequente Beibehaltung solcher Bildsymbole über die Erscheinungszeit der ROSTA- bzw. GPP-Fenster hinweg. Die Verbindung zwischen der abgebildeten Krähe und dem Begriff des Ruins kann – einmal etabliert – in der Folge sofort richtig interpretiert werden. Ähnlich wie in der Emblematik tritt die Krähe meist nicht isoliert in einem Bild auf, sondern in Verbindung mit anderen Bildelementen, deren Darstellungsweise häufig selbst schon auf den Ruin hinweist: Die Rabenkrähe erscheint häufig auf dem Kamin einer geschlossenen Fabrik oder Fabrikruine (bspw. ROSTA 741, 3 [GS: 57] oder GPP 144, 13 [GS: 93]), sie kann aber auch auf kaputten Lokomotiven (bspw. ROSTA 494, 10 [GS: 36] oder GPP 184, 6 [GS: 100]), auf einer Schaufel (ROSTA 851, 2 [GS: 65]) u. ä. m. sitzen.

Im Vergleich zu den Emblemen ergibt sich hier die Bedeutung aber nicht erst aus dem Zusammenspiel der verschiedenen Res pictae, sondern die einzelnen Bildelemente besitzen bereits eine feste Bedeutung und können innerhalb einer Bildsyntax frei positioniert werden, so dass die Gesamtbedeutung aus der Addition der einzelnen Teile erschlossen werden kann. Oft findet durch das gemeinsame Auftreten von mehreren negativen Sachverhalten eine Intensivierung der Aussageintention statt. Die kaputte Lokomotive alleine weist schon auf den Missstand im Transportwesen hin, die Krähe als Symbol für den Ruin doppelt gleich nach und unterstreicht die Drastik der Situation. Gegensätzliche Bildsymbole wie die strahlende Sonne und eine Krähe in demselben Bild hingegen machen wenig Sinn, ausser wenn auf einen Gegensatz hingewiesen werden will (vorher – nachher / gut – böse / usw.). Solche Gegensätze werden aber vorzugsweise in zwei Bildsequenzen dargestellt:

(160) В 1919 году в Москву прибыло 128.330 вагонов дров.
А в 1920 – 174.137 вагонов.
(ROSTA 871?[60], 1–2) [SGS]

Abb. zu Bsp. (160)

Die Krähe in Panel 1 sitzt auf einem kleinen Eisenbahnwagon und steht im Kontrast zur Sonne, die hinter einem viel grösseren Wagon hervorlacht. Die Bildsymbole für Ruin vs. Prosperität werden mit der

60 Die Nummerierung ist ungewiss, vgl. Duvakin (1964: 162).

quantitativen Darstellung gekoppelt, wobei jedes Bildsymbol seine angestammte Bedeutung beibehält.

In der Emblematik hingegen konstituiert oft nicht eine Figur (bspw. ein Rabe) alleine die Aussage, sondern eine ganze Szene. D.h. die einzelnen Bildelemente sind hier nicht frei miteinander kombinierbar, sondern es besteht eine feste Zuschreibung. Bezüglich des verbalen Codes ist dieses Verfahren mit der Bildung bestimmter Phraseologismen vergleichbar; die Bedeutung des Ganzen ist nicht mehr rein durch die Teile und die Konstruktion motiviert. So kann ein Rabe sowohl in negativer als auch in positiver Funktion in der westeuropäischen Emblemkunst des XVI. und XVII. Jahrhunderts verwendet sein – er kann für Geduld stehen, aber auch für verderblichen Aufschub (Henkel 1996: 878 ff). Eine solche Mehrdeutigkeit kann sich die Propaganda nicht erlauben. Das propagandistische Universum baut auf einer Eindeutigkeit auf, in der eine klare Trennung von Gut und Böse sichtbar sein muss. Diese Klarheit muss sich auch in der propagandistischen Bildsprache manifestieren. Gespielt werden kann allenfalls mit dem Verhältnis von Bild und Text; bspw. bei einem paradoxen Bild-Text-Verhältnis zur Erzeugung von Ironie – in welchem textuell ein scheinbar positiver und auf piktoraler Ebene ein negativer Sachverhalt dargelegt wird –, nicht aber auf der Bildebene alleine. Unklarheit hinsichtlich der Zuschreibungen im piktoralen Bereich würde der agitatorischen Schlagkraft der ROSTA-Fenster abträglich sein. Die Bilder können also auch eingesetzt werden, um den dazugehörigen Text zu desambiguieren. Dies scheint in der Tradition der Ansicht zu stehen, dass Worte lügen können, Bilder hingegen nicht. Nach dem Motto: «Es mit eigenen Augen gesehen zu haben gilt als Garant für die Wahrheit.»

Neben der indexikalischen Darstellungsmöglichkeit, den Ruin als Krähe bzw. Krähenschwarm darzustellen, wird der Ruin, wie bereits erwähnt, auch personifiziert, wobei jeder Künstler[61] seine bevorzugten Sujets hat: Majakovskij wählt als Veranschaulichung des personifizierten Ruins sowohl ein nacktes anthropomorphes Wesen (gelb oder grün) mit gefrässigem Maul und spitzen Zähnen, häufig mit einem

61 Njurenberg visualisiert den Ruin bspw. durch die Allegorie des Drachens (GPP 22, 3; [SGS]).

Stück Eisenbahnschiene zwischen den Zähnen (vgl. dazu ROSTA 570, 4 [GS: 45]; ROSTA 868, 4 [GS: 68]; ROSTA 923, 4 [Duwakin 1967: Abb. 61]; GPP 18, 3 [SGS]) als auch einen rundköpfigen Wurm, welcher alles verschlingt, was ihm in den Weg kommt (GPP 40, 2 [GS: 80]). Ab und zu wird der Ruin zusätzlich etikettiert (um seine Funktion im Bild klar zu machen oder wieder in Erinnerung zu rufen) (bspw. in ROSTA 571, 1 [GS: 46] und ROSTA 624, 4 [SGS]). Die Darstellung ist jedoch recht eindeutig und der Lerneffekt bei der Rezeption ist gegeben; nach wiederholter Betrachtung ist auch ein des Russischen Unkundiger ohne weiteres in der Lage, auf piktoraler Ebene den Ruin zu identifizieren.

Im Folgenden möchte ich kurz auf die Gebrauchsbedingungen der verschiedenen Darstellungsmöglichkeiten des Ruins in Zusammenhang mit ihrer textuellen Verknüpfung eingehen:

(161) Если мы и объединимся,
а что делать – знать не будем,
нас *разруха* разобьет в лоск.
Должны коммунизмом осветиться рабочие люди.
РКП – ПРОФДВИЖЕНИЯ МОЗГ!
(GPP 18) [SGS]

In Bsp. (161) kommt der Ruin gleich in zweifacher Weise vor: in Panel 2 indexikalisch als auf dem Fabrikkamin sitzende Krähe und in Panel 3 als personifizierter Ruin mit einer Eisenbahnschiene zwischen den Zähnen, welcher über die baufälligen Fabrikdächer dahineilt. Die Krähe als indexikalisch[62] verwendetes Bildsymbol des Ruins findet im Unterschied zu seinen personifizierten Verwandten keinen Niederschlag im Text. Im Gegensatz zum personifizierten Ruin, der textuell sowohl als 1. als auch als 2. Aktant auftritt, kann die Krähe nicht die Funktion von textuellen Aktanten übernehmen. Eine Ausnahme findet sich in ROSTA-Fenster Nr. 910:

(162) На войне опасность всегда есть.
Не будем *считать ворон* там,
так-же и здесь: –
разгильдяй не справится с хозяйственным фронтом.
(ROSTA 910) [SGS]

62 Vgl. Kapitel II.2.1.6.

Abb. zu Bsp. (161)

Abb. zu Bsp. (162)

In Bsp. (162) wird mit der visuellen Umsetzung des Phraseologismus *считать ворон* (=Maulaffen feilhalten, gaffen, vgl. auch воро́нить) gespielt. In Panel 2 ist ein Soldat zu sehen, welcher den herbeifliegenden Geschosskugeln mit offenem Mund und teilnahmslos entgegenschaut, d.h. es ist die phraseologische Bedeutung visualisiert; in Panel 3 hingegen sitzt eine Krähe auf einer Fabrikruine, *ворона* ist hier in ihrer wörtlichen Bedeutung im Bild visualisiert und indexikalisch als Bildsymbol für Ruin zu lesen.

Ein zentraler Themenkreis in der Zeit der Bürgerkriegswirren und der Hungersnöte war auch die Aufklärung über Krankheiten, welche in der geschwächten Bevölkerung besonders gut Fuss fassen konnten. Dazu gehörten epidemieartig erscheinende Seuchen wie Cholera, Typhus, Tuberkolose und Pocken, sowie das Auftreten von Skorbut infolge der Mangelernährung.

Im August 1921 wurde das Land von einer epidemieartigen Cholera-Welle heimgesucht: «Холерная эпидемия свирепствовала все лето.» (GS: Kommentarii 109) Diese bakterielle Krankheit verursacht Brech-Durchfall und wird vor allem durch den Genuss von infiziertem Wasser und kontaminierten Lebensmitteln verursacht. Sie wird fäkal-oral übertragen und ist zu 70% letal. Diese Übertragungsart ist es denn auch, die die Fensterproduzenten dazu veranlasst, Fliegen – die sich bekanntlich ja auch auf Fäkalien setzen – als Indizes für die Cholera abzubilden:

(163) Что делать, чтобы не умереть от *холеры*
Холеру несет грязь
и сырье
Примите меры! Победите ее.
Гражданин!
Чтобы не умереть от *холеры*,
заранее принимай такие меры.
не пей сырой воды
(воду оную пей только кипяченую).
Также не пей на улице кваса.
Воду кипятить – работы масса.
Чтобы с квасом своим поспеть рано,
просто приготовляют его из-под крана.
Не ешь овощей и фруктов сырых,
сначала кипятком обдавай их.

Если *муха* мчит во весь дух, –
прачь пищу. *Зараза от мух.*
(GPP 183) [GS: 99], siehe Abb. auf S. 301

In Bsp. (163) wird der Übertragungszusammenhang direkt bildlich dargestellt. Eine Fliege[63] trägt das personifizierte Cholera-Bakterium durch die Luft (Panel 13), welches visuell sogleich dem negativen Lager zugeordnet werden kann: in Wurmform mit gebleckten Zähnen und von grüner Farbe vereint es in sich negative Merkmale. Auch die Zunge des an Cholera Erkrankten (Panel 3) ist grün. Zudem besitzt er einen dick aufgeblähten Bauch, den er sich mit beiden Händen hält, weit aufgerissene Augen und Haare, die ihm zu Berge stehen. Diese Darstellung weist auf eine Magen-Darm-Erkrankung hin und lässt für das Schicksal des Betroffenen nichts Gutes erahnen.

Der Cholerainfizierte in Bsp. (164) hat die oben aufgezählten Merkmale, zusätzlich erbricht er einen riesigen braunen Strahl:

(164) Что делать, чтоб не *заболеть холерой?*
Только за собой смотреть мало.
Вот, что надо делать, чтоб холера пропала.
На дворе ль, на базаре ль, в вагонах ты,
смотри, чтоб все блестело от чистоты.
С базаров не спускай взор,
смотри, чтоб *за мухами имели надзор.*
(GPP 274, 1–5) [GS: 109], siehe Abb. auf S. 302

In diesem Fenster erscheint das Bakterium selbst nicht mehr im Bild, sondern nur dessen Überträgerin, die Fliege. Sie ist nebst ihrer Rolle als Krankheitsüberträgerin ganz allgemein ein Index für unhygienische Zustände und Schmutz.

Selbst der Erreger der Cholera – das Kommabazillus *(вибрионов рой)* – findet Eingang in einen Fenstertext:

(165) Не пей сырой воды!
Если так не хочешь помереть ты,
товарищ,
не пей сырой воды!

63 Die Fliege gilt als agiles, lästiges, negativ besetztes Insekt, das sich überallhin verbreiten kann.

Кишит в воде *вибрионов рой*,
не пей воды сырой.
Холера идет, не поддавайся ей.
Товарищ, сирой воды не пей.
орите, кричите на все лады:
«Не пей, не пей, не пей сырой воды!!!»
(GPP 232) [SGS], siehe Abb. auf S. 303

Ein Bazillus (вибрион) sitzt als gelbes Ungeheuer personifiziert in einem Wasserglas, im Hintergrund ist der Begriff *вибрионов рой* in Form eines grünen Kreises, in welchem wurmförmige Linien Unruhe stiften, ins Bild übertragen. Das personifizierte Bazillus wird sozusagen als Vergrösserung aus dem ganzen Schwarm herausgezogen. Dadurch kann sich der Betrachter sowohl ein Bild des Erregers, als auch seines zahlreichen Auftretens machen. Die Cholera selbst tritt in Panel 5 als riesenhaftes, struppiges Wesen mit Hängebrüsten in Erscheinung. Die personifizierte Verkörperung als weibliches Monster ist motiviert durch das weibliche Genus des Lexems *холера*. Der Zusammenhang zwischen Tod (Panel 1), Krankheits-Erreger (Panel 3) und Krankheit selbst (Panel 5) wird durch die dazwischen liegenden Panels 2, 4 und 6 hergestellt, in welchen dazu aufgerufen wird, kein ungekochtes Wasser zu trinken.

Eine andere gefährliche Krankheit der ersten Jahre nach der Revolution und der Zeit des Bürgerkriegs war Typhus. Flecktyphus verbreitete sich vor allem unter den unhygienischen Zuständen dichter Menschenansammlungen, wie sie in der Armee bestanden. Der Rotarmist gehört somit zum Zielpublikum der sanitären Aufklärung. Die Typhuslaus ist dem politischen Feind ein ebenbürtiger (vgl. ROSTA 140; [GS: 21], Bsp. 108). Auch im Falle des Typhus wird normalerweise die Krankheitsübertägerin ins Zentrum der Abhandlung gestellt:

(166) Отпускные красноармейцы,внимание!
Поползла по платью *вошь*.
Живо в «тройку»[64] мчись ты!
Скажут – баню где найдешь,
и уедешь чистым!
(GPP 54) [GS: 83], siehe Abb. auf S. 304

64 «Политтройки были организованы для культурного, *санитарного* и организационного обслуживания демобилизуемых из армии.» (GS: Kommentarii 83),

Abb. zu Bsp. (167)

daneben gab es auch sog. изоляционные, in denen sich die Heimkehrer desinfiszieren konnten.

Die riesige Laus, welche dem Rotarmisten in Panel 1 den Rücken hinauf kriecht, ist die Überträgerin von Flecktyphus. Nicht die Krankeit an und für sich steht im Mittelpunkt des Fensters, sondern deren Vermeidung. Der Rotarmist, welcher nach dem Bürgerkrieg nach Hause entlassen wird, muss sich zuerst einer gründlichen Reinigung unterziehen, um die Daheimgebliebenen nicht mit der Seuche anzustecken:

(167) *Чтоб в дом не внести заразы оной*
Спеши
на пункт изоляционный
и, выйдя чистым,
к домашним мчись ты.
(GPP 50, 4–8) [GS: 82]

Der Zusammenhang zwischen Läusebefall und Flecktyphus war zu jener Zeit offensichtlich bekannt, denn die Krankheit selbst findet im Fenster keine Erwähnung. Erst im Kommentar zu den einzelnen ROSTA-Fenstern wird die Krankheit erwähnt: «Изоляционные пункты создавались на всех крупных станциях с целью борьбы с эпидемией *сыпняка*.» (GS: Kommentarii 82)

Einzig in einem Fenster, das m.E. von Njurenberg stammt (G, 6 [SGS]), wird der Typhus personifiziert dargestellt:

(168) Шахтер живет так: *заболевает* 3–4 раза в году.
(G, 6) [SGS]

Abb. zu Bsp. (168)

Das mit тиф etikettierte grüne Monster mit den leuchtend blauen Haaren greift – begleitet von der ebenfalls etikettierten personifizierten Tuberkolose (чахотка) – mit seinen riesigen Händen nach dem erschreckten Bergmann. Der visuelle Teil des Panels vermittelt in diesem Falle gegenüber dem verbalen Teil eine zusätzliche Information, indem der 2. Aktant von кто заболевает *чем* im Bild Eingang findet.

Zusammenfassend kann festgestellt werden, dass Krankheit, Vernichtung und Tod zu den zentralen Themen in den ROSTA-Fenstern gehören. In der Phase des Bürgerkrieges musste vor allem der personale Feind zerstört werden, anschliessend galt es, abstrakte Widersacher wie Krankheit, Hunger und Ruin zu bezwingen. Durch die personifizierte Darstellung Letzterer ergibt sich auf visueller Ebene die Möglichkeit, ihnen als Aktanten dieselbe Handlungsfähigkeit zu verleihen wie den politischen Feinden.

3 Zusammenfassung der Ergebnisse und Ausblick

In der vorliegenden Arbeit wurden die ROSTA-Fenster, Agitationsplakate der Russischen Telegrafenagentur ROSTA aus dem Zeitraum 1919–1921 untersucht. Diese grossformatigen Plakate, ausgestellt in leerstehenden Schaufenstern und auf öffentlichen Plätzen, übten eine grosse und nachhaltige Wirkung auf die damalige Bevölkerung aus: Sie prägten deren ästhetisches und weltanschauliches Bild. Als gemischt semiotische Kommunikate dienten die ROSTA-Fenster der Vermittlung propagandistischer und aufklärerischer Inhalte an eine grösstenteils analphabetische Bevölkerung. Einer Wandzeitung gleich reflektierten sie als Sprachrohr der bol'ševistischen Partei militärische, politische und lebensweltliche Nachrichten und überbrachten diese mit Vehemenz. Keine leisen Töne waren angesagt, sondern Kampf und Brutalität, die hauptsächlich im piktoralen Teil der Fenster sichtbar wird.

Durch ihre Anleihen an den russischen Volksbilderbogen sahen sich die Rezipienten mit einem ihnen vertrauten Phänomen konfrontiert. Dies erleichterte ihnen den Zugang zu den Fenstern und dank ihrer Plakatierung in der Öffentlichkeit war es den Menschen möglich, sich gegenseitig bei der Rezeption zu unterstützen. So konnten die kurzen, reimförmigen Verse (частушки) vorgelesen, und parallel dazu die Bilder betrachtet werden.

Im Zentrum der Arbeit stehen die spezifischen Darstellungsverfahren in den ROSTA-Fenstern. Vergleichbar mit den Comicstrips profitieren sie bei der Vermittlung ihrer Inhalte davon, dass ihnen sowohl ein verbaler als auch ein piktoraler Code zur Verfügung steht. Diese beiden semiotischen Codes wirken nicht getrennt voneinander, sondern beeinflussen sich gegenseitig und interagieren.

Als Kommunikate mit agitatorisch-propagandistischem Charakter besitzen die ROSTA-Fenster Merkmale des propagandasprachlichen Diskurses, sind jedoch zusätzlich geprägt von ihrem didaktischen Auftrag. Somit vermischt sich in ihnen die Intention der Wissensvermittlung mit der ideologischen Gut-Böse-Axiologie. Die Aufklärung über lebensnotwendige Gegebenheiten und Verhaltensregeln wird gepaart mit der Entlarvung und Diffamierung des Widersachers. Das feindliche Lager ist verantwortlich für Chaos, Leiden, Ruin und Tod, das eigene für Ordnung, Wohlergehen und Prosperität. Diese Dichotomie findet ihren Ausdruck in der Art der Visualisierung: sowohl in der Zeichnung der Figuren als auch in der Darstellungsart und Linienführung von Objekten und Sachverhalten. Während der positive Akteur standardisiert und entindividualisiert auftritt, ist der Feind karikiert und individualisiert gezeichnet. Die schablonenhafte, merkmalsarme Wiedergabe der positiven Figuren ermöglicht es dem Rezipienten, sich mit diesen zu identifizieren, in deren Rollen zu schlüpfen, während die karikierte, merkmalshafte Zeichnung des Feindes eine solche Identifikation verwehrt. Der positive Standard ist rot, kantig, dynamisch und agil und indiziert die Begriffe *Kommunismus, Gesundheit, Werktätigkeit* und *Agilität.* Der negative Protagonist hingegen ist lächerlich, hässlich, fratzenhaft und dickbauchig, womit ihm durchwegs negative Eigenschaften anhaften. Während die Figuren des eigenen Lagers immer als Vertreter ihrer Klasse auftreten (-referentiell) und durch die zentralen Figuren *Rotarmist, Arbeiter* und *Bauer* klar umrissen sind, kann der Feind sowohl als Individuum, wie bspw. in Gestalt des Generals Vrangel' oder Kolčak (+referentiell) als auch als Zugehöriger seiner Klasse – z.B. als Kapitalist, polnischer Pan, Men'ševik – (-referentiell) im Bild erscheinen. Er wird dadurch diversifiziert und individualisiert und steht dem standardisierten, entindividualisierten Vertreter des eigenen Lagers gegenüber. Somit findet sich auf der Bildebene ein dem sprachlichen Befund entgegenlaufendes Verfahren: In der verbalen Propaganda tritt der feindliche Agent uniformiert und typisiert, der Vertreter der Eigenen hingegen konkretisiert und individualisiert auf.

Nicht nur konkrete, sondern auch abstrakte Gegner finden Eingang in die piktorale Welt der ROSTA-Fenster. Durch ihre Personifizierung werden sie handlungsfähig und können analog zu sprachlichen Aktanten im Bild als Akteure auftreten. Zudem werden sie fassbar und verstehbar, können genau so bekämpft und vernichtet werden wie die realen Feinde.

Nicht nur die piktorale Darstellung der Figuren ist reglementiert, auch die übrigen Elemente im Bild unterliegen starken Normen. Die einzelnen

Bildelemente können zu einer eigentlichen Bildsprache zusammengeführt werden, die semantischen und syntaktischen Regeln unterworfen ist. Auf semantischer Ebene spielt die Art der Linienführung eine bedeutende Rolle: Das Geordnete, Gerade, Aufrechte symbolisiert ein funktionierendes System und eine zufriedenstellende materielle Lage, das Windschiefe, Zittrige, Chaotische den Ruin und Zerfall. Bildsymbole wie *Krähe, Sonne, Stacheldrahtzaun, Spinnennetz, rauchender Fabrikschlot* besitzen alle ihre feste Bedeutung und können syntaktisch mit anderen Bildzeichen zu einer Gesamtaussage zusammengefügt werden.

Majakovskij ist es gelungen, in den ROSTA-Fenstern eine eigene Bildsprache zu entwickeln. Spielerisch setzt er sprachliche Wendungen, Phraseologismen und Sprichwörter um, macht abstrakte Sachverhalte durch zu Bildsymbolen verfestigte Indizes und Personifizierung be*greifbar*, und ermöglicht dem Betrachter durch eine klare Differenzierung in der Darstellung von positiven und negativen Sachverhalten eine rasche Orientierung im propagandistischen Universum. Gleichzeitig bleiben die Bildsymbole aber Bild und erlauben dadurch die simultane und vollständige Rezeption mehrerer Merkmale auf einen Blick. Auf dem Weg vom Bild zur Sprache macht sich Majakovskijs Bildsprache der ROSTA-Fenster somit die Eigenheiten und Vorteile beider semiotischer Systeme zu Nutze. In der Bildsprache liegt dann auch Majakovskijs innovative Leistung. Im Gegensatz dazu nimmt sich Majakovskij – der grosse sprachliche Innovator und Experimentator seiner Zeit – in der verbalen Codierung zurück. Hier ordnet er sein kreatives Potenzial der utilitaristischen Stossrichtung der Fenster unter: Die für seinen dichterischen Stil charakteristischen Neologismen fehlen weitgehend.

Die linguistisch zentrierte semiotische Analyse der Bildsprache der ROSTA-Fenster auf linguistischer Grundlage lohnt sich im Hinblick auf mögliche Parallelen zu aktuellen Bildsprachen. Sowohl Trikontländer mit einer hohen Anzahl Analphabeten als auch westliche Staaten, die sich mit einer immer höheren Anzahl funktionaler Analphabeten konfrontiert sehen, greifen bei Aufklärungs-Kampagnen auf Bild-Text-Kommunikate zurück: In Indien drucken Frauen der untersten Kaste eine eigene Zeitung, die vom Erscheinungsbild her stark an die ROSTA-

Fenster erinnert, und auch in anderen Ländern Asiens sowie Afrika erscheinen argumentative Bild-Text-Kommunikate, die über hygienische Massnahmen zur Choleravorbeugung oder Verhaltensregeln in Zusammenhang mit der Aids-Prävention informieren. Allen gemeinsam ist ihre Erscheinungsform als semiotisch komplexer Text mit einem zur Bildsprache tendierenden piktoralen Teil.

In einer weiterführenden Analyse wäre es deshalb sinnvoll zu untersuchen, inwiefern es sich bei den ROSTA-Fenstern um eine individuelle Bildsprache handelt und welche Elemente daraus verallgemeinerbar, d. h. nicht so stark von zeitlichen oder gesellschaftsspezifischen Faktoren abhängig sind.

Am Beispiel der ROSTA-Fenster kann gezeigt werden, welche Effizienz ein solch komplexes semiotisches System hinsichtlich seines Mitteilungsgehaltes entwickeln kann. Die Vorteile gemischt semiotischer Kommunikate machen sich nicht nur moderne Aufklärungskampagnen zu Nutze; auch die Werbung bedient sich ihrer. Diese mit den ROSTA-Fenstern zu kontrastieren wäre ebenfalls ein interessantes Unterfangen. Nicht zuletzt deshalb, weil Majakovskij selbst in den 20er Jahren für die Werbung gearbeitet hat. Reflektionen zum Verhältnis von Agitation und Werbung sind denn auch in seinem Aufsatz *Agitation und Reklame* aus dem Jahre 1923 zu finden.

Abschliessend bleibt anzumerken, dass das Genre des Comicstrips trotz seiner frühen Vorwegnahmen durch die *lubki* und die ROSTA-Fenster nie eine breite Akzeptanz in der sowjetischen Bevölkerung gefunden hat. Erst mit der Öffnung zum Westen hin erschienen in Russland vereinzelt Printerzeugnisse in diesem Bereich und auch das Internet bietet heute für eine eingeschworene Gemeinde von Comicbegeisterten ein Forum.

Bibliografie

Adam, J.-M., M. Bonhomme (1997): L'argumentation publicitaire: Rhétorique de l'éloge et de la persuasion. Noisy-le-Grand.

Antelme, M.-L. (1975): Maïakovski: 20 ans de travail: catalogue édité à l'exposition présentée au Centre national d'art contemporain Paris du 18 novembre au 5 janvier 1976. Paris.

Aumont, J. (1997): The Image. London.

Bakos, K., V. Havas, B. Huck et al. (Ed.) (1988): Kunst und Revolution: Russische und Sowjetische Kunst 1910–1932. Wien.

Barthes, R. (1964): Rhétorique de l'image. In: Communications 4, 40–51.

Benveniste, E. (1974): Problèmes de linguistique générale II. Paris.

Bernstein, B. (1972): Studien zur sprachlichen Sozialisation, Düsseldorf. (=Loch, W., G. Priesemann (Hrsg.): Sprache und Lernen. Internationale Studien zur pädagogischen Anthropologie, Bd. 7).

Bernstein, F. L. (1998): Envisioning Health in Revolutionary Russia: The Politics of Gender in Sexual-Enlightenment Posters of the 1920s. In: The Russian Review. An American Quarterly Devoted to Russia Past and Present, vol. 57(2), 191–217.

Biederman, I. (1987): Recognition-by-Components: a Theorie of Human Image Understanding. In: Psychological Review 94(2), 115–217.

Bonnell, V. E. (1997): Iconography of Power. Soviet Political Posters under Lenin and Stalin. Berkeley, Los Angeles, London.

Brandom, R.B. (1994): Making It Explicit. Reasoning, Representing & Discursive Commitment. London.

Brock, B. (1980): Text-Bild-Beziehungen. In: Kunstforum International, vol. 37(1), 96–102.

Brugger, I. et al. (Hrsg.) (1998): Rot in der Russischen Kunst. Milano, Wien.

Bühler, K. (1934): Sprachtheorie. Die Darstellungsfunktion der Sprache. Jena.

Burkhart, D. (1990): Text-Bild-Relationen und ihre kultur-anthropologische Dimension in russischen Bilderbögen. In: Harms, W. (Hrsg.): Text und Bild, Bild und Text: DFG-Symposium 1988. Stuttgart, 296–308.

Burkhart, D. (1993): Korrelation von Wort und Bild im intermedialen «Text» des russischen «Lubok». In: Petzoldt, L., I. Schneider, P. Streng (Hrsg.): Bild und Text. Internationale Konferenz des Komitees für ethnologische Bildforschung in der Société internationale pour Ethnologie et Folklore (SIEF) 2.–6. Oktober 1990 in Innsbruck, Bd. 5. Bratislava, 37–47.

Coquin, F.-X. (1988): L'affiche révolutionnaire soviétique (1918–1921): Mythes et réalités. In: Revue des études slaves 59(4), 720–740.
Craig, E. (Hrsg.) (1998): Routledge Encyclopedia of Philosophy CD-ROM. London.
Doelker, C. (1997): Ein Bild ist mehr als ein Bild. Visuelle Kompetenz in der Multimedia-Gesellschaft. Stuttgart.
Duwakin, W. (1967): Rostafenster: Majakowski als Dichter und bildender Künstler. Dresden.
Duwakin, W. (1975): Rostafenster: Majakowski als Dichter und bildender Künstler. Dresden. (2. erweiterte und überarbeitete Auflage).
Eco, U. (1988^{6}): Einführung in die Semiotik. München. (1. Auflage: 1972).
Eco, U. (1994): Apokalyptiker und Integrierte. Zur kritischen Kritik der Massenkultur. Frankfurt am Main.
Elgin, C.Z. (1983): With Reference to Reference. Indianapolis, Cambridge.
Eschbach, A. (1996): Bildsprache. ISOTYPE und die Grenzen. In: Bernard, J., G. Bithalm (Hrsg.): Neurath. Zeichen. Wien, 15–48.
Foss, S. (1992): Visual Imagery as Communication (Review Essay). In: Text and Performance Quarterly. vol. 12(1), 85–90.
Foucault, M. (1997): Dies ist keine Pfeife. München.
Fresnault-Deruelle, P. (1993): L'éloquence des images. Images fixes III. Paris.
Frey, S. (1999): Die Macht des Bildes. Der Einfluss der nonverbalen Kommunikation auf Kultur und Politik. Bern et al.
Gaede, W. (1981): Vom Wort zum Bild. Kreativ-Methoden der Visualisierung. München.
Gassner, H., E. Gillen (1979): Zwischen Revolutionskunst und Sozialistischem Realismus: Dokumente und Kommentare; Kunstdebatten in der Sowjetunion von 1917–1934. Köln.
Gerhardie, W.A. (1999): Vergeblichkeit. Frankfurt am Main.
Gillen, E. (1975): Von der symbolischen Repräsentation zur Rekonstruktion der Wirklichkeit. Das Verhältnis von Bildstatistik und politischer Grafik bei Gerd Arntz. In: Neue Gesellschaft für bildende Kunst (Hrsg.): Politische Konstruktivisten. Die «Gruppe progressiver Künstler» Köln, Berlin, o.P.
Gillen, E. (1978): Von der politischen Allegorie zum sowjetischen Montageplakat. In: Knödler-Bunte, E., E. Erler (Hrsg.): Kultur und Kulturrevolution in der Sowjetunion. Berlin West, 57–80.
Gombrich, W. (1975): Symbolic Images. Studies in the Art of the Renaissance. London.
Gombrich, W. (1984): Bild und Auge. Neue Studien zur Psychologie der bildlichen Darstellung. Stuttgart.
Goodman, N. (1976^{2}): Languages of Art. Indianapolis, Cambridge.
Goodman, N. (1984): Of Mind and Other Matters. Harvard.

Grice, H.P. (1989): Further Notes on Logic and Conversation. In: Grice, P.): Studies in the Way of Words. London, 41–57. (Erstmals erschienen in: Cole, P. (Hrsg.) (1978): Syntax and Semantics, vol. 9, 113–127.)

Groeben, N. (1986): Ironie als spielerischer Kommunikationstyp. Situationsbedingungen und Wirkungen ironischer Sprechakte. In: Kallmeyer, W. (Hrsg.): Kommunikationstypologie. Handlungsmuster, Textsorten, Situationstypen. Jahrbuch 1985 des IdS. Düsseldorf, 172–192.

Gross, S. (1994): Lese-Zeichen. Kognition, Medium und Materialität im Leseprozess. Darmstadt.

Harms, W. (Hrsg.) (1990): Text und Bild, Bild und Text: DFG-Symposium 1988. Stuttgart.

Henkel, A., A. Schöne (Hrsg.) (1996): Emblemata. Handbuch zur Sinnbildkunst des XVI. und XVII. Jahrhunderts. Stuttgart, Weimar.

Hilmer, B. (2000): Bilder über Bilder. Ein internationales Symposion in Berlin. In: NZZ Nr. 288, 9./10. Dez. 2000.

Janda, L.A. (1996): Back from the Brink. A Study of How Relic Forms in Languages Serve as Source Material for Analogical Extension. München, Newcastle. (=LINCOM Studies in Slavic Linguistics 01)

Kalverkämper, H. (1993): Die Symbiose von Text und Bild in den Wissenschaften. In: Titzmann, M. (Hrsg.): Zeichen(theorie) und Praxis: 6. Internationaler Kongress der Deutschen Gesellschaft für Semiotik, 8.–11. Oktober 1990. Passau, 199–226.

Kämpfer, F. (1985): «Der Rote Keil». Das politische Plakat, Theorie und Geschichte. Berlin.

Keller, R. (1995): Zeichentheorie: zu einer Theorie semiotischen Wissens. Tübingen, Basel.

Kenez, P. (1985): The Birth of the Propaganda State. Soviet Methods of Mass Mobilization 1917–1929. Cambridge.

Kerbrat-Orecchioni, C. (1998[2]): L'implicite. Paris.

Kibédi Varga, A. (1989): Criteria for Describing Word-and-image Relations. In: Poetics Today 10(1), 31–53.

Kibédi Varga, A. (1990): Visuelle Argumentation und visuelle Narrativität. In: Harms, W. (Hrsg.): Text und Bild, Bild und Text. DFG-Symposion 1988, 356–367.

Kjørup, S. (1978): Pictorial Speech Acts. In: Erkenntnis. An International Journal of Analytic Philosophy 12 (1978). Hamburg, 55–71.

Kleiber, G. (1993): Prototypensemantik. Eine Einführung. Tübingen.

Klöepfer, R. (1976): Komplementarität von Sprache und Bild. In: Sprache im technischen Zeitalter 57–60 (1976), 42–56.

Knilli, F. (1970): «Der Wahre Jakob» – ein linker Supermann? In: Comic Strips. Geschichte, Struktur, Wirkung und Verbreitung der Bildergeschichte. (Eine

Ausstellung der Akademie der Künste Berlin), Kunsthalle Nürnberg 6. Nov. – 13. Dez. 1970 / Katalog von H.D. Zimmermann, Nürnberg 1970, 12–20.
Koberstein, H. (1969): «Wiener Methode der Bildstatistik» und «International System of Typographic Picture Education» (ISOTYPE). Informative Graphik und bildhafte Pädagogik. Hamburg.
Koberstein, H. (1973): Statistik in Bildern. Eine graphisch-statistische Darstellungslehre. Stuttgart.
Koschmal, W. (1989): Der russische Volksbilderbogen. Von der Religion zum Theater. München.
Krause, W.-D. (Hrsg.) (2000): Textsorten. Kommunikationslinguistische und konfrontative Aspekte. Sprache, System und Tätigkeit. Frankfurt am Main et al.
Krempel, U. (1988): Die ROSTA-Fenster und ihre Stellung in der Entwicklung einer sozialistischen Bildersprache. Bochum.
Kroeber-Riel, W. (1996): Bildkommunikation. Imagerystrategien für die Werbung. München.
Kummer, R. (2000): Люби Родину больше жизни – Я больше не могу. (Der plakatpropagandistische Todesdiskurs im Spannungsfeld der Gut-Böse-Dichotomie. In: Weiss, D. (Hrsg.): Der Tod in der Propaganda (Sowjetunion und Polnische Volksrepublik). Bern et al., 259–335.
Kummer, R. (2002): Das Bild der Frau in den ROSTA-Fenstern. In: Blankenhorn, R. S. Dönninghaus, R. Marzari (Hrsg.): Beiträge der Europäischen Slavistischen Linguistik (Polyslav), Bd. 5. München, 84–93.
Kunst und Revolution: Russische und Sowjetische Kunst 1910–1932 (1988): Österreichisches Museum für angewandte Kunst. Wien.
Kunz, K.-L., R. Sidler (1999): Kriminalpolitik in Entenhausen: vom Umgang mit Kriminalität bei Micky Maus & Co. Basel.
Kurt, S. (1999): Erlebte Rede aus linguistischer Sicht: Der Ausdruck von Temporalität im Französischen und Russischen. Ein Übersetzungsvergleich. Bern et al. (=Slavica Helvetica, Band 64).
Kurz, G. (1988): Metapher, Allegorie, Symbol. Göttingen. (=Kleine Vandenhoeck-Reihe; 1486).
Lakoff G., M. Johnson (1980): Metaphors We Live by. Chicago.
Lapp, E. (1992): Linguistik der Ironie. Tübingen. (=Tübinger Beiträge zur Linguistik 369).
Levinson, St. (1990): Pragmatik. Tübingen. (=Konzepte der Sprach- und Literaturwissenschaft 39).
Lopes, D. (1996): Understanding Pictures. Oxford.
Lyons, J. (1983): Semantik, Bd. II. München.
Majakowski, W. (1973): Werke, Bd. V: Publizistik. Frankfurt am Main.
Martinet, A. (1960): Eléments de linguistique générale. Paris.
McCloud, S. (1993): Understanding Comics. New York.

Metken, G. (1970): Comic. Frankfurt am Main, Hamburg.
Merleau-Ponty, M. (1984): Das Auge und der Geist. Hamburg.
Metzler Lexikon der Sprache (2000): H. Glück (Hrgs.). Stuttgart.
Mit voller Kraft: Russische Avantgarde 1910–1934 (2001): Museum für Kunst und Gewerbe (Hrsg.). Hamburg.
Moldavski, D. (1962): Die russischen Lubki. In: Bildende Kunst 3.
Muckenhaupt, M. (1980): Der Ärger mit Wörtern und Bildern: Probleme der Verständlichkeit und des Zusammenhangs von Text und Bild. In: Kodikas/Code, 2, 187–209.
Muckenhaupt, M. (1986): Text und Bild. Grundfragen der Beschreibung von Text-Bild-Kommunikationen aus sprachwissenschaftlicher Sicht. Tübingen.
Nicoloff, F. (1987): Threats and Illocutions. In: Journal of Pragmatics 13 (1989), 501–522.
Norrick, N.R. (1986): A Frame-theoretical Analysis of Verbal Humor: Bisociation as Schema Conflict. In: Semiotica 60(3/4), 225–245.
Nöth, W. (2000): Handbuch der Semiotik. Weimar.
Panofsky, E. (1962^2): Studies in Iconology. Humanistic Themes in the Art of the Renaissance. New York. (Erstauflage: 1939).
Pehlke, M. (1970): Die Zukunft der Comic Strips. In: Comic Strips. Geschichte, Struktur, Wirkung und Verbreitung der Bildergeschichte. (Eine Ausstellung der Akademie der Künste Berlin), Kunsthalle Nürnberg 6. Nov. – 13. Dez. 1970 / Katalog von H.D. Zimmermann, Nürnberg 1970, 50–59.
Peirce, Ch.S. (1998): The Essential Peirce. Selected Philosophical Writings, vol. 2 (1893–1913). Bloomington and Indianapolis.
Pforte, D. (1978): Russische Comic Strips? In: Neue Gesellschaft für bildende Kunst Berlin West (Hrsg.): Majakovskij. 20 Jahre Arbeit. Berlin, 132–137.
Pilz, G. (1977): Russland wird rot. Satirische Plakate 1918–1922. Berlin Ost.
Platthaus, A. (2000): Im Comic vereint – Eine Geschichte der Bildgeschichte. Frankfurt am Main.
Plümacher, M. (1998): Sinn der Bilder. In: Sachs-Hombach, K., K. Rehkämper (Hrsg.): Bild – Bildwahrnehmung – Bildverarbeitung: interdisziplinäre Beiträge zur Bildwissenschaft. Wiesbaden, 49–58.
Plümacher, M. (2003): Ist eine der Linguistik vergleichbare Bildwissenschaft möglich? In: Stolz, Th., K. Kolbe (Hrsg.): Methodologie in der Linguistik. Frankfurt am Main et al., 111–130.
Pörksen, U. (1997): Weltmarkt der Bilder: eine Philosophie der Visiotype. Stuttgart.
Posner, R., D. Schmauks (1998): Die Reflektiertheit der Dinge und ihre Darstellung in Bildern. In: Sachs-Hombach, K., K. Rehkämper (Hrsg.): Bild – Bildwahrnehmung – Bildverarbeitung: interdisziplinäre Beiträge zur Bildwissenschaft. Wiesbaden, 15–32.

Raskin, V. (1985): Semantic Mechanisms of Humor. Dordrecht et al. (=Studies in Linguistics and Philosophy, vol. 24).

Röhrich, L. (1969): Die Bilderwelt von Sprichwort und Redensart in der Sprache der politischen Karikatur. In: Kontakte und Grenzen. Probleme der Volks-, Kultur- und Sozialforschung; Festschrift für G. Heilfurth zum 60. Geburtstag. Göttingen, 175–207.

ROSTA. Bolshevik Placards 1919–1921. Handmade Political Posters from the Russian Telegraph Agency (1994): Sanders Gallery (Hrsg.). Catalogue. New York.

Routledge Encyclopedia of Philosophy (1998): E. Craig (Hrsg.). London. (DC-ROM)

Saint-Martin, F. (1990): Semiotics of Visual Language. Bloomington.

Schattenberg, S. (2001): «Uniformierte Schädlinge». Die alten technischen Spezialisten und die Kulturrevolution in der Sowjetunion. In: traverse. Zeitschrift für Geschichte, 2001(2), 85–95.

Schnitzer, J. (1994): Wort und Bild: die Rezeption semiotisch komplexer Texte, dargestellt anhand einer Analyse politischer «pintadas». Wien. (=Wiener romanistische Arbeiten, Bd. 17).

Schwendimann, U. (2000): Das sozialistische Pantheon. Beileidsdepeschen, Nachrufe, Aufrufe und Todesanzeigen in der Parteipresse der Polnischen Volksrepublik: rituelle Konstanz und Wandel ihrer Vertextung von 1944 bis 1989. In: Weiss, D. (Hrsg.): Der Tod in der Propaganda (Sowjetunion und Volksrepublik Polen), Bern et al., 13–126.

Searle, J.R. (1998^4): Ausdruck und Bedeutung. Untersuchungen zur Sprechakttheorie. Frankfurt am Main.

Sonesson, G. (1993): Die Semiotik des Bildes: zum Forschungsstand am Anfang der 90er Jahre. In: Zeitschrift für Semiotik 15(1–2), 127–160.

Spillner, B. (1982): Stilanalyse semiotisch komplexer Texte. Zum Verhältnis von sprachlicher und bildlicher Information in Werbeanzeigen. In: Kodikas/Code, 4/5(1), 91–106.

Stephan, B. (1969): Studien zur russischen častuška und ihrer Entwicklung. München. (=Slavistische Beiträge, Bd. 38).

Stites, R. (1989): Revolutionary Dreams. Utopian Visions and Experimental Life in the Russian Revolution. New York, Oxford.

Stites, R. (1992): Russian Popular Culture. Entertainment and Society since 1900. Cambridge et al.

Stöckl, H. (1997): Werbung in Wort und Bild. Textstil und Semiotik englischsprachiger Anzeigenwerbung. Frankfurt am Main et al.

Suckale, R. (1990): Süddeutsche szenische Tafelbilder um 1420–1450. Erzählung im Spannungsfeld zwischen Kult- und Andachtsbild. In: Harms W. (Hrsg.): Text und Bild, Bild und Text: DFG-Symposion 1988. Stuttgart, 15–34.

Sytova, A. (Hrsg.) (1984): The Lubok. Russian Folk Pictures. 17th to 19th Century. Leningrad.

Thun, N. (1993): Majakowski: Maler und Dichter; Studien zur Werkbiographie 1912–1922. Tübingen, Basel.

Titzmann, M. (1990): Theoretisch-methodologische Probleme einer Semiotik der Text-Bild-Relation. In: Harms, W. (Hrsg.) (1990): Text und Bild, Bild und Text: DFG-Symposium 1988. Stuttgart, 368–384.

Viktor Deni. Ein russischer Karikaturist im Dienst der Propaganda (1992): Museum für Kunst und Gewerbe Hamburg. Hamburg.

Weber, A. (1999): «Wrangel kommt! Zu den Waffen, Proletarier!»: Volksaufklärung durch Bilderbögen: Die «Russische Telegraphenagentur» (ROSTA) und ihre Propagandaplakate während des Feldzuges gegen Baron Petr Nikolaevitsch von Wrangel (Manuskript). Bern.

Weiss, D. (1986): Was ist neu am Newspeak? Reflexionen zur Sprache der Politik in der Sowjetunion. In: Rathmayr, R. (Hrsg.): Slavistische Linguistik 1985. München, 247–325.

Weiss, D. (1987): Neskol'ko nabljudenij po povodu leksikografičeskoj koncepcii «Tolkovo-kombinatornogo slovarja sovremennogo russkogo jazyka». In: Hansen-Löve, A.A., T. Reuther (Hrsg.): Wiener Slawistischer Almanach 1987, Band 17. Wien, 209–250.

Weiss, D. (1995): Prolegomena zur Geschichte der verbalen Propaganda in der Sowjetunion. In: D. Weiss: Slavistische Linguistik 1994. München, 343–391.

Weiss, D. (1998a): Die Entstalinisierung der Propaganda (am Beispiel der Sowjetunion und Polens). In: J.P. Locher (Hrsg.): Schweizer Beiträge zum XII. Internationalen Slavisten-Kongress 1998 in Krakau. Bern et al., 461–506. (=Slavika Helvetica, Band 60).

Weiss, D. (1998b): Kleine Einführung in die russische Zoolinguistik. In: Berger, T. (Hrsg.) (1998): Slavistische Linguistik 1997, 273–324. (=Slavistische Beiträge Band 375).

Weiss, D. (1999): Missbrauchte Folklore? Zur porpagandistischen Einordnung des «sovetskij fol'klor». In: Rathmayr, R., W. Weitlaner (Hrsg.): Slavische Linguistik 1998. München, 283–324.

Weiss, D. (2000): Aller vs. einer: Zur Scheidung von good guys und bad guys in der sowjetischen Propagandasprache. In: W. Breu (Hrsg.): Slavistische Linguistik 1999, 237–275. (=Slavistische Beiträge Band 396).

Weiss, D. (2000a): Novojaz kak istoričeskoe javlenie. In: Gjunter, Ch., E. Dobrenko (Hrsg.): Socrealističeskij kanon. Sankt-Peterburg.

Weiss, D. (2000b): Die Verwesung vor dem Tode. N.S. Chruščevs Umgang mit Fäulnis-, Aas- und Müllmetaphern. In: Weiss, D. (Hrsg.): Der Tod in der Propaganda (Sowjetunion und Polnische Volksrepublik). Bern et al., 191–257.

White, S. (1988): The Bolshevik Poster. New Haven, London.
Wierzbicka, A. (1987): English Speech Act Verbs. A Semantic Dictionary. Sydney et al.
Wiesing, L. (1997): Die Sichtbarkeit des Bildes. Geschichte und Perspektiven der formalen Ästhetik. Hamburg.
Wittgenstein, L. (1984): Werkausgabe Band I: Tractatus logico-philosophicus; Tagebücher 1914–1916; Philosophische Untersuchungen. Frankfurt am Main.
Zelinsky, B. (1988): Kunst als Waffe. Das Agitationsplakat im revolutionären Russland. In: Kosta, P. (Hrsg.): Studia Indogermanica et Slavica. Festgabe für Werner Thomas zum 65. Geburtstag. München, 467–482.

Аникин, В.П., Ю.Г. Круглов (1983): Русское народное поэтическое творчество. Ленинград.
Апресян, Ю.Д. (1995): Лексическая семантика: Синонимические средства языка. Москва. (=Избранные труды том 1).
Апресян, Ю.Д. (1995): Интегральное описание языка и системная лексикография. Москва. (=Избранные труды том 2).
Апресян, Ю.Д. (1997): Дейксис в лексике и грамматике и наивная модель мира. В: Семиотика и информатика (Semiotics and Informatics). Сборник научных статей, 35, 272–298.
БАС (1998)=С.А. Кузнецов (гл. ред.): Большой толковый словарь русского языка. Санкт-Петербург.
Богуславская, О.Ю. (1991): Словарная статья местоимения *такой*. В: Семиотика и информатика (Semiotics and Informatics) 32, 42–54.
Брик, О. (1944): Картина вышла на улицу: Из опыта работы в редакции военно-оборонного плаката. В: Знамя, 12, 187–191.
БСЭ=Прохоров, А.М. (глав. ред.) (1973): Большая Советская Энциклопедия. Москва.
Бутник-Сиверский (1960): Советский плакат эпохи гражданской войны 1918–1921. Москва.
Винокур, Г.О. (1967): Маяковский – новатор языка. München. (Nachdruck der Moskauer Ausg. von 1943).
Герман, М. (сост.) (1977): Сердцем слушая революцию… Искусство первых лет октября. Ленинград.
Гохлернер, Г. В. (1962): Шершавым языком плаката. Санагитплакат Маяковского сегодня. Москва.
Денисовксий, Н. Ф. (1970): Работа художников в «Окнах ТАСС». В: Денисовский, Н. Ф. (сост.): «Окна ТАСС», Москва, 12–19.
Денисовский, Н. (1940): Встречи с Маяковским. В: Искусство 3/май-июнь, 56–59.

Дувакин, В. (1952): «Окна РОСТА» и их политическое и литературное значение. В: Тимотеев Л.И. (сост.): Творчество Маяковского. Сборник статей. Москва, 313–436.

Дувакин, В.Д., К.Н. Суворов (1964): В.В. Маяковский. «Окна» РОСТА и главполитпросвета 1919–1922 гг.: Описание документальных материалов. Москва.

Иорданская, Л.Н., И.А. Мельчук (1980): Коннотация в лингвистической семантике. В: Wiener Slawistischer Almanach, 6, 191–210.

Калинин, М. И. (1970): Об искусстве плаката. В: Денисовский, Н. Ф. (сост.): «Окна ТАСС», Москва, 5–8.

Кассиль, Л. (1938?): «Не будь, товарищ, слепым и глухим, держи, товарищ, порох сухим». В: Литературная газета 20(727), 8.

Катаньян, В.А. (сост.) (1930): В. Маяковский. Москва.

Катаньян, В.А. (1963): Маяковский – художник. Москва.

Кондакова, М.И., А.С. Вишнякова (1988): Краткий педагогический словарь пропагандиста. Москва.

Костин, В. (1954): Колхозные «Окна Сатиры». В: Искусство, 2 март–апрель, 37–38.

Кибрик, А.Е., А.С. Нариньяни (1987) (ред.): Моделирование языковой деятельности в интеллектуальных системах. Москва.

Купина, Н.А. (1995): Тоталитарный язык: Словарь и речевых реакции. Екатеринбург – Пермь.

Лебедев, В.В. (1949): Советское искусство в период иностранной интервенции и гражданской войны, М.-Л., 1949.

Левин, Ю. (1988): Заметки о семиотике лозунгов. В: Wiener Slavistischer Almanach 22, 69–85.

Маяковский, В. (1921): Доклад «изобразительное искусство и производственная пропаганда» на всероссийском совещании по производственной пропаганде. В: Маяковский, В. (1961): Полное собрание сочинений, том 13. Москва, 278–286.

Маяковский, В. (1927): Только не воспоминания... В: Маяковский, В. (1959): Полное собрание сочинений, том 12, 149–158.

Маяковский, В. (1930): Прошу слова. В: Маяковский, В. (1938): Грозный смех: Окна сатиры РОСТА. Москва, Ленинград, XI–XIII.

Маяковский, В. (1938): Грозный смех: Окна сатиры РОСТА. Москва, Ленинград.

Маяковский, В. (1957): Полное собрание сочинений, том 3: «Окна» РОСТА 1919–1922. Москва.

Маяковский, В. (1958): Полное собрание сочинений, том 9. Москва.

Маяковский, В. (1959): Полное собрание сочинений, том 12: Статьи, заметки и выступления. Москва.

Маяковский, В. (1961): Полное собрание сочинений, том 13. Москва.

Падучева, Е.В. (1996): Семантические исследования. Семантика времени и вида в русском языке. Семантика нарратива. Москва.

Пеньковский, А.Б. (1989): О семантической категории «чуждости» в русском языке. В: Проблемы структурной лингвистики 1985–1987. Москва, 54–82.

Перцов, В. (1937?): «Окна РОСТА» Маяковского. В: Литературная газета 47 (683), 4.

Петроградские «Окна РОСТА»: Сводный каталог. Публичная Библиотека им. М.Е. Салтыкова-Шедрина (изд.) (1964). Ленинград.

Рахилина, Е.В. (2000): Когнитивный анализ предметных имен: Семантика и сочетаемость. Москва.

Селищев, А.М. (1928): Язык революционной эпохи: из наблюдений над русским языком последних лет (1917–1926). Москва.

Славянская мифология: энциклопедический словарь а–я (2002): Российская академия наук, Институт славяноведения (изд.). Москва.

Такала, И.Р. (2002): Веселие Руси: История алкогольной проблемы в России. Санкт-Петербург.

Тарабукин, Н. (1973): Смысловое значение диагональных композиций в живописи. В: Труды по знаковым системам VI. Сборник научных статей в честь Михаила Михайловича Бахтина (к 75-летию со дня рождения). Тарту, 472–481. (=Ученые записки тартуского государственного университета, выпуск 308).

Тимофеева, В.В. (1962): Язык поэта и время: поэтический язык Маяковского. Москва, Ленинград.

ТКС (1984) = Мельчук, И.А., А.К. Жолковский (сост.), Толково-комбинаторный словарь современного русского языка. Опыты семантико-синтаксического описания русской лексики. Вена. (=Wiener Slawistischer Almanach. Sonderband 14).

Хан-Магомедов, С.О. (1995): Пионеры советского дизайна. Москва.

Харджиев, Н., В. Тренин (1970): Поэтическая культура Маяковского. Москва.

Черемных, М. (1940): Маяковский в РОСТА. В: искусство. Москва–Ленинград, 3 май–июнь, 39–44.

Чистякова, А. (1961): Неизвестное «Окно РОСТА» В. В. Маяковского. В: Русская Литература 3. Ленинград, 160–163.

Шишло, Б. (1970): Улицы революции. В: Декоративное искусство СССР 3, 5–13.

Якобсон, Р. (1972): Новейшая русская поэзия. В: Stempel, W-D. (1972): Texte der russischen Formalisten. Band II. Texte zur Theorie des Verses und der poetischen Sprache. München, 19–134. (=Imdahl, M. et al. (1972): Theorie und Geschichte der Literatur und der schönen Künste. Texte und Abhandlungen. Band 6, 2. Halbband.)

Якушкина, Е.И. (2002): Оппозиции *прямой – кривой* и *прямой – обратный* и их культурные коннотации. В: Толстая, С.М. (отв. ред.): Признаковое пространство культуры. Москва, 163–183.

Bildnachweis

Маяковский, В. (1938): Грозный смех: Окна сатиры РОСТА. Москва, Ленинград. = GS
Bsp. Nr.: 1, 3–4, 6, 7–8, 11–45, 47–52, 54–65, 67–73, 81–94, 96–111, 114–115, 120, 124–125, 128–135, 137–142, 114–159, 163–164, 166–167.

Sammlung Gerd Sander = SGS
Bsp. Nr.: 2, 46, 74–80, 95, 116–119, 143 , 160–162, 165, 168.

Маяковский, В. (1957): Полное собрание сочинений, том 3: «Окна» РОСТА 1919–1922. Москва.
Bsp. Nr.: 5, 53, 112–113, 121–123, 126–127, 136.

Катаньян, В.А. (сост.) (1930): В. Маяковский. Москва.
Bsp. Nr.: 7

Duwakin, W. (1967): Rostafenster: Majakowski als Dichter und bildender Künstler. Dresden.
Bsp. Nr.: 66.

White, S. (1988): The Bolshevik Poster. New Haven, London.
Bsp. Nr.: 10.

Slavica Helvetica

Herausgegeben von Jean-Philippe Jaccard, Jochen-Ulrich Peters, German Ritz, Patrick Sériot und Daniel Weiss

Band 1 ŁUCZAK-WILD Jeannine: Die Zeitschrift Chimera und die Literatur des polnischen Modernismus. 198 S. Text und 10 S. Abb. 1969.

Band 2 SPENGLER Ute: D.S. Merežkovskij als Literaturkritiker. Versuch einer religiösen Begründung der Kunst. 180 S. 1972.

Band 3 RAKUŠA Ilma: Studien zum Motiv der Einsamkeit in der russischen Literatur. 200 S. 1973.

Band 4 STOFFEL Hans Peter: Studien zur Geschichte der russischen Skisportterminologie. 226 S. 1975.

Band 5 ALTHAUS-SCHOENBUCHER Silvia: Konstantin D. Bal'mont. Parallelen zu Afanasij A. Fet. Symbolismus und Impressionismus. 212 S. 1975.

Band 6 BERNDT Michael: Die Predigt Dimitrij Tuptalos. Studien zur ukrainischen und russischen Barockpredigt. XXXII, 208 S. 1975.

Band 7 Schweizerische Beiträge zum VII. Internationalen Slavistenkongress in Warschau. August 1973. 188 S. mit Sonderdruck-Beilage. 1973.

Band 8 GOŚLICKI-BAUR Elisabeth: Die Prosa von Bruno Schulz. 160 S. und 13 Abbildungen. 1975.

Band 9 KELLER, Felix: Die russisch-kirchenslavische Fassung des Weihnachtskontakions und seiner Prosomoia. 244 S. 1977.

Band 10 WEISS Daniel: Syntax und Semantik polnischer Partizipialkonstruktionen im Rahmen einer generativ-transformationellen Sprachbeschreibung. IV, 408 S. 1977.

Band 11 KANYAR-BECKER Helena: Karel Konrád und sein Roman Rozchod! Das Kriegserlebnis bei Konrád im Kontext des tschechischen Soldatenromans aus dem Ersten Weltkrieg. 244 S. 1977.

Band 12 Schweizerische Beiträge zum VIII. Internationalen Slavistenkongress in Zagreb und Ljubljana. September 1978. Contributions des savants suisses au VIII congrès international des slavistes à Zagreb et Ljubljana, septembre 1978. Herausgegeben von/édité par Peter Brang, Georges Nivat, Hildegard Schroeder (†) und Robert Zett. 294 S. 1978.

Band 13 RIGGENBACH Heinrich: Michail Bulgakovs Roman «Master i Margarita». Stil und Gestalt. 197 S. 1979.

Band 14 SCHEIDEGGER Gabriele: Studien zu den russischen Briefstellern des 18. Jahrhunderts und zur «Europäisierung» des russischen Briefstils. 244 S. 1980.

Band 15 STIEGER Cyrill: Majakovskijs «Oblako v štanach». Versuch einer sprachorientierten Interpretation. 228 S. 1980.

Band 16 Colloquium Slavicum Basiliense. Gedenkschrift für Hildegard Schroeder. Herausgegeben von Heinrich Riggenbach unter Mitwirkung von Felix Keller. XII, 792 S. 1981.

Band 17 BRANG Peter/ZÜLLIG Monika: Kommentierte Bibliographie zur Slavischen Soziolinguistik. Unter Mitwirkung von Karin Brang. 3 Bände. XIX. 1639 S. 1981.

Band 18 RITZ German: 150 Jahre russische Heine-Übersetzung. XIII, 478 S. 1981.

Band 19 MARTI Roland: Studien zur Sprache der russischen Pčela. 209 S. 1981.

Band 20 BIRÓ Alice: Russische Baufachsprache des 18. Jahrhunderts. XIII, 365 S. 1982.

Band 21 MAURER Walter: Englische und anglo-deutsche Lehnübersetzungen im Russischen. 192 S. 1982.

Band 22 Schweizerische Beiträge zum IX. Internationalen Slavistenkongress in Kiev, September 1983. Contributions des savants suisses au IXe congrès international des slavistes à Kiev, septembre 1983. 245 S. 1983.

Band 23 MULLER DE MOROGUES Inès: L'œuvre journalistique et littéraire de N.S. Leskov. Bibliographie. 168 S. 1984.

Band 24 AMBERG Lorenzo: Kirche, Liturgie und Frömmigkeit im Schaffen von N.V. Gogol'. 260 S. 1986.

Band 25 ROTH Susanna: Laute Einsamkeit und bitteres Glück. Zur poetischen Welt von Bohumil Hrabals Prosa. 276 S. 1987.

Band 26 Actes du colloque Marina Tsvetaeva, édités par Robin Kemball et Efim Etkind. 516 pages. 1991.

Band 27 BIRÓ Alice: Die Pflichten des Architekturamts. Ein russisches Baureglement des 18. Jahrhunderts. 336 S. 1987.

Band 28 Schweizerische Beiträge zum X. Internationalen Slavistenkongress in Sofia, September 1988. Contributions des savants suisses au Xe congrès international des slavistes à Sofia, septembre 1988. Herausgegeben von Peter Brang. 393 S. 1988.

Band 29 SCHIBLI Roland: Die ältesten russischen Zeitungsübersetzungen (Vesti-Kuranty), 1600–1650. Quellenkunde, Lehnwortschatz und Toponomastik. 376 S. 1988.

Band 30 GEISSER-SCHNITTMANN Svetlana: Venedikt Erofeev – «Moskva-Petuški». 310 S. 1989.

Band 31 AUER Suzanne L.: Vom sozialistischen Realismus zu Kritizismus und Satire. Ladislav Mňačkos Romanwerk. 413 S. 1989.

Band 32 MÜLLER-BÜRKI Eva-Maria: Das Lächeln der schönen Helena. Nonverbales Verhalten in Tolstojs Roman «Krieg und Frieden». 235 S. 1989.

Band 33 Primi sobran'e pestrych glav. Slavistische und slavenkundliche Beiträge für Peter Brang zum 65. Geburtstag. Herausgegeben von Carsten Goehrke, Robin Kemball und Daniel Weiss. 748 S. 1989.

Band 34 van SAMBEEK-WEIDELI Beatrice E.: Wege eines Meisterwerks. Die russische Rezeption von Puškins «Evgenij Onegin». 520 S. 1990.

Band 35 van SAMBEEK-WEIDELI Beatrice E.: «Evgenij Onegin» A.S. Puškina. Bibliografija. 396 S. 1990.

Band 36 RITZ, German: Die Polnische Prosa 1956–1976. Modellierung einer Entwicklung. 511 S. 1990.

Band 37 HEIER Edmund: Studies on Johann Caspar Lavater (1741–1801) in Russia. 184 S. 1991.

Band 38 MULLER DE MOROGUES Inès: «Le problème féminin» et les portraits de femmes dans l'œuvre de Nikolaj Leskov. 668 S. 1991.

Band 39 JACCARD Jean-Philippe: Daniil Harms et la fin de l'avant-garde russe. 600 S. 1991.

Band 40 MARTI Roland: Beschreibung der slavischen Handschriften in der Schweiz. 188 S. 1991.

Band 41 Amour et érotisme dans la littérature russe du XXe siècle. Actes du Colloque du juin 1989. Edité par Leonid Heller. 184 S. 1992.

Band 42 Schweizerische Beiträge zum XI. Internationalen Slavistenkongress in Bratislava, September 1993. Contributions suisses au XIe congrès international des slavistes à Bratislava, septembre 1993. Herausgegeben von/édité par Jan Peter Locher. 417 S. 1993.

Band 43 SCHAFFNER BAUMGARTNER Sabine: Die Autobiographie einer sowjetischen Dichterin: Mythisierungen in Ol'ga Berggol'c' *Dnevnye zvezdy*. 397 S. 1993.

Band 44 HODEL Robert: Betrachtungen zum *skaz* bei N.S. Leskov und Dragoslav Mihailović. 315 S. 1994.

Band 45 GROB Thomas: Daniil Charms' unkindliche Kindlichkeit: Ein literarisches Paradigma der Spätavantgarde im Kontext der russischen Moderne. 421 S. 1994.

Band 46 STOLZ-HLADKY Zuzana: Studien zur Poetik Vladimir S. Makanin's «Odin i odna», «Otstavšij», «Utrata»: Russische Prosa im Übergang zur Postmoderne. 206 S. 1994.

Band 47 RITZ German: Jarosław Iwaszkiewicz. Ein Grenzgänger der Moderne. 290 S. 1996.

Band 48 TASSIS Gervaise: L'œuvre romanesque de Mark Aldanov: Révolution, histoire, hasard. 502 S. 1995.

Band 49 SCHMID Ulrich: Fedor Sologub. Werk und Kontext. 371 S. 1995.

Band 50 PETERS Jochen-Ulrich und RITZ German: Enttabuisierung. Essays zur russischen und polnischen Gegenwartsliteratur. 218 S. 1996.

Band 51 DOLNY Christoph: Literarische Funktionen der Personeneigennamen in den Novellen und Erzählungen von I.S. Turgenev. 658 S. 1996.

Band 52 HIRZEL Stephan: Ökologie und Öffentlichkeit. Untersuchungen zur Rolle der sowjetrussischen Schriftsteller in der ökologischen Bewusstseinsbildung der fünfziger bis achtziger Jahre. 351 S. 1996.

Band 53 YUROVSKY Victor: Bessojuznye složnye predloženija v direktivnych rečevych aktach. 195 S. 1996.

Band 54 ERMEN Ilse: Fluch – Abwehr – Beschimpfung. Pragmatik der formelhaften verbalen Aggression im Serbokroatischen. 209 S. 1996.

Band 55 ARLT Judith: Tadeusz Konwickis Prosawerk von *Rojsty* bis *Bohiń*. Zur Entwicklung von Motivbestand und Erzählstruktur. 622 S. 1997.

Band 56 HUX-MOLOTOV Ivo: Schreiben im Exil. Boris K. Zajcev als Schriftsteller und Publizist. 387 S. 1997.

Band 57 AEGERTER Roland: Die schweizerische Wissenschaft und der Osten Europas. Zur Geschichte der Slavistik und Osteuropakunde. 248 S. 1998.

Band 58 Sprache und Erzählhaltung bei Andrej Platonov (Beiträge zum Platonov-Kolloquium in Bern, September 1996). Herausgegeben von Robert Hodel und Jan Peter Locher. 373 S. 1998.

Band 59 DOUBROVKINE Roman: Stéphane Mallarmé in Russia. 565 S. 1998.

Band 60 LOCHER Jan Peter: Schweizerische Beiträge zum XII. Internationalen Slavistenkongress in Krakau, August 1998 / Contributions suisses au XIIIe congrès mondial des slavistes à Cracovie, août 2003. 504 S. 1998.

Band 61 MATHIS Sylvia: Textinterferenz in russisch-deutschen Übersetzungen. Eine sprachwissenschaftliche Untersuchung der deutschen Übersetzungen von Andrej Platonovs Erzählung *Džan*. 247 S. 2000.

Band 62 BONTADINA Nadja: Alexander Herzen und die Schweiz. Das Verhältnis des russischen Publizisten und Aristokraten zur einzigen Republik im Europa seiner Zeit. 450 S. 1999.

Band 63 SCHEIDEGGER Gabriele: Endzeit. Russland am Ende des 17. Jahrhunderts. 409 S. 1999.

Band 64 KURT Sibylle: Erlebte Rede aus linguistischer Sicht: der Ausdruck von Temporalität im Französischen und Russischen. Ein Übersetzungsvergleich. 661 S. 1999.

Band 65 STAIKOV Zvetelina: Schweizer Impressionen um die Jahrhundertwende. Die Schweiz in Leben und Werk russischer Symbolisten. 270 S. 2000.

Band 66 PETERS Jochen-Ulrich: Tendenz und Verfremdung. Studien zum Funktionswandel des russischen satirischen Romans im 19. und 20. Jahrhundert. 329 Seiten. 2000.

Band 67 GALL Alfred: Hermetische Romantik. Die religiöse Lyrik und Versepik F. N. Glinkas aus systemtheoretischer Sicht. 394 Seiten. 2001.

Band 68 BINSWANGER Christa: Seraph, Carevič, Narr. Männliche Maskerade und weibliches Ideal bei Poliksena Solov'eva (Allegro). 442 Seiten. 2002.

Band 69 GIGER Markus: Resultativa im modernen Tschechischen. Unter Berücksichtigung der Sprachgeschichte und der übrigen slavischen Sprachen. 523 Seiten. 2003.

Band 70 SÉRIOT Patrick: Contributions suisses au XIIIe congrès mondial des slavistes à Ljubljana, août 2003 / Schweizerische Beiträge zum XIII. Internationalen Slavistenkongress in Ljubljana, August 2003. 392 S. 2003.

Band 71 HODEL Robert: Zentrum und Peripherie in den slavischen und baltischen Sprachen und Literaturen. Festschrift zum 70. Geburtstag von Jan Peter Locher. 349 S. 2004

Band 72 AMACHER Korine: L'Œuvre de Friedrich Gorenstein. Violence du regard, regards sur la violence. 586 S. 2004.

Band 73 SIMONATO Elena: Une linguistique énergétique en Russie au seuil du XXe siècle. Essai d'analyse épistémologique. X, 211 S. 2005.

Band 74 GERBER Małgorzata: Zygmunt Krasiński und die Schweiz. Die helvetischen Eindrücke im Leben und Schaffen des Dichters. XIV, 446 S. 2006 (In Druck).

Band 75 PETERS Jochen-Ulrich, SCHMID Ulrich: Das «Ende der Kunstperiode». Kulturelle Veränderungen des «literarischen Feldes» in Russland zwischen 1825 und 1842. Ca. 421 S. In Vorbereitung.

Band 76 KUMMER Renate: Nicht mit Gewehren, sondern mit Plakaten wurde der Feind geschlagen! Eine semiotisch-linguistische Analyse der Agitationsplakate der russischen Telegrafenagentur ROSTA. 365 S. 2006.

Elena Simonato

Une linguistique énergétique en Russie au seuil du XXe siècle

Essai d'analyse épistémologique

Bern, Berlin, Bruxelles, Frankfurt am Main, New York, Oxford, Wien, 2005. X, 211 p.
Slavica Helvetica. Vol. 73
Directeurs de collection: Jean-Philippe Jaccard, Jochen-Ulrich Peters, German Ritz, Patrick Sériot et Daniel Weiss
ISBN 3-03910-453-5 br.
sFr. 59.– / € 40.70 / €** 38.– / £ 26.60 / US-$ 45.95*

* comprend la TVA – uniquement valable pour l'Allemagne et l'Autriche ** ne comprend pas la TVA

Au tournant du XIXe siècle, les sciences humaines en général et la linguistique en particulier vivent une époque nourrie par des idéaux positivistes. L'emprunt du modèle de la physique s'avère être une exigence primordiale dans l'effort de dégager la linguistique des «sciences philologiques» et de la rapprocher des sciences expérimentales contemporaines. L'ensemble conceptuel de la physique énergétique semble alors à plusieurs linguistes apporter une nouvelle explication aux phénomènes du langage. Dans cet ouvrage, le rôle du modèle énergétique en linguistique est étudié principalement à travers l'analyse de la conception du linguiste russe D.N. Ovsjaniko-Kulikovskij. De Jespersen à Baudouin de Courtenay, E. Simonato propose ici une nouvelle clé de lecture de différentes conceptions linguistiques. L'ouvrage suit en détail la façon dont s'est opéré l'emprunt vers la linguistique des notions d'«énergie» et d'«économie d'énergie» qui étaient promises à un grand avenir dans la science du langage du XXe siècle, en particulier dans le structuralisme.

Contenu: Energétisme – Linguistique – Russie – Début du XXe siècle – Psychologie – Syntaxe.

L'auteur: Licenciée ès lettres de l'Université de Lausanne et de l'Université de Saint-Pétersbourg, Elena Simonato a soutenu sa thèse de doctorat ès lettres à Lausanne en 2004. Elle travaille actuellement à la section de langues et civilisations slaves de l'Université de Lausanne et collabore à un projet de recherche soutenu par le FNRS sur l'épistémologie comparée du discours sur la langue en URSS.

PETER LANG
Bern · Berlin · Bruxelles · Frankfurt am Main · New York · Oxford · Wien

FSC
www.fsc.org
MIX
Papier | Fördert gute Waldnutzung
FSC® C083411

Kolibri 360 GmbH
Ferdinand-Jühlke-Straße 7
99095 Erfurt, Deutschland
produktsicherheit@kolibri360.de

Druck:
CPI Druckdienstleistungen GmbH
im Auftrag der
Kolibri 360 GmbH
Ferdinand-Jühlke-Str. 7
99095 Erfurt